你好！Java

关东升
编著

机械工业出版社
CHINA MACHINE PRESS

本书以轻松幽默的语言，从零开始介绍如何学习 Java 语言。书名来源于编程语言中最经典的 Hello World 程序，寓意带您从入门到精通。

本书全面系统地介绍了 Java 语言编程，共包含 15 章内容，涵盖了 Java 的基础语法、面向对象编程、常用类库、GUI 编程、数据库访问、网络编程、多线程等核心知识点和编程技能。

书中大部分知识点后都设计了针对性的训练营，通过大量示例和综合练习案例，帮助读者深入理解知识并灵活运用。

每章都设有总结与扩展和同步练习，以及若干训练营，旨在通过综合案例巩固知识。我们提供配套代码、课件、答疑服务，以及视频来辅助学习（下载方式见封底）。

书中目录采用幽默风格命名，使用漫画角色对话的形式讲解知识，以激发读者的学习兴趣。

无论您是编程新手，还是有经验的程序员，本书都将以浅显易懂的方式，带您掌握 Java 语言实用技能。只要耐心学习践行，必将收获满满，现在请开始 Java 编程之旅吧！

图书在版编目（CIP）数据

你好！Java/关东升编著．—北京：机械工业出版社，2024.1
ISBN 978-7-111-74477-1

Ⅰ．①你…　Ⅱ．①关…　Ⅲ．①JAVA 语言-程序设计　Ⅳ．①TP312.8

中国国家版本馆 CIP 数据核字（2024）第 000165 号

机械工业出版社（北京市百万庄大街 22 号　邮政编码 100037）
策划编辑：张淑谦　　　　责任编辑：张淑谦　王海霞
责任校对：甘慧彤　李　婷　　责任印制：刘　媛
北京中科印刷有限公司印刷
2024 年 3 月第 1 版第 1 次印刷
184mm×240mm · 24.25 印张 · 568 千字
标准书号：ISBN 978-7-111-74477-1
定价：139.00 元

电话服务　　　　　　　　网络服务
客服电话：010-88361066　机　工　官　网：www.cmpbook.com
　　　　　010-88379833　机　工　官　博：weibo.com/cmp1952
　　　　　010-68326294　金　书　网：www.golden-book.com
封底无防伪标均为盗版　机工教育服务网：www.cmpedu.com

前言

PREFACE

亲爱的读者，您好！

首先，欢迎来到这本专为初学者准备的 Java 编程入门教程。如果您是一名编程新手，或者对 Java 编程一无所知，不要担心，本书将为您提供全面且细致的指导，让您轻松进入 Java 编程的世界。

Java 作为一种跨平台的高级编程语言，在当今软件开发领域扮演着至关重要的角色。它具有简洁易读的语法、强大的功能和广泛的应用领域，因此备受程序员和开发者们的喜爱。无论是构建 Web 应用程序、移动应用、企业级应用还是开发嵌入式系统，Java 都可以胜任。

在这本书中，我们将从最简单的“Hello World”程序开始，逐步引导您掌握 Java 编程的基本概念和技能。第 1 章将带您创建第一个 Java 程序，并了解 Java 语言的起源和特点。接着，我们会深入介绍 Java 的基本语法，包括标识符、变量、常量和语句等，以便您可以熟练编写简单的程序。

随后，我们将探讨 Java 的数据类型，帮助您理解整数、浮点数、字符等数据类型的表示方式，并学习类型之间的转换。我们也会介绍 Java 的运算符，包括算术运算符、关系运算符、逻辑运算符等，帮助您进行各种数学和逻辑操作，以建立坚实的 Java 编程基础。决策语句和循环语句也是编程中不可或缺的部分，我们将详细讲解 if 语句、switch 语句以及 while、do-while 和 for 循环的用法。

面向对象编程是 Java 的核心特性，本书将专门讲解类、对象、成员变量、成员方法、继承、接口等面向对象编程的基础知识。了解这些概念对于掌握 Java 编程的思维方式至关重要。

在后续章节中，您将了解 Java 常用的类和集合框架，学会处理字符串、日期时间、文件操作等常见任务。我们还会介绍异常处理、GUI 编程、网络编程、数据库编程和多线程编程等高级主题，帮助您掌握更实用、更复杂的 Java 技术。

本书中我们特意设置了训练营练习环节，让您通过实际动手编程，更好地巩固所学知识。此外，每章的总结与扩展部分将帮助您回顾和拓展所学内容，进一步提升编程能力。

无论您是渴望成为一名优秀的 Java 程序员，还是对编程世界充满好奇，本书都将是您的良师益友。在学习的路上，不要害怕遇到困难，相信自己，坚持不懈，您将收获编程的乐趣和成就感。

最后，感谢您选择《你好！Java》这本书，希望它能成为您学习 Java 编程的得力助手。愿您在 Java 编程的旅途中，享受知识的探索和成长的喜悦。

祝学习愉快！

致　谢

感谢机械工业出版社的张淑谦编辑给我提供了宝贵的意见。感谢智捷课堂团队的赵志荣、赵大羽参与部分内容的审核。感谢赵大羽绘制本书中全部插图，并从专业的角度修改书中图片和排版，力求更加真实、完美地奉献给广大读者。感谢我的家人容忍我的忙碌，以及对我的关心和照顾，使我能投入全部精力，专心编写此书。

由于 Java 编程应用不断更新迭代，而作者水平有限，书中难免存在不妥之处，请读者提出宝贵意见，以便再版改进。

关东升

2023 年 7 月于齐齐哈尔

本书知识结构

你好！Java

第1章　你好世界，我来了！—— 从Hello World开始

第2章　魔法程序员的秘诀 ——Java基本语法

第3章　数据类型，不一样的我 —— Java数据类型

第4章　+ - */ % = == != && ！—— 运算符

第5章　左右抉择 —— 决策语句

第6章　绕圈子的艺术 —— 循环语句

第7章　面向对象编程，再次出发 —— 面向对象

第8章　万能工具箱 —— 常用类

第9章　集合框架杂技表演 ——Java集合框架

第10章　哎呀，疼疼疼！—— 异常处理

第11章　文件系统深度探险 —— I/O流

第12章　美轮美奂的界面开发 ——GUI编程

第13章　网上冲浪大冒险 —— 网络编程

第14章　数据库编程的颠覆者 —— 数据库编程

第15章　跑得快，还要跑得稳 —— 多线程编程

目 录
CONTENTS

第3章
P/39
CHAPTER3

数据类型，不一样的我——Java数据类型

第4章
P/56
CHAPTER4

+ - * / % = == != && !——运算符

第5章
P/73
CHAPTER5

左右抉择——决策语句

第6章
P/89
CHAPTER6

绕圈子的艺术——循环语句

面向对象编程，再次出发——面向对象

万能工具箱——常用类

第12章 CHAPTER12 P/250

美轮美奂的界面开发——GUI编程

第13章 CHAPTER13 P/295

网上冲浪大冒险——网络编程

第14章 P/316 CHAPTER14

数据库编程的颠覆者 ——数据库编程

第15章 P/350 CHAPTER15

跑得快，还要跑得稳 ——多线程编程

第 1 章 你好世界，我来了！——从 Hello World 开始

大家好，欢迎来到 Java 编程的世界！在这一章中，我们将一起踏上 Java 语言学习的旅程。

首先，我会带你编写最简单的 Java 程序——Hello World，让你直观感受 Java 的魅力。

然后，我们需要配置 Java 开发环境，包括下载安装 JDK 和 IDE，比如 IntelliJ IDEA。有了这些，就可以顺利编写和运行 Java 程序了。

接下来，我们会深入解析 Hello World 的源代码，让你全面理解 Java 程序的结构和语法，这是学好 Java 的基础。

在此基础上，本章还会概述 Java 语言的历史、特点等相关知识。这有助于加深对 Java 的理解。

最后，本章还提供了丰富的练习题和例子，辅助你快速掌握 Java 核心知识，进入 Java 编程的世界！

本章内容涵盖从环境搭建到语言概述等基础知识，是 Java 学习的起点。通过这些知识的学习，你将对 Java 有一个全面的了解，并能开始独立编程。让我们共同期待这段编程的旅程吧！

1.1 编写你的第一个 Java 程序

在开始编写你的第一个 Java 程序之前，先要进行 Java 开发环境的搭建，包括安装 JDK 和 IDE（如 IntelliJ IDEA）。

1.1.1 下载和安装 JDK

老师，JDK 到底是什么呢？

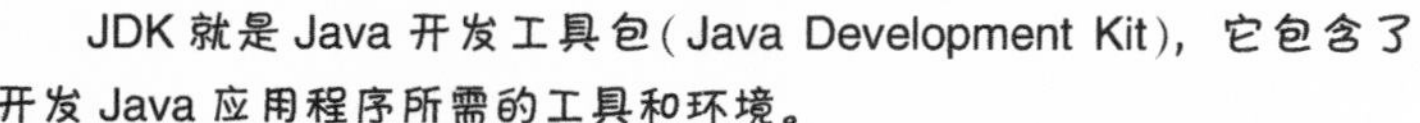

里面都包含什么工具呢？

JDK 包含了 Java 运行环境（JRE），以及很多开发工具，比如 javac 编译器、jdb 调试器等，还有可以打包 Java 程序的 jar 工具。

原来如此，这些工具都很重要，是不是？

没错，JDK 可以说包含了进行 Java 开发所需要的一切，比如用 javac 编译 Java 代码，然后用 java 命令在 JRE 中运行程序。

什么是 JRE 呢？

JRE 是 Java Runtime Environment，它提供了运行编译后的 Java 程序所需的环境和 Java 核心类库。可以理解为 Java 程序的运行载体。

原来 JDK 包含了开发和运行 Java 程序需要的全部组件！那我们必须安装 JDK 才能进行 Java 开发，对吧？

你说的完全正确！安装 JDK 为 Java 开发提供了核心支撑，是非常关键的第一步。

了解了！我这就去下载和安装 JDK，然后就可以开始我的 Java 之旅了！

很好，我会一步步指导你的 Java 学习，Let's go！

1. 下载 JDK

可以到 Oracle 公司网站下载 JDK，JDK 下载页面如图 1-1 所示。读者需要根据自己的操作系统情况选择对应的 JDK。如果读者无法下载 JDK，可以在本书配套资源中找到 JDK 安装文件，其他版本 JDK 可以与笔者联系。

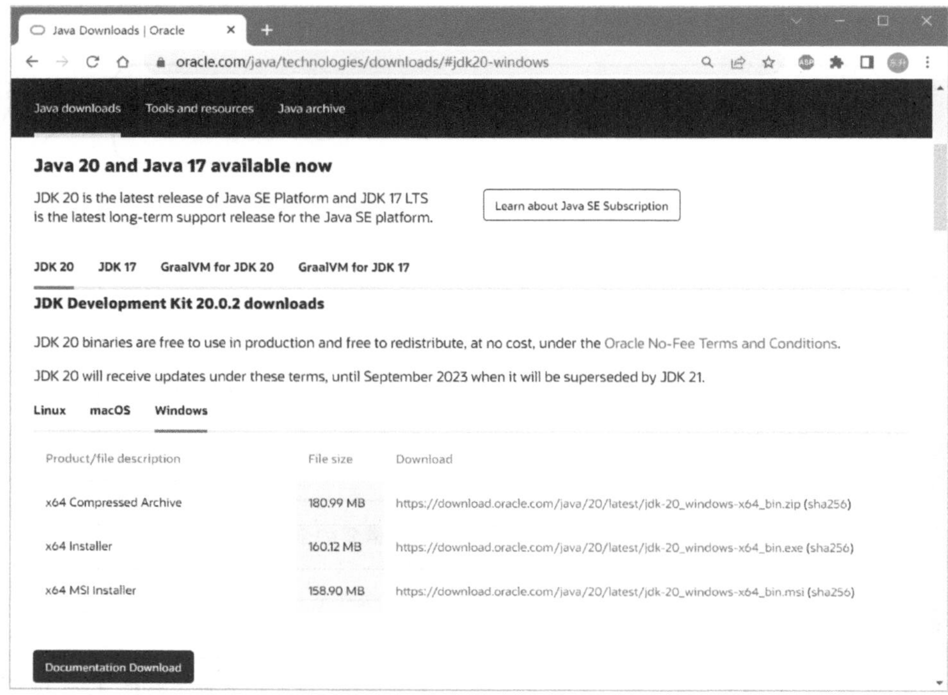

图 1-1　JDK 下载页面

由于书中示例都是基于 Windows 10 64 位版操作系统的，因此笔者推荐读者使用 Windows 64 位版操作系统作为本书的学习平台。

2. 安装 JDK

笔者下载的是 jdk-20_windows-x64_bin.exe 安装文件，下载完成，双击安装文件就可以安装了，安装过程中会弹出如图 1-2 所示的选择安装路径对话框，可以单击“更改”按钮改变文件的安装路径。然后单击“下一步”按钮开始安装，安装完成后弹出如图 1-3 所示的对话框，单击“关闭”按钮完成安装过程。

JDK 完成之后，需要设置环境变量，主要包括：

1）添加 JAVA_HOME 环境变量。该变量指向 JDK 目录。很多 Java 工具的运行都需要 JAVA_HOME 环境变量，所以推荐添加该变量。

2）将 JDK \ bin 目录添加到 Path 环境变量中，这样在任何路径下都可以执行 JDK 提供的工具指令。

首先需要打开 Windows 系统的“环境变量”对话框。打开该对话框有很多方式，如果是

图 1-2　选择安装路径对话框

图 1-3　安装完成

Windows 10 系统，则打开步骤是：在电脑桌面右击后依次选择“此电脑”→“属性”命令，然后弹出如图 1-4 所示的“设置”对话框，单击右侧的“高级系统设置”超链接，打开如图 1-5 所示的“系统属性”对话框。

图 1-4 “设置”对话框

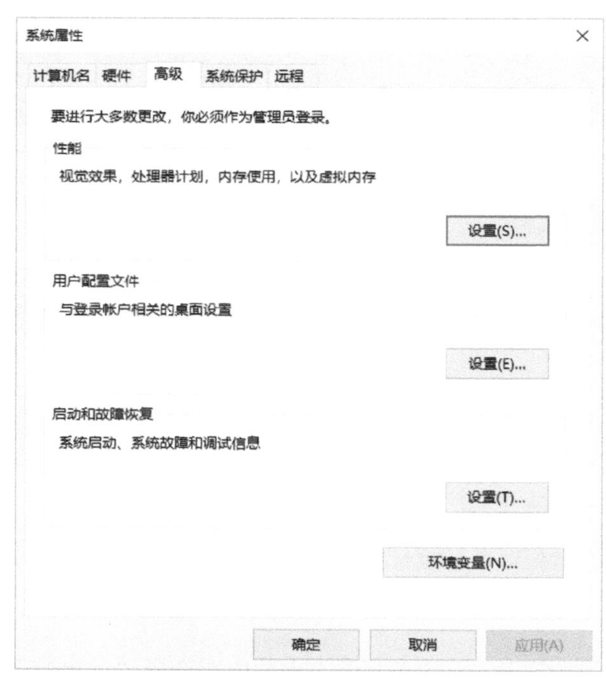

图 1-5 “系统属性”对话框

在如图 1-5 所示的“高级”选项卡中，单击“环境变量”按钮打开“环境变量”对话框，如图 1-6 所示，可以在用户变量（上半部分，只配置当前用户）或系统变量（下半部分，配置所有用户）添加环境变量。一般情况下，在用户变量中设置环境变量。

图 1-6 “环境变量”对话框

在用户变量部分单击“新建”按钮，弹出“新建用户变量”对话框，如图 1-7 所示。将“变量名”设置为 JAVA_HOME，将“变量值”设置为 JDK 安装路径。最后单击“确定”按钮完成设置。

新建用户变量
变量名(N): JAVA_HOME
变量值(V): C:\Program Files\Java\jdk-20
浏览目录(D)... 浏览文件(F)... 确定 取消

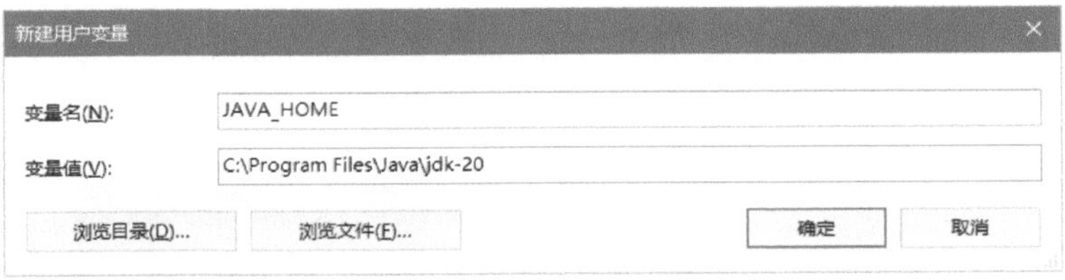

图 1-7 “新建用户变量”对话框

然后追加 Path 环境变量，双击 Path，弹出如图 1-8 所示的“编辑环境变量”对话框，单击右侧的“新建”按钮，输入“%JAVA_HOME%\bin”，最后单击“确定”按钮完成设置。

下面测试一下环境设置是否成功，可以通过在命令提示行中输入“java -version”指令来看是否能够找到该指令，图 1-9 所示说明环境设置成功。

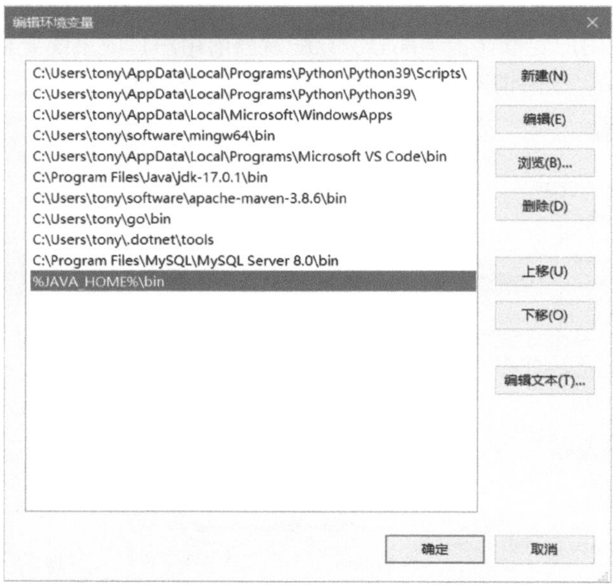

图 1-8　添加 Path 变量

```
C:\WINDOWS\system32\cmd.exe
Microsoft Windows [版本 10.0.19045.3208]
(c) Microsoft Corporation。保留所有权利。

C:\Users\tony>java -version
java version "20.0.2" 2023-07-18
Java(TM) SE Runtime Environment (build 20.0.2+9-78)
Java HotSpot(TM) 64-Bit Server VM (build 20.0.2+9-78, mixed mode, sharing)

C:\Users\tony>_
```

图 1-9　测试环境设置

打开命令行工具，可通过快捷键〈Windows+R〉打开如图 1-10 所示的“运行”对话框，然后在“打开”中输入“cmd”命令，然后按〈Enter〉键。

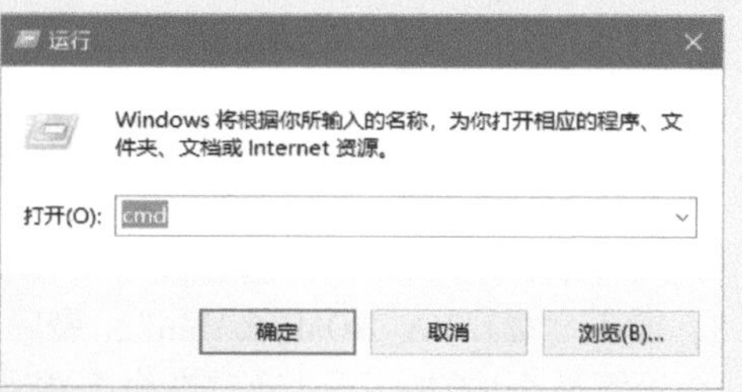

图 1-10　“运行”对话框

1.1.2 下载和安装 IntelliJ IDEA

真正的企业开发需要使用 IDE（Integrated Development Environment，集成开发环境）工具。Java 的 IDE 工具有很多，笔者推荐使用 IntelliJ IDEA 工具，IntelliJ IDEA 是 JetBrains 公司研发的一款 Java IDE 开发工具。

1. 下载 IntelliJ IDEA

IntelliJ IDEA 的下载地址是 https://www.jetbrains.com.cn/idea/download/，从图 1-11 所示页面可见，IntelliJ IDEA Ultimate（旗舰版）是收费的，可以免费试用 30 天。如果超过 30 天，则需要购买软件许可（License key）。如果想免费使用 IntelliJ IDEA 版本，可以使用社区（Community）版。社区版是完全免费的，对于学习 Java 语言，社区版已经足够了。下载社区版需要将图 1-11 所示的页面下拉到底部，出现如图 1-12 所示页面，单击“下载”按钮就可以下载。

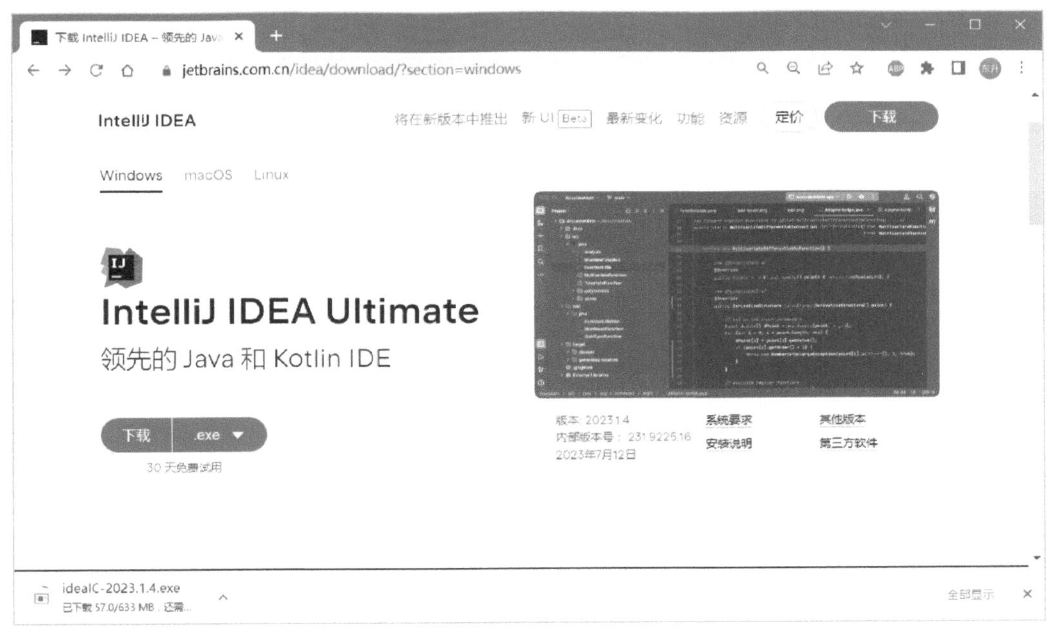

图 1-11 IntelliJ IDEA 旗舰版下载页面

2. 下载安装 IntelliJ IDEA

安装 IntelliJ IDEA 比较简单，笔者下载的是 ideaIC-2023.1.4.exe 社区版，下载完成双击该文件即可安装。安装过程中会出现安装选项对话框，如图 1-13 所示，笔者选择 Create Desktop Shortcut 中的 IntelliJ IDEA Community Edition 选项，这会在桌面创建快捷图标，其他选项不必选择。选择完成单击“下一步”按钮进行安装，具体过程不再赘述。

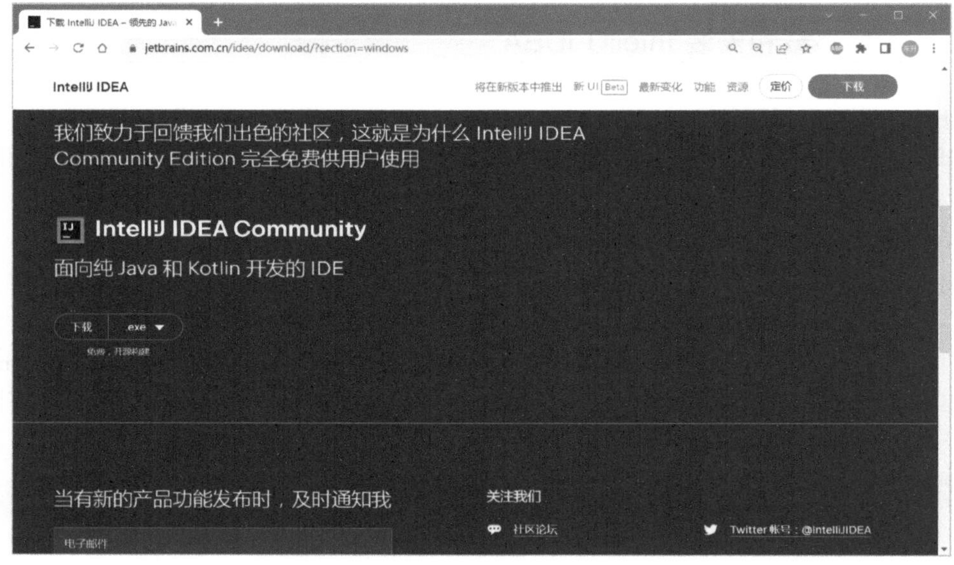

图 1-12　IntelliJ IDEA 社区版下载页面

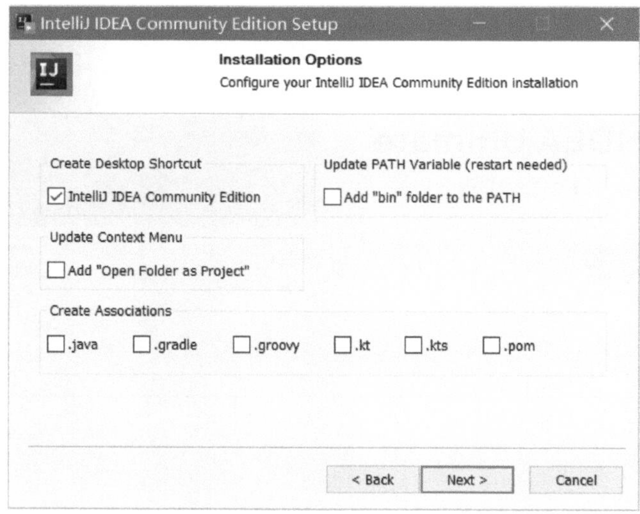

图 1-13　安装选项对话框

3. 设置 IntelliJ IDEA

IntelliJ IDEA 安装完成后即启动 IntelliJ IDEA，进入如图 1-14 所示的欢迎界面。

为了设置 IntelliJ IDEA，可以单击欢迎页面左侧的 Customize 选项，然后再单击界面右侧底部的 All settings 按钮，打开如图 1-15 所示的设置对话框。

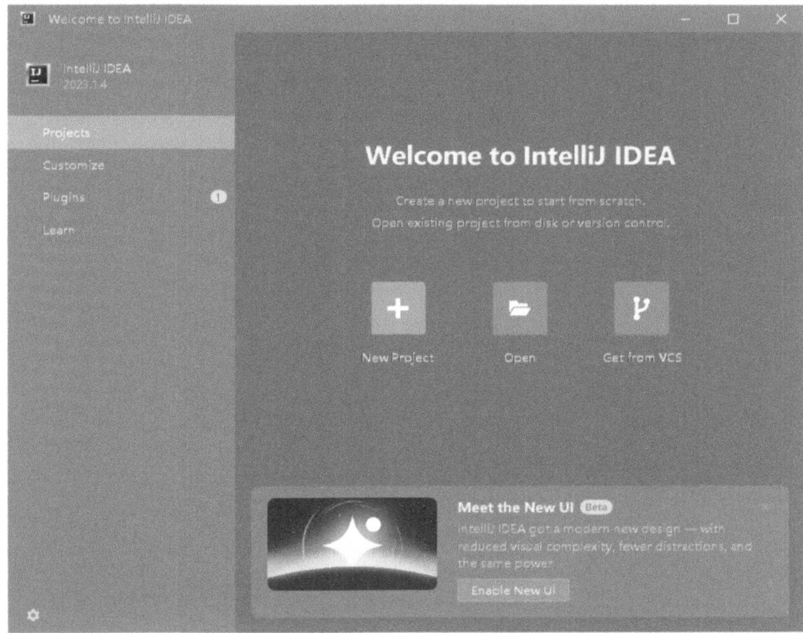

图 1-14　IntelliJ IDEA 欢迎界面

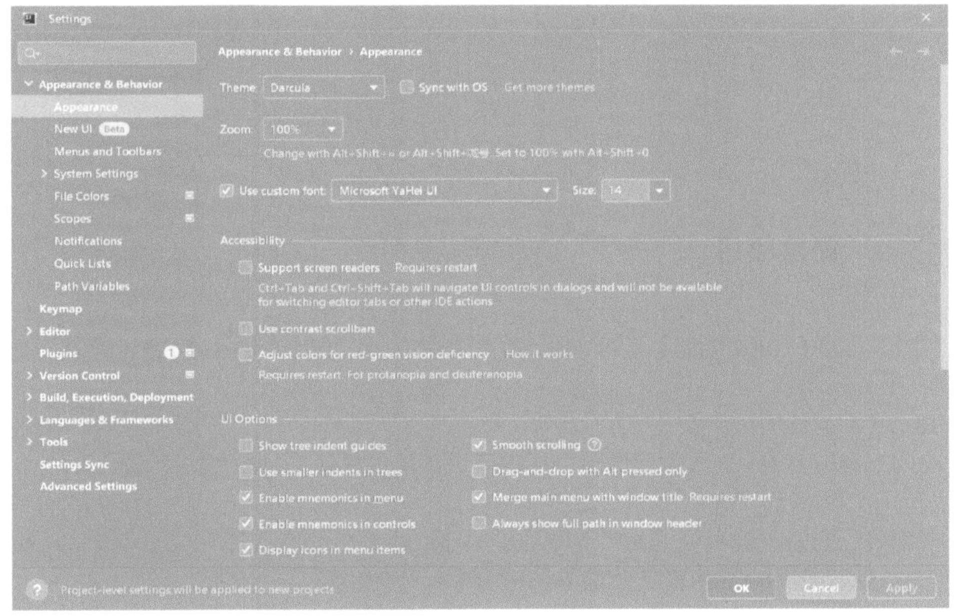

图 1-15　设置对话框

例如，笔者不喜欢 Darcula（深色）主题，则可以选择 Appearance→Theme→Intellij Light（浅色主题），如图 1-16 所示。

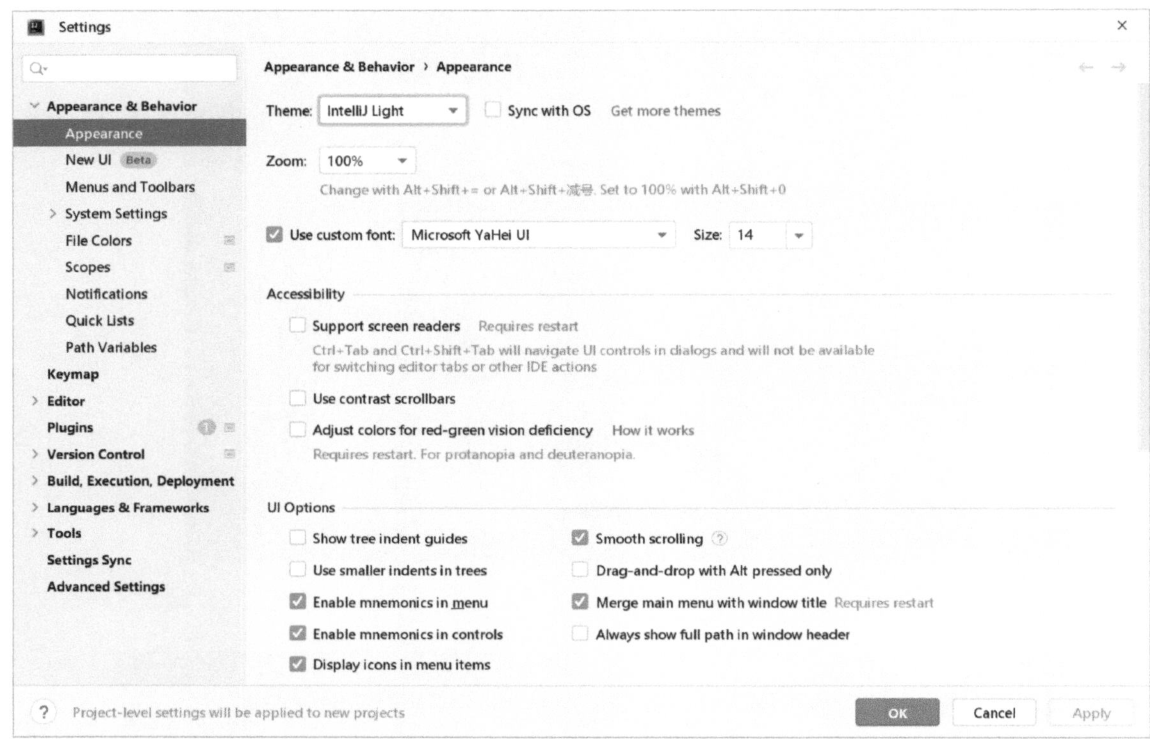

图 1-16　IntelliJ IDEA 浅色主题设置

1.1.3 创建项目

为了使用 IntelliJ IDEA 编写和运行 Java 程序，则首先需要创建 IntelliJ IDEA 项目，然后在项目中创建一个 Java 类。

IntelliJ IDEA 创建项目步骤：

1）启动 IntelliJ IDEA 进入欢迎页面，在欢迎页面单击 New Project 按钮，进入如图 1-17 所示对话框。

2）根据自己的情况输入项目名，选择项目保存路径，所有的选择完成后单击 Create 按钮完成项目创建，然后进入如图 1-18 所示的 IntelliJ IDEA 工具界面。

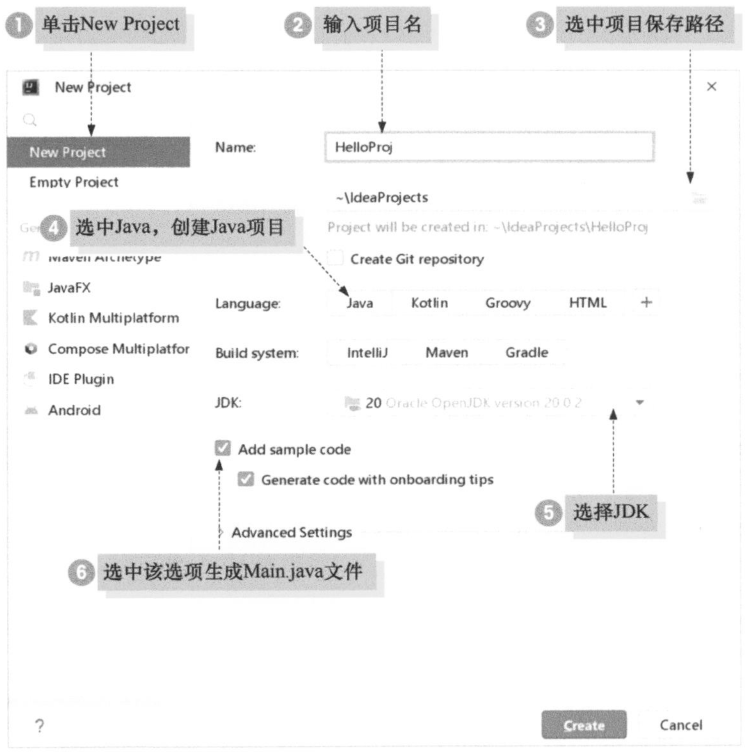

图 1-17 创建项目对话框

```
// Press Shift twice to open the Search Everywhere dialog and type `show whitespaces`,
// then press Enter. You can now see whitespace characters in your code.
public class Main {
    public static void main(String[] args) {
        // Press Alt+Enter with your caret at the highlighted text to see how
        // IntelliJ IDEA suggests fixing it.
        System.out.printf("Hello and welcome!");

        // Press Shift+F10 or click the green arrow button in the gutter to run the code.
        for (int i = 1; i <= 5; i++) {

            // Press Shift+F9 to start debugging your code. We have set one breakpoint
            // for you, but you can always add more by pressing Ctrl+F8.
            System.out.println("i = " + i);
        }
    }
}
```

图 1-18 进入 IntelliJ IDEA 工具界面

1.1.4 运行程序

在刚刚创建的 HelloProj 项目中，可见 Main 文件，它是因为创建项目时选中了 Add sample code 而创建的，它的代码不再赘述。

打开 Main.java 文件，然后在代码编辑区修改 Main.java 代码为如下内容：

```
public class Main {
  public static void main(String[] args) {
      System.out.println("Hello World.");
  }
}
```

代码编写完成就可以运行了，如果是第一次运行，则需要选择运行方法，具体步骤：右击 Main 文件，选择 “Run 'Main.main()'” 菜单运行 Main 文件。如果已经运行过一次，就不需要这么麻烦了，直接单击工具栏中的 “运行” ▶ 按钮，或选择菜单命令 “Run” → “Run 'Main'”，或使用快捷键〈Shift+F10〉，就可以运行上次的程序。运行结果如图 1-19 所示，“Hello World.” 字符串已显示到下面的控制台。

图 1-19　程序运行结果

1.1.5 庖丁解牛 HelloWorld

老师，我照着教程成功打印出了“Hello World.”，但是还不太明白程序代码里的一些细节。

很好，了解代码细节非常重要。我们来一起“解剖”Hello World 程序的代码，我为你详细解释每一行都在做什么。

类和 main 方法是什么意思？

类是 Java 的基本组织单位，main 方法是程序的入口点，Java 程序都从 main 方法开始执行。

原来如此！打印语句中的 System.out.println 是什么？

这是输出到控制台的语句。System 代表系统类，out 代表标准输出流，println 表示打印输出。

明白了！字符串" Hello World. "就是要打印的内容？

正确！用双引号包含的文本就是一个字符串，这里我们打印出“Hello World.”。

好通透！经过老师的“解剖”，我对 Hello World 程序的每个细节都明白了！

1.2 Java 语言概述

老师，通过前面的学习，我已经会编写简单的 Java 程序了，很开心！现在想再多了解一下 Java 这个语言的历史和特点。

很好，了解一个语言的历史和特性很重要，可以帮助你更深入地掌握它。

1.2.1 Java 语言历史

1990 年底，美国 Sun 公司[⊖]成立了一个叫作 Green 的项目组，该项目组的主要工作是为消费类电子产品开发一种分布式系统，使之能够操控电冰箱、电视机等家用电器。

消费类电子产品种类很多，包括掌上电脑、机顶盒、手机等，这些消费类电子产品所采用的处理芯片和操作系统基本上都是不相同的，存在跨平台等问题。开始时，Green 项目组考虑采用 C++语言来编写消费类电子产品的应用程序，但是 C++语言过于复杂、庞大，而且安全性差。于是他们设计并开发出一种新的语言——Oak（橡树）。Oak 这个名字来源于 Green 项目组办公室窗外的一棵橡树。由于 Oak 在进行注册商标时已经被注册，他们需要为这个新语言取一个新的名字。有一天，几位项目的成员正在咖啡馆喝着 Java（爪哇）咖啡，其中一个人灵机一动说就叫 Java 怎么样？马上得到了其他人的同意，于是这个新的语言取名为 Java。

Sun 公司在 1996 年发布了 Java 1.0，但是 Java 1.0 开发的应用速度很慢，并不适合做真正的应用开发，直到 Java 1.1 速度才有了明显的提升。Java 设计之初是为消费类电子产品开发应用，但是真正使 Java 流行起来是在互联网上的 Web 应用程序。20 世纪 90 年代正处于互联网发展起步阶段，互联网上的设备差别很大，需要应用程序能够跨平台运行，Java 语言就具有“一经编写到处运行”的跨平台能力。

从 Java 10 开始，Oracle 公司加快了 Java 发布速度，大约每 6 个月就发布一个新版本。

⊖ Sun Microsystems 公司（简称 Sun 公司）创建于 1982 年，主要产品是工作站及服务器。1986 年在美国成功上市，1992 年 Sun 公司推出了市场上第一台多 CPU 台式机，1993 年进入《财富》世界 500 强排行榜，1995 年开发了 Java 语言，2010 年被 Oracle（甲骨文）公司收购。现在 Java 技术是由甲骨文公司提供的。

1.2.2 Java 语言特点

Java 语言能够流行起来并长久不衰，得益于 Java 语言有很多优秀的关键特点。这些特点包括简单、面向对象、分布式、结构中立、可移植、解释执行、健壮、安全、高性能、多线程和动态。下面给出详细解释。

1. 简单

Java 的设计目标之一就是能够方便学习，使用简单。因为当初 C++程序员很多，介绍 C++语言的书籍也很多，所以 Java 语言的风格设计成为类似于 C++的语言风格，但 Java 摒弃了 C++中容易引发程序错误的地方，如指针、内存管理、运算符重载和多继承等。一方面，C++程序员可以很快迁移到 Java；另一方面，没有编程经验的初学者也能很快学会 Java。

2. 面向对象

面向对象是 Java 最重要的特性。Java 是彻底的、纯粹的面向对象语言，在 Java 中“一切都是对象”。Java 完全具有面向对象的三个基本特性：封装、继承和多态，其中封装性实现了模块化和信息隐藏，继承性实现了代码的复用，用户可以建立自己的类库。而且 Java 采用的是相对简单的面向对象技术，去掉了多继承等复杂的概念，只支持单继承。

3. 分布式

Java 语言就是为分布式系统而设计的。JDK（Java Development Kits，Java 开发工具包）中包含了支持 HTTP 和 FTP 等基于 TCP/IP 的类库。Java 程序可以凭借 URL 打开并访问网络上的对象，其访问方式与访问本地文件系统几乎完全相同。

4. 结构中立

Java 程序需要在很多不同网络设备中运行，这些设备有很多不同类型的计算机和操作系统。为使 Java 程序能够在网络的任何地方运行，Java 编译器编译生成了与机器结构（CPU 和操作系统）无关的字节码（byte-code）文件。任何种类的计算机，只要可以运行 Java 虚拟机，字节码文件就可以在该计算机上运行。

5. 可移植

体系结构的中立也使得 Java 程序具有可移植性。针对不同的 CPU 和操作系统，Java 虚拟机有不同的版本，这样就可以保证相同的 Java 字节码文件可以移植到多个不同的平台上运行。

6. 解释执行

为实现跨平台，Java 设计成为解释执行的，即 Java 源代码文件首先被编译成为字节码文件，这些字节码本身包含了许多编译时生成的信息，在运行时 Java 解释器负责将字节码文件解释成为特定的机器码运行。

7. 健壮

Java 语言是强类型语言，它在编译时进行代码检查，使得很多错误能够在编译期被发现，不至于在运行期发生而导致系统崩溃。

Java 摒弃了 C++中的指针操作，指针是一种强大的技术，能够直接访问内存单元，但同时也很复杂，如果指针操控不好，会导致内存分配错误、内存泄漏等问题。而 Java 中则不会出现由指针所导致的问题。

在内存管理方面，C/C++等语言采用手动分配和释放内存，经常会导致内存泄漏，从而导致系统崩溃。而 Java 采用自动内存垃圾回收机制，程序员不再需要管理内存，从而减少了内存错误的发生，提高了程序的健壮性。

8. 安全

在 Java 程序执行过程中，类装载器负责将字节码文件加载到 Java 虚拟机中，这个过程中由字节码校验器检查代码中是否存在着非法操作。如果字节码校验器检验通过，由 Java 解释器负责把该字节码解释成为机器码进行执行，这种检查可以防止木马病毒。

另外，Java 虚拟机采用的是“沙箱”运行模式，即把 Java 程序的代码和数据都限制在一定内存空间里执行，不允许程序访问该内存空间外的内存。

9. 高性能

Java 编译器会在编译时对字节码进行一些优化，使之生成高质量的代码。Java 字节码格式就是针对机器码转换而设计的，实际转换时相当简便。Java 在解释运行时采用一种即时编译技术，可使 Java 程序的执行速度显著提升。经过多年的发展，Java 虚拟机也有很多改进，这也使得 Java 程序的执行速度有很大提升。

10. 多线程

Java 是为网络编程而设计的，这要求 Java 能够并发处理多个任务。Java 支持多线程编程，多线程机制可以实现并发处理多个任务，互不干涉，不会由于某一任务处于等待状态而影响了其他任务的执行，这样就可以容易地实现网络上的实时交互操作。

11. 动态

Java 应用程序在运行过程中可以动态地加载各种类库，即使更新类库也不必重新编译使用这一类库的应用程序。这一特点使之非常适合在网络环境下运行，同时也非常有利于软件的开发。

1.3 如何获得帮助

老师，在学习 Java 的过程中，我难免会遇到一些疑惑或问题。有哪些好的方法可以帮助我解决问题呢？

确实，学习过程中遇到问题和困惑是正常的。这里我给你几个获得帮助的建议：

- 参考 Java 的官方文档，里面包含了丰富的 API 文档和代码示例。
- 在 Stack Overflow 等论坛搜索是否有人提出过相似的问题和解决方法。
- 找到一些 Java 学习社区，在上面提问并与大家讨论。
- 观看一些 Java 教学视频，视频通常会给出详细的讲解。
- 咨询老师或更有经验的程序员，向他们请教。

1.4 训练营：使用文本编辑工具+JDK 编写和运行 Java 程序

虽然 IDE 工具很好用，但是并不利于初学者了解 Java 程序的运行过程，所以老师为小明安排了一个训练营，该训练营实现步骤如下。

第 1 步：下载 JDK 并配置好 Java 的开发环境，这是进行 Java 编程的基础。

第 2 步：用文本编辑工具作为编辑器，编写 HelloWorld.java 程序，代码如下。

```
public class HelloWorld {
  public static void main(String[] args) {
      System.out.println("Hello World.");
  }
}
```

第 3 步：保存文件为 HelloWorld.java。

第 4 步：在命令行使用 javac 编译器，把代码编译成 class 文件，如图 1-20 所示。具体过程是在命令提示符下进入到文件所在的目录；使用 javac HelloWorld.java 指令进行编译；编译成功后

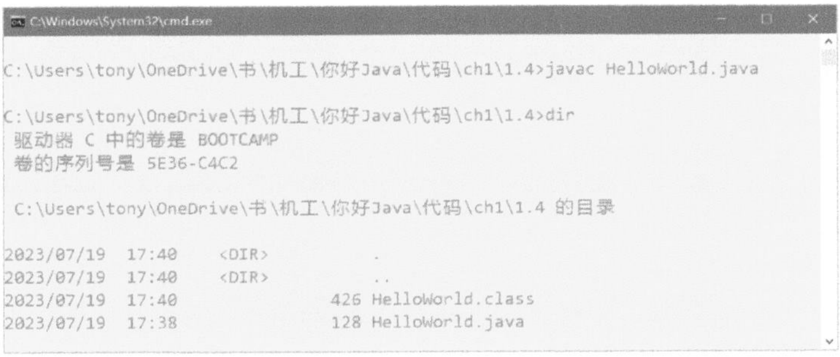

```
C:\Windows\System32\cmd.exe

C:\Users\tony\OneDrive\书\机工\你好Java\代码\ch1\1.4>javac HelloWorld.java

C:\Users\tony\OneDrive\书\机工\你好Java\代码\ch1\1.4>dir
 驱动器 C 中的卷是 BOOTCAMP
 卷的序列号是 5E36-C4C2

 C:\Users\tony\OneDrive\书\机工\你好Java\代码\ch1\1.4 的目录

2023/07/19  17:40    <DIR>          .
2023/07/19  17:40    <DIR>          ..
2023/07/19  17:40               426 HelloWorld.class
2023/07/19  17:38               128 HelloWorld.java
```

图 1-20 编译程序

通过 dir 指令可以查看编译好的 HelloWorld.class 文件。

第 5 步：用 java 命令来运行这个 class 文件。具体过程是在命令提示符下进入到文件所在的目录；使用 java HelloWorld 指令进行编译；运行 HelloWorld.class 文件，如图 1-21 所示，输出“Hello World.”字符串。

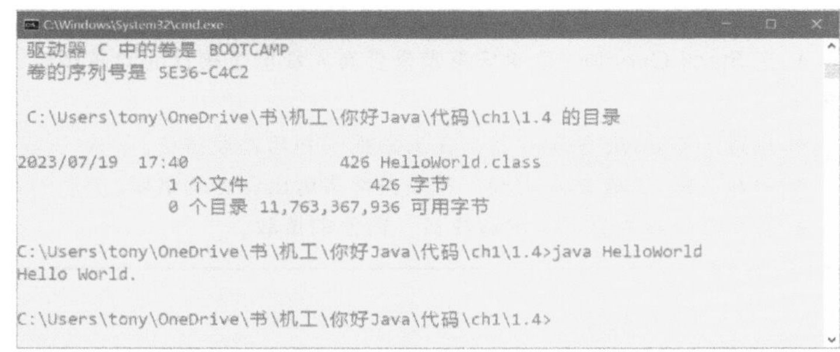

图 1-21 运行程序

通过这些步骤，小明可以完整地体会 Java 代码从编写到运行的过程，同时也熟悉了 JDK 的使用。

Java 程序运行过程如图 1-22 所示，首先由编译器将 Java 源代码文件（.java 文件，简称 Java 源文件）编译成为字节码文件（.class 文件），然后再由 Java 虚拟机中的解释器将字节码解释成为机器码去执行。

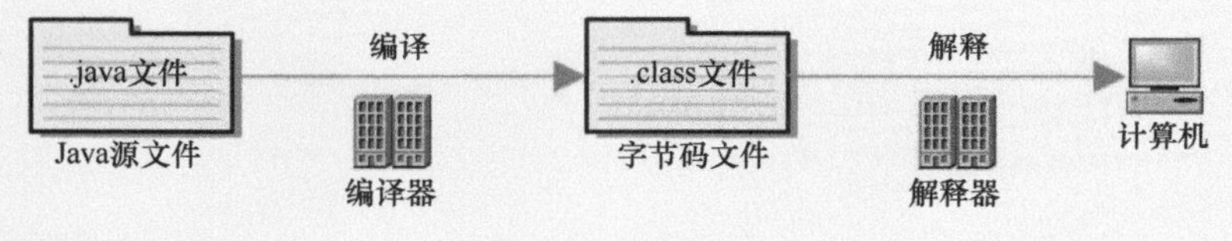

图 1-22 Java 程序运行过程

1.5 总结与扩展

本章总结

在本章中，我们迈出了 Java 编程的第一步，学习了如何编写并运行简单的 Hello World 程序。通过详细的步骤，我们了解了如何下载和安装 Java Development Kit（JDK），这是 Java 编程的基础工具包。接着，我们安装了 IntelliJ IDEA 这一强大的集成开发环境，为 Java 开发提供了便利性和高效性。在 IDEA 中，我们成功地创建了一个 Java 项目，并在其中编写了 Hello World 程序，这是每个编程学习者的第一个里程碑。

扩展学习

1）深入了解 JDK 和 IDE：在编写 Hello World 之后，继续学习 JDK 和 IDE 的更多功能和设置，探索调试工具、版本控制、代码格式化等功能，这将有助于你更高效地进行 Java 开发。

2）探索更多 Java 程序结构：除了 Hello World 程序，进一步学习控制台输入输出、条件语句、循环语句等，为日后的编程学习打下坚实基础。

3）阅读 Java 官方文档：深入阅读 Java 官方文档中的各种类和方法，这是学习 Java 编程的重要参考资料，对于理解 Java API 的使用和功能十分有帮助。

4）加入 Java 社区：积极参与 Java 开发者社区，与其他开发者交流经验，解答疑惑，共同进步。

通过不断学习和实践，我们将逐渐掌握 Java 编程的技能，成为一名优秀的 Java 开发者。在后续的章节中，我们将继续学习 Java 的各个方面，包括数据类型、运算符、控制流语句、面向对象编程等内容。

1.6 同步练习

【练习 1-1】编写一个 Java 类，在 main 方法中打印数字 1—10。

【练习 1-2】编写一个计算两个整数之和的 Java 类。

第 2 章 魔法程序员的秘诀——Java 基本语法

老师，我想学习 Java 的基础语法知识，请给我一些建议。

没问题，语法知识就像魔法咒语，掌握它们是成为 Java 程序员的必经之路。今天我就带你一起进阶成为 Java 魔法师！

好的，那就请老师传授秘籍，开始我的魔法训练吧！

2.1 标识符

在 Java 编程中，标识符是用来命名变量、方法、类和其他程序元素的名称。构成标识符的字母均有一定的规范，Java 语言中标识符的命名规则如下：

1）区分大小写，即 Name 和 name 是两个不同的标识符。

2）首字符可以是下画线（_）或美元符（$）或字母，但不能是数字。

3）首字符之后的字符，可以是下画线（_）、美元符（$）、字母和数字。

4）关键字不能作为标识符。

1. 非法的 Java 标识符

具体示例如下。

- 2ndNumber（以数字开头）。
- @username（包含特殊字符）。
- class（关键字作为标识符）。
- my-variable（包含连字符）。
- white space（包含空格）。
- myVariable!（包含非法字符）。
- break（关键字作为标识符）。
- int（关键字作为标识符）。

这些示例都是非法的 Java 标识符。其中，2ndNumber 以数字开头，不符合标识符的命名规则；@ username 包含特殊字符@，不被允许；class 和 break 是 Java 的关键字，不能作为标识符；my-variable 中使用了连字符，也不符合标识符的规范；white space 包含空格，而空格在标识符中是不允许的；myVariable! 中使用了感叹号，也不是合法的标识符字符。

在编写 Java 代码时，我们需要遵守标识符的命名规则，避免使用非法字符和关键字作为标识符。这样可以确保代码的正确性和可读性。

2. 合法的 Java 标识符

具体示例如下。

- myVariable。
- count。
- totalAmount。
- MAX_VALUE。
- _name。
- $ price。
- calculateTotal。
- isReady。

- 订单数量。
- 名字_姓氏。
- カウント。

Java 语言支持 Unicode 字符集，因此我们可以在标识符中使用各种语言的字符。这使得我们可以选择适合自己项目需求和开发团队语言的标识符。

2.2 关键字

在 Java 编程中，关键字是具有特殊含义和功能的保留单词，用于表示特定的语法结构和操作。这些关键字在编程语言中已经预留，并且不能用作标识符。截止到 Java 21，Java 语言中有 50 多个关键字，如表 2-1 所示。

表 2-1　Java 关键字

abstract	assert	boolean	break	byte
case	catch	char	class	const
continue	default	do	double	else
enum	extends	final	finally	float
for	goto	if	implements	import
instanceof	int	interface	long	native
new	package	private	protected	public
return	strictfp	short	static	super
switch	synchronized	this	throw	throws
transient	try	void	volatile	while
var	record	yield		

使用关键字的主要注意事项：

- 关键字不能作为变量名和方法名。
- 使用关键字需要符合其正确的语法规范。不同的关键字有不同的使用语法，不能随意使用，例如 if 关键字需要与条件语句配合使用，for 关键字需要与循环结构配合使用。
- 学习关键字有助于正确理解和运用编程语言，需要通过大量实践来掌握。

2.3 变量、常量和语句

变量、常量和语句都是 Java 编程中的基本概念，让我们逐一了解它们。

2.3.1 变量

变量是构成表达式的重要部分，变量所代表的内容是可以被修改的。变量包括变量名和变量值，变量名要遵守标识符命名规范。

在 Java 10 之前声明变量的语法格式为：

```
数据类型  变量名  [=初始值];
```

其中中括号 [ ] 中的内容可以省略，也就是说，在声明变量时可以不提供初始值，如果没有提供初始值，则使用该种数据类型的默认值来初始化变量。

在 Java 10 之后，引入了局部变量类型推断的功能，允许使用关键字 var 来进行变量的声明。这种语法格式可以根据初始值的类型自动推断变量的类型，使代码更加简洁和可读。

在 Java 10 之后声明变量的语法格式为：

```
var 变量名  = 初始值;
```

使用 var 关键字声明变量，而且声明的同时要初始化。注意 var 只能声明局部变量，不能声明成员变量。

示例代码如下：

```
① package demo2_3_1;                            // 声明包
  public class Main {
②     int mVar = 100;                            // 声明成员变量
      public static void main(String[ ] args) {
③         int m;                                  // 声明 int 型局部变量 m,但没有初始化
          double d = 3.1415926;                   // 声明 double 型局部变量 d,并初始化
          m = 10;                                 // 给 m 变量赋值
④         var y = 1.90;                           // 使用 var 声明局部变量 y,它是 double 类型
⑤         System.out.printf("x = %d%n", m);
⑥         System.out.printf("x = %.3f,y = %.3f%n", d, y);
      }
  }
```

上述代码运行结果如下：

```
x = 10
x = 3.142,y = 1.900
```

代码解释如下：

代码第①处是用于声明包的，指定了当前 Java 文件所属的包为 demo2_3_1，有关包的概念将在 2.5.2 节详细介绍。

代码第②处声明并定义了一个成员变量 mVar，它的类型是整型（int），并将其初始值设为 100。

代码第③处声明了一个整型局部变量 m，但没有给它赋初始值。

代码第④处使用了 Java 10 引入的 var 关键字，用于进行局部变量的类型推断。在这里，var 推断出 y 的类型为双精度浮点型（double），并将其初始值设为 1.90。

代码第⑤处使用 System.out.printf 方法进行格式化输出。它打印输出变量 m 的值，并使用 %d 作为格式化转换符，表示整数类型。

代码第⑥处也使用了 System.out.printf 方法进行格式化输出。它打印输出变量 d 和 y 的值，并使用 %.3f 作为格式化转换符，表示浮点数类型，并限定小数点后保留三位小数，其中 %d%n、%.3f 和%.3f%n 都是格式化转换符。Java 中常用的格式化转换符如表 2-2 所示。

表 2-2　Java 中常用的格式化转换符

转 换 符	说　明
%s	字符串
%c	单个字符
%d	十进制整数
%f	浮点数，例如.3f 表示保留小数位后 3 位
%o	八进制数
%e、%E	科学计算法表示浮点数
%n	换行符
%%	百分号%

在本例中声明当前 Java 文件所属的包为 demo2_3_1，注意这个包的命名约定，demo2_3_1 表示第 2.3.1 节的示例代码。

2.3.2 常量

常量事实上是那些内容不能被修改的变量，常量与变量类似，也需要初始化，即在声明常量的同时要赋予一个初始值。常量一旦初始化就不可以被修改。它的声明格式为：

```
final 数据类型 常量名 = 初始值;
```

final 关键字表示最终的，如果它用来修饰变量，则该变量就变成了常量。示例代码如下：

```
package demo2_3_2;
// 常量
public class Main {
①   public static final double PI = Math.PI;        // 声明常量 PI
②   final int m = 10;                               // 声明成员常量
    public static void main(String args[]) {
        final var n = 3.3;                          // 使用 var 声明局部常量
        System.out.printf("π= %.8f%n", PI);
        System.out.printf("n= %f%n", n);
③       //        n =1000;                          //  编译错误
    }
}
```

上述代码运行结果如下：

```
π= 3.14159265
n= 3.300000
```

代码解释如下：

代码第①处声明常量 PI，初始值 Math.PI，它是 Math 类中的 PI 常量。

代码第②处通过 final 关键字声明局部常量。

代码第③处已经注释掉了，如果不进行注释，则会发生 Cannot assign a value to final variable 'n' 编译错误，这个错误是提示 n 是常量，不能给它赋值。

2.3.3 语句

语句是代码的重要组成部分，在 Java 语言中，每一条语句结束要加分号（;），多条语句会构成代码块（也称复合语句），语句块中可以有 0～n 条语句。示例代码如下：

```
package demo2_3_3;
// 语句
public class Main {
    public static void main(String[] args) {
        int m = 5;
        if (m < 10) {
            System.out. println ( " <10" ) ;
        }
    }
}
```

2.3.4 训练营 1：理解变量、常量和语句

老师给我们布置了一个关于变量和语句的任务。

1. 目标：熟悉 Java 中变量、常量和语句的使用。

2. 练习内容：

- 定义不同类型的变量，并打印输出。
- 定义各种常量，了解其特点。
- 学习用赋值语句给变量赋值。
- 使用输出语句打印变量和常量。
- 编写代码，实现两个变量值交换。

3. 重点：

- 变量、常量的定义和使用规范。
- 语句语法和用途。

参考代码如下：

```
package demo2_3_4;

public class Main {
    public static void main(String[] args) {
        // 1.定义变量
        var count = 0;
        var price = 3.5;
        // 2.定义常量
        final double PI = 3.14;
        final int MAX_VALUE = 100;
        // 3.赋值语句
        count = 10; // 给变量重新赋值
        price += 2; // 变量的值可变

        // 4.输出语句
        System.out.println("PI = " + PI); // 输出常量
        System.out.printf("Price is %.2f", price); // 输出变量
        // 5.两个变量交换值
        int a = 10;
        int b = 20;
        System.out.println("交换前:");
        System.out.println("a = " + a);
        System.out.println("b = " + b);
        int temp = a;
```

```
        a = b;
        b = temp;
        System.out.println("交换后:");
        System.out.println("a = " + a);
        System.out.println("b = " + b);
    }
}
```

上述代码运行结果如下：

```
PI = 3.14
Price is 5.50 交换前:
a = 10
b = 20
交换后:
a = 20
b = 10
```

下面重点解释两个变量值交换的实现代码：

通过添加中间临时变量 temp，可以实现 a 和 b 的值交换。

第 1 步：把 a 的值保存到临时变量 temp。

第 2 步：把 b 的值赋给 a。

第 3 步：再把临时变量 temp（即原先的 a 的值）赋给 b。

这样简单地利用一个额外变量，就可以灵活地实现两个变量值的交换。

声明变量和定义变量之间的区别是什么？

老师，声明变量和定义变量之间的区别是什么呢？

你问到了 Java 变量的一个重要概念。声明变量和定义变量在 Java 中有区别：

声明变量只指定了变量名称和类型，但没有初始化，比如：

int count;

而定义变量是在声明的同时赋给变量一个初始值，比如：

int count = 0;

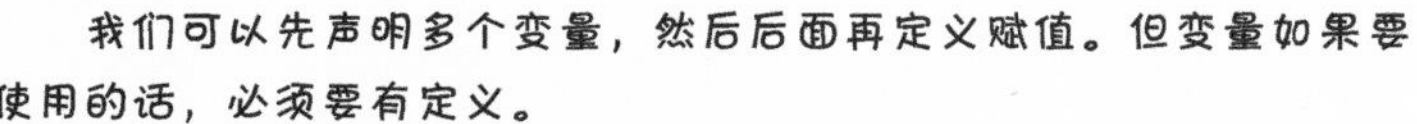

2.4 注释

Java 中注释的语法有三种：单行注释（//）、多行注释（/＊…＊/）和文档注释（/＊＊…＊/）。

2.4.1 文档注释

文档注释就是指这种注释内容能够生成 API 帮助文档，JDK 中的 javadoc 命令能够提取这些注释信息并生成 HTML 文件。文档注释主要对类（或接口）、实例变量、静态变量、实例方法和静态方法等进行注释。

2.4.2 代码注释

程序代码中处理文档注释还需要在一些关键的地方添加代码注释，文档注释一般是给一些看不到源代码的人看的帮助文档，而代码注释则是给阅读源代码的人参考的。代码注释一般采用单行注释（//）和多行注释（/＊…＊/）。

示例代码如下：

```
package demo2_4_2;
public class Calculator {
    // 这是一个用于计算两个整数之和的方法
    public int add(int a, int b) {
        // 将两个整数相加,并返回结果
```

```
        return a + b;
    }
    /*
     * 这是一个用于计算两个整数之差的方法
     * 参数 a: 第一个整数
     * 参数 b: 第二个整数
     * 返回值: 两个整数的差
     */
    public int subtract(int a, int b) {
        // 将第一个整数减去第二个整数,并返回结果
        return a - b;
    }
    // 主方法,程序入口
    public static void main(String[] args) {
        Calculator calculator = new Calculator();
        int sum = calculator.add(5, 3);
        System.out.println("Sum: " + sum);
        int difference = calculator.subtract(10, 7);
        System.out.println("Difference: " + difference);
    }
}
```

在这个示例代码中，我们使用了单行注释（//）和多行注释（/*...*/）来添加代码注释。

- 可以在代码的某一行添加单行注释，对该行代码进行解释或补充说明。
- 多行注释可以注释多行代码，通常用于对整个方法或一段代码块进行解释。

代码注释的作用是帮助阅读源代码的人理解代码的意图、实现细节和关键逻辑。通过添加恰当的代码注释，可以提高代码的可读性、可维护性和可理解性，使其他人更容易阅读和理解你的代码。

2.5 Java 源代码组织方式

Java 源代码确实有一定的组织方式，主要分为两个层次：代码文件和包。

2.5.1 代码文件

Java 代码文件（.java，也叫 Java 源代码文件或 Java 源文件）中可以包含的内容如图 2-1 所示，在一个源代码文件中可以定义一个或多个 Java 的类型，包括类（Class）、接口（Interface）、枚举（Enum）和注解（Annotation），一个 Java 类型是 Java 的最小源代码组织单位。

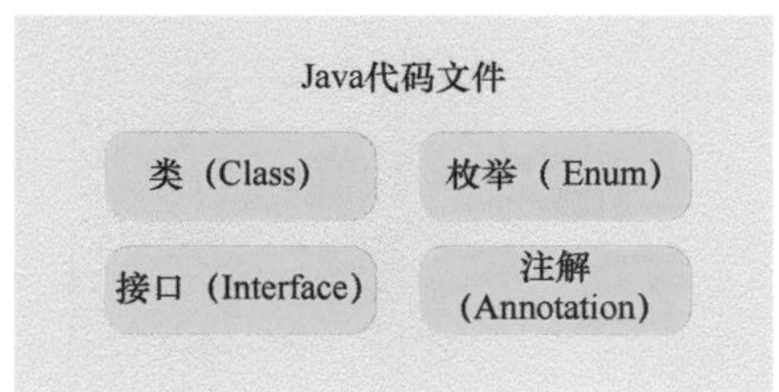

图 2-1　Java 代码文件

如下所示是 Main.java 代码文件内容：

```
//Main.java 源文件
package demo2_5_1;
//声明 Main 类
public class Main {
    public static void main(String args[]) {
        System.out.println("Hello Main!");     }
}
//声明 HelloWorld 类
class HelloWorld {
    public static void main(String[] args) {
        System.out.println("Hello World!");
    }
}
//声明 Xyz 类
class Xyz {
}
//声明 Abc 接口
interface Abc {
}
```

上述代码运行结果如下：

```
Hello Main!
```

上述 Main.java 代码文件中声明了三个类 Main、HelloWorld 和 Xyz 类，以及一个接口 Abc。上述代码中虽然声明了多个类，但只能有一个类是公有（public）的。

另外，Main 和 HelloWorld 类中都包含了 main( )方法，但是能作为程序入口的 main( )方法只能是公有类的 main( )方法。所以上述代码运行时进入的是 Main 类的 main( )方法。

2.5.2 包

老师！我在学习 Java 的包概念时遇到了一些问题。能帮我解释一下 Java 中的包是什么吗？

当然可以，小东！在 Java 中，包（Package）是一种用于组织和管理代码的概念。它可以包含一组相关的类型，如类、接口、枚举和注解。通过使用包，我们可以为这些类型提供访问保护和命名空间管理。

我明白了。那么包的作用是什么呢？

包的作用有几个方面。首先，它提供了一种命名空间管理机制。不同的包可以拥有相同名称的类，但由于它们位于不同的包中，它们的完全限定名（包括包名和类名）不会发生冲突。这使得我们能够更好地组织和管理代码，避免命名冲突。

其次，包还提供了访问保护机制。在 Java 中，类可以有不同的访问修饰符，如 public、protected、private 或默认（即没有显式修饰符）。通过将类放置在特定的包中，并使用适当的访问修饰符，我们可以控制其他类对于这些类的访问权限。

最后，包还有助于代码的可维护性和可读性。通过将相关的类型组织在同一个包中，我们可以更容易地理解和查找特定类型的代码。这种逻辑上的组织有助于降低代码的混乱程度，并使代码更易于阅读和维护。

1. 声明包

Java 中使用 package 语句声明包，package 语句应该放在源文件除了注释以外的第一行，在每个源文件中只能有一个包定义语句，并且 package 语句适用于所有 Java 类型（类、接口、枚举和注解）的文件。声明包语法格式如下。

```
package pkg1[.pkg2[.pkg3…]];
```

pkg1～ pkg3 都是组成包名的一部分，之间用点（.）连接。首先，它们的命名应该是合法的标识符；其次应该遵守 Java 包命名规范，即全部采用小写字母。例如：com.abc 是自定义的包名。

声明包的示例代码如下：

```
//Student.java 源文件
package com.abc;            // 声明包 com.abc

public class Student {

}

//声明 HelloWorld 类
class HelloWorld {
}

//声明 Xyz 类
class Xyz {
}
```

从上述代码可见 Student.java 源文件中声明了 com.abc 包。

事实上，在 HelloProj 项目中包含了多个相同名字的类（如：Xyz 类），它们应该在不同的包中，如图 2-2 所示。

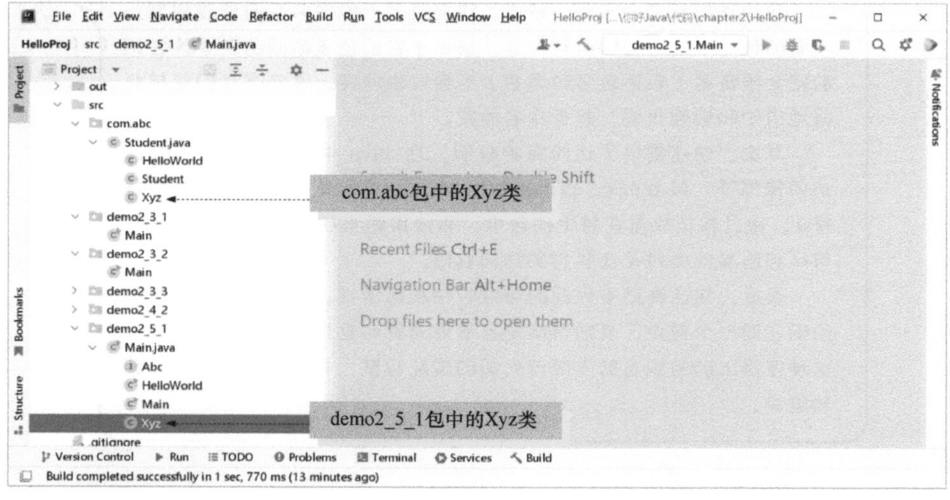

图 2-2　不同包中的 Xyz 类

2. 引入包

为了能够使用一个包中的 Java 类型（类、接口、枚举和注解），需要在 Java 程序中明确引入该包。使用 import 语句实现包引入。import 语句应位于 package 语句之后，所有类的定义之前。可以有 0～n 条 import 语句。其语法格式为：

```
import package1[.package2…].(Java 类型名|* );
```

“包名.Java 类型名”表示只引入具体 Java 类型，“包名.*”表示引入这个包下所有的 Java 类型（*为通配符）。但从编程规范的角度，提倡明确引入具体 Java 类型，即采用“包名.Java 类型名”的形式，这样可以提高程序的可读性。

示例代码如下：

```
package demo2_5_2;
//Main.java 源文件

①   import com.abc.*;                              //引入 com.abc 包中的所有类型
②   import com.abc.Student;                        //只引入 com.abc 包中的 Student 类

③   import java.util.Date;                         //引入 java.util 包中的 Date 类

public class Main {

    public static void main(String[] args) {

        Student student = new Student();           //创建 student 对象
        System.out.println(student);
        Date date1 = new Date();
        System.out.println(date1);                 //创建 date1 对象
④       java.sql.Date date2 = new java.sql.Date(12345);
        System.out.println(date2);
    }
}
```

引入包的代码应该放在 package 语句之后，见代码第①~③处，注意代码第①处使用了通配符（*）引入 com.abc 包中的所有类型，但这种做法一般不推荐，因为它的可读性不好，而是推荐采用代码第②处的方式引入具体的类型。

另外，需要注意的是，引入的类名也可能会有冲突！例如：Date 类在 java.util 和 java.sql 包中都有，所以在使用时还可以指定类的全名，见代码第④处的 java.sql.Date()。

当前源文件与要使用的 Java 类型（类、接口、枚举和注解）在同一个包中时，可以不引入包。另外，java.lang 包中包含了 Java 语言的核心类，它不需要显式地使用 import 语句引入，它是由解释器自动引入的。

2.5.3 训练营 2：熟悉 Java 中如何定义和引入包

老师布置给小东的任务是熟悉 Java 中如何定义和引入包。小东需要理解包的概念，并学会

在 Java 中如何定义自己的包以及如何引入其他包中的类，主要要求有：

- 定义自己的包，包名为 com.mycompany.app。
- 在该包中定义一个类，类名为 MyClass。
- 在另一个类中引入这个包并使用 MyClass 类。
- 定义一个不同名的包，确保引入时不冲突。

为了完成这些要求，小东计划如下这样做。

步骤 1：定义自己的包。

在自定义的代码编辑器中创建一个新的 Java 源文件，命名为 MyClass.java。

在文件内容的顶部使用 package 关键字定义包名为"com.mycompany.app"，这样这个类就属于这个包了。

```
package com.mycompany.app;

public class MyClass {
    // 在这里定义类的成员和方法
}
```

步骤 2：在该包中定义一个类 MyClass。

在上一步的代码文件中，定义一个名为 MyClass 的类，并在这个类中添加一些成员和方法。

```
package com.mycompany.app;

public class MyClass {
    private int number;

    public MyClass(int num) {
        number = num;
    }

    public void displayNumber() {
        System.out.println("Number: " + number);
    }
}
```

步骤 3：在另一个类中引入包并使用 MyClass。

创建一个新的 Java 源文件，比如 Main.java，用于引入 com.mycompany.app 包中的 MyClass 类。

```
package com.mycompany.app;

public class Main {
    public static void main(String[] args) {
        // 使用 MyClass 类
```

```
        MyClass myObject = new MyClass(42);
        myObject.displayNumber();
    }
}
```

步骤 4：定义一个不同名的包，确保引入时不冲突。

在这一步，将创建一个不同的包，并在其中定义另一个类。给这个包取名为“com.othercompany.utils”，以确保和之前的包名不冲突。

创建一个新的 Java 源文件，比如 UtilClass.java，并在顶部使用 package 关键字定义包名为“com.othercompany.utils”。

```
package com.othercompany.utils;

public class UtilClass {
    public static void displayMessage() {
        System.out.println("这段代码来自于 com.othercompany.utils 包中的 UtilClass 类。");
    }
}
```

步骤 5：在 Main 类中引入新的包并使用 UtilClass。

回到之前的 Main.java 文件，在文件内容顶部引入 com.othercompany.utils 包中的 UtilClass 类。

```
package com.mycompany.app;

import com.mycompany.app.MyClass;
import com.othercompany.utils.UtilClass;

public class Main {
    public static void main(String[] args) {
        // 使用 MyClass 类
        MyClass myObject = new MyClass(42);
        myObject.displayNumber();

        // 使用 UtilClass 类
        UtilClass.displayMessage();
    }
}
```

这样，小东完成了老师布置的任务。他现在理解了如何定义和引入包，在自己的包中定义类，并使用其他包中的类。这将使他更好地组织 Java 代码，避免命名冲突，并加深对包的概念的理解。

2.6 总结与扩展

本章总结

在本章中，我们深入了解了 Java 编程中的标识符、关键字、变量、常量、语句、注释以及 Java 源代码的组织方式。标识符是我们在编程中使用的名称，关键字是 Java 语言中预先定义的具有特殊用途的单词。我们学习了如何正确命名标识符，以及要避免使用 Java 关键字作为标识符。变量是用于存储数据的容器，常量是不可变的数据，我们了解了如何声明和使用变量与常量。在语句部分，注意 Java 中每一行语句的结尾用分号结束。另外，我们学习了注释的作用以及如何正确使用文档注释和代码注释来提高代码的可读性与维护性。最后，我们深入研究了 Java 源代码的组织方式，学会了如何将代码组织成不同的文件和包，以便于代码的管理和重用。

扩展学习

1）Java 变量与数据类型：继续学习 Java 中的其他数据类型，如浮点型、字符型、布尔型等，了解它们在程序中的应用场景。

2）流程控制：进一步学习 Java 中的分支语句（if-else、switch）和循环语句（while、do-while、for），掌握不同场景下如何选择合适的流程控制结构。

3）Java 注释规范：深入研究 Java 注释的规范，尤其是文档注释，掌握如何为类、方法和字段添加详细的文档注释，方便后续的代码维护和团队协作。

2.7 同步练习

【练习 2-1】变量和常量

请编写一个 Java 程序，在其中定义一个整数变量 num1 和一个常量 PI，分别赋予它们初始值。然后，计算 num1 的平方并将结果打印输出，再打印出 PI 的值。

【练习 2-2】包和类的使用

创建一个 Java 项目，其中包含两个包，分别命名为 com.example.math 和 com.example.util。在 com.example.math 包中定义一个类 Calculator，其中包含加法和乘法两个方法。在com.example.util 包中定义一个类 StringUtil，其中包含一个静态方法用于反转字符串。然后在主类中引入这两个包，并使用 Calculator 类进行一些简单的数学计算，同时使用 StringUtil 类测试字符串反转方法。

第 3 章 数据类型，不一样的我
——Java 数据类型

老师，我发现 Java 程序里面有很多不同类型的数据，比如 int、double 这些，它们之间有什么区别和联系呢？

很好的问题！在 Java 中，不同的数据类型代表了不同的数值类型和范围。正确使用数据类型可以优化内存和提高计算效率。

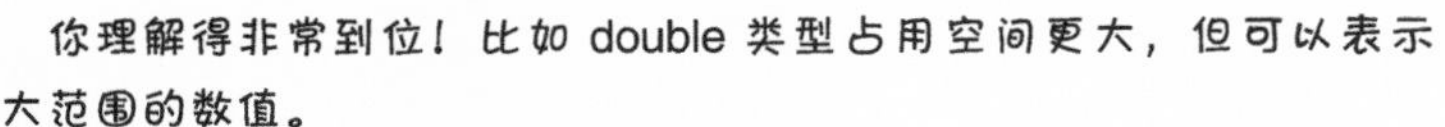

3.1 Java 基本数据类型

Java 语言的数据类型分为：

- 基本数据类型。
- 引用数据类型。

本节我们重点介绍 Java 基本数据类型。

Java 基本数据类型表示简单的数据，基本数据类型分为 4 大类，共 8 种数据类型。

- 整数类型：byte、short、int 和 long。
- 浮点类型：float 和 double。
- 字符类型：char。
- 布尔类型：boolean，它只有 true 和 false 两种值。

3.1.1 整数类型

Java 中的整数类型包括 byte、short、int 和 long，它们之间的区别：在计算机内部占用的内存空间不同，如表 3-1 所示。

表 3-1 整数类型

整数类型	宽度	取值范围
byte	1 个字节（8 位）	-128~127
short	2 个字节（16 位）	$-2^{15}\sim2^{15}-1$
int	4 个字节（32 位）	$-2^{31}\sim2^{31}-1$
long	8 个字节（64 位）	$-2^{63}\sim2^{63}-1$

Java 语言的整数类型默认是 int 类型，例如 10 表示为 int 类型整数 10，而不是 short 或 byte，而 10L（或 10l）表示 long 类型的整数 10，就是在 10 后面加上 l（小写英文字母）或 L（大写英文字母）。

整数常量还可以使用二进制数、八进制数和十六进制数表示，它们的表示方式分别如下。

- 二进制数：以 0b 或 0B 为前缀，注意 0 是阿拉伯数字，不要误认为是英文字母 o。
- 八进制数：以 0 为前缀，注意 0 是阿拉伯数字。
- 十六进制数：以 0x 或 0X 为前缀，注意 0 是阿拉伯数字。

使用整数的示例代码如下：

```
package demo3_1_1;

//整数
public class Main {

    public static void main(String args[]) {
        // byte myNum1 = 128;            // 编译错误
        byte myNum2 = 125;
        short myNum3 = 5000;
        int myNum4 = 5000;
        long myNum5 = 10L;              // 声明 long 类型变量
        long myNum6 = 10l;              // 声明 long 类型变量

        int decimalInt = 10;
        byte binaryInt1 = 0b1010;
        short binaryInt2 = 0B11100;
        long octalInt = 012;
```

```
        byte hexadecimalInt = 0xA;
    }
}
```

在程序代码中，尽量不用小写英文字母 l，因为它容易与数字 1 混淆，特别是在 Java 中表示 long 类型整数时很少使用小写英文字母 l，而是使用大写英文字母 L。例如，10L 要比 10l 可读性更好。

3.1.2 浮点类型

浮点类型主要用来存储小数数值。Java 中的浮点类型有以下两种

- 单精度浮点类型（float）。
- 双精度浮点类型（double）。

它们的区别是占用内存空间不同。浮点类型说明如表 3-2 所示。

表 3-2　浮点类型

浮点类型	宽　度
float	4 个字节（32 位）
double	8 个字节（64 位）

Java 语言的浮点类型默认是 double 类型，例如 0.0 表示 double 类型常量，而不是 float 类型。如果想要表示 float 类型，则需要在数值后面加 f 或 F。

另外，浮点数据可以使用小数表示，也可以使用科学记数法表示，科学记数法中会使用大写英文字母 E 或小写英文字母 e 表示 10 的指数，如 e2 表示 10^2。

浮点类型的示例代码如下：

```
package demo3_1_2;
// 浮点类型
public class Main {

    public static void main(String args[]) {

        float float1 = 0.0f;                  // 数值后加 f 表示 float 类型
        float float2 = 2F;                    //数值后加 F 也表示表示 float 类型
        double float3 = 2.1543276e2;          // 科学记计数法表示浮点数
        double float4 = 2.1543276e-2;         // 科学记计数法表示浮点数
        double double1 = 0.0;                 // 0.0 默认是 double 类型
```

```
        double double2 = 0.0d;                // 数值后加 d 表示 double 类型
        double double3 = 0.0D;                // 数值后加 D 表示 double 类型
    }
}
```

3.1.3 训练营 1：掌握整数、浮点数等的表示方式

为了让小红掌握整数、浮点数等的表示方式，老师给小红布置了一个关于数据类型表示和使用的训练任务，为小红列出一些任务步骤。

1. 整数类型

整数类型表示的步骤如下。

1）声明一个 byte 类型的变量，并分别用十进制、八进制和十六进制方式赋值，并打印输出结果。

2）声明一个 short 类型的变量，并用十进制方式赋值，并打印输出结果。

3）声明一个 int 类型的变量，并用八进制方式赋值，并打印输出结果。

4）声明一个 long 类型的变量，并用十六进制方式赋值，并打印输出结果。

2. 浮点类型

浮点类型表示的步骤如下。

1）声明一个 float 类型的变量，并用十进制方式赋值，并打印输出结果。

2）声明一个 double 类型的变量，并用科学记数法方式赋值，并打印输出结果。

3. 数值范围和精度

关于数值范围和精度步骤如下。

1）声明一个 byte 类型的变量，并尝试给它赋予超出其范围的值，观察编译器的报错信息。

2）声明一个 double 类型的变量，并尝试给它赋予一个很小的值，观察输出结果是否准确。

小红可以按照这些步骤逐个完成任务，通过实践来加深对整数、浮点数等类型数据的表示方式的理解。

同时，她还可以尝试一些其他类型的数值表示方式，如使用 float 类型和 double 类型进行数学计算，观察结果的精度和表现形式。

通过这些练习，小红将更加熟悉整数和浮点数的表现形式，以及掌握数值范围和精度的重要概念。

参考代码如下：

```
package demo3_1_3;

public class TrainingCamp1 {
```

```
    public static void main(String[] args) {
        // 整数类型表示方式
        byte byteValue = 123;                          // 十进制表示
        byte byteValueOct = 012;                       // 八进制表示(十进制的 10)
        byte byteValueHex = 0x1A;                      // 十六进制表示(十进制的 26)
        short shortValue = 456;                        // 十进制表示
        int intValueOct = 0123;                        // 八进制表示(十进制的 83)
        long longValueHex = 0xABCDEF123L;              // 十六进制表示

        // 浮点类型表示方式
        float floatValue = 3.14f;                      // 十进制表示
        double doubleValueSci = 2.5e3;                 // 科学记数法表示(表示 2500.0)

        // 打印输出结果
        System.out.println("byteValue: " + byteValue);
        System.out.println("byteValueOct: " + byteValueOct);
        System.out.println("byteValueHex: " + byteValueHex);
        System.out.println("shortValue: " + shortValue);
        System.out.println("intValueOct: " + intValueOct);
        System.out.println("longValueHex: " + longValueHex);
        System.out.println("floatValue: " + floatValue);
        System.out.println("doubleValueSci: " + doubleValueSci);

        // 数值范围和精度测试
        byte byteValueOutOfRange = 123;                // 修改为 300 测试一下
        double doubleValueSmall = 0.00000012345;       // 很小的值
        // 输出结果为 1.2345E-7,
        System.out.println("doubleValueSmall: " + doubleValueSmall);

        int intValue = byteValueOutOfRange;
        System.out.println("intValue: " + intValue);
    }
}
```

上述示例代码运行结果如下：

```
byteValue: 123
byteValueOct: 10
byteValueHex: 26
shortValue: 456
intValueOct: 83
longValueHex: 46118400291
```

```
floatValue: 3.14
doubleValueSci: 2500.0
doubleValueSmall: 1.2345E-7
intValue: 123
```

3.1.4 字符类型

字符类型表示单个字符，Java 中用 char 声明字符类型，Java 中的字符常量必须包裹在一对单引号('') 中。

Java 字符采用双字节 Unicode 编码，占两个字节（16 位），因而可用十六进制（无符号的）编码形式表示，它们的表现形式是\u*n*，其中 *n* 为 16 位十六进制数，所以'E'字符也可以用 Unicode 编码'\u0045'表示。

示例代码 CharExample.java 如下：

```
package demo3_1_4;

public class CharExample {
    public static void main(String[] args) {
        char letter1 = 'A';
        char letter2 = '\u0042';                              // 使用 Unicode 编码表示字符'B'
        char letter3 = '汉';                                  // 汉字字符
        int letter4 = 66;                                     // 'B'对应的 ASCII 码是 66
        int int1 = 'A' + 3;                                   // 字符类型可以进行数学计算

        System.out.println("letter1:" + letter1);
        System.out.println("letter2:" + letter2);
        System.out.println("letter3:" + letter3);
        System.out.println("letter4:" + (char) letter4);    // 将整数格式转换为字符输出
        System.out.println("int1:" + (char) int1);
    }
}
```

上述示例代码运行结果如下：

```
letter1:A
letter2:B
letter3:汉
letter4:B
int1:D
```

字符类型也属于数字类型，可以与 int 等数字类型进行数学计算或相互转换。这是因为字符类型在计算机中保存的是 Unicode 编码，双字节 Unicode 的存储范围为\u0000～\uFFFF，所以 char 类型的取值范围为 $0 \sim 2^{16}-1$。

3.2 数据类型转换

老师，了解了这么多数据类型，我在思考它们之间是否可以相互转换呢？

非常好的疑问！数据类型之间可以进行转换，主要分为自动转换和强制转换两类。

自动转换是什么意思呢？

自动转换是编译器自动完成的，无须人为操作，通常发生在安全转换的情况下。

什么样的转换是安全的呢？

一般从小范围类型到大范围类型的转换，如从 int 到 double，是安全转换。

那么强制转换又是指什么呢？

强制转换需要人为添加语句进行，通常是大范围类型到小范围类型的转换，存在风险。

我明白了，掌握它们的转换规则可以帮助我更好地使用数据类型！

3.2.1 自动类型转换

自动类型转换是指在 Java 中，当把一个数据类型的值赋给另一个数据类型的变量时，如果目标数据类型的范围大于源数据类型的范围，Java 会自动执行类型转换，这种转换也称为隐式转换。

自动类型转换发生的前提是目标数据类型可以容纳源数据类型的所有值，不会导致数据丢失。这是因为目标数据类型的范围更大，可以表示比源数据类型更大范围的数值。

在自动类型转换中，不需要特别声明，编译器会自动进行处理。这样的特性使得编程更加便捷，不需要显式地进行类型转换。

自动类型转换规则如下。

- 数字型数据的转换：byte→short→int→long→float→double。
- 字符型转换为整型：char→int。

char 类型比较特殊，char 自动转换为 int、long、float 和 double，但 byte 和 short 不能自动转换为 char，而且 char 也不能自动转换为 byte 或 short。

自动类型转换不仅发生在赋值过程中，在进行数学计算时也会发生自动类型转换，在运算中往往是先将数据类型转换为同一类型，然后再进行计算。数学计算时的自动类型转换规则如表 3-3 所示。

表 3-3　自动类型转换规则

操作数 1 类型	操作数 2 类型	转换后的类型
byte、short、char	int	int
byte、short、char、int	long	long
byte、short、char、int、long	float	float
byte、short、char、int、long、float	double	double

示例如下：

```
package demo3_2_1;

public class Main {

    public static void main(String[] args) {
        int num1 = 10;
        long num2 = num1; // 自动将 int 类型转换为 long 类型
```

```
        float num3 = 3.14f;
        double num4 = num3;                 // 自动将 float 类型转换为 double 类型

        char ch = 'A';
        int asciiValue = ch;                // 自动将 char 类型转换为 int 类型,存储的是'A'的 ASCII 码值

        int num5 = 5;
        double num6 = 3.14;

        double result1 = num5 + num6;       // 自动将 int 类型 num5 转换为 double 类型后再相加

        char ch2 = 'A';
        int num7 = 10;

        int result2 = ch2 * num7;           // 自动将 char 类型的 ch2 转换为 int 类型后再相乘

        long num8 = 1000L;
        float num9 = 3.5f;

        float result3 = num8 + num9;        // 自动将 long 类型的 num8 转换为 float 类型后再相加

        System.out.println("num2: " + num2);                 // 输出结果为 10
        System.out.println("num4: " + num4);                 // 输出结果为 3.140000104904175
        System.out.println("asciiValue: " + asciiValue);     // 输出结果为 65
        System.out.println("result1: " + result1);           // 输出结果为 8.14
        System.out.println("result2: " + result2);           // 输出结果为 650
        System.out.println("result3: " + result3);           // 输出结果为 1003.5
    }
}
```

上述示例代码运行结果如下：

```
num2: 10
num4: 3.140000104904175
asciiValue: 65
result1: 8.14
result2: 650
result3: 1003.5
```

3.2.2 强制类型转换

强制类型转换是指在 Java 中，将一个数据类型强制转换为另一个数据类型。当进行强制类型转换时，需要使用目标数据类型的括号进行声明，以明确指定要进行的转换操作。强制类型转换的场景通常是将范围大的数据类型转换为范围小的数据类型，或者在需要精确控制数据类型

的情况下进行转换。

强制类型转换的语法格式：

```
(目标数据类型 type)value
```

强制类型转换的注意事项：

- 可能造成精度降低或数据溢出。
- 不要对非数值类型进行转换。
- 转换前需要检查数值范围。

示例代码如下：

```
package demo3_2_2;
//强制类型转换

public class Main {

    public static void main(String args[]) {
        int decimalInt = 10;
        byte byteInt = (byte) decimalInt;          // 将 int 类型强制转换为 byte 类型
        double float1 = 2.1543276e2;
        long longInt = (long) float1;              // 将 float 类型强制转换为 long 类型
        System.out.println(longInt);               //输出 215,小数部分被截掉
        float float2 = (float) float1;             // 将 double 类型强制转换为 float 类型

        long long1 = 999999999999L;
①       int int1 = (int) long1;                    // 将 long 类型强制转换为 int 类型,精度降低
        System.out.println(int1);                  //-727379969
    }
}
```

上述示例代码运行结果如下：

```
215
-727379969
```

上述代码①处在进行强制类型转换时，发生了精度降低，这是因为 long1 变量太大，当大宽度数值转换为小宽度数值时，大宽度数值的高位被截掉，这样就会导致数据精度丢失。

3.3 训练营 2：熟悉数据类型之间的转换

在训练营 2 中，我们将练习数据类型之间的转换，包括自动类型转换和强制类型转换。自动类型转换是指在某些情况下，Java 会自动将一个数据类型转换为另一个数据类型，而无须显式地

指定。而强制类型转换是指在某些情况下，我们需要显式地指定将一个数据类型转换为另一个数据类型。

我们将练习以下内容：

- 整数类型之间的自动类型转换。
- 浮点类型之间的自动类型转换。
- 整数类型和浮点类型之间的自动类型转换。
- 自动类型转换的注意事项和规则。
- 强制类型转换的语法和使用情况。
- 强制类型转换时可能出现的问题和注意事项。

通过学习这些内容，我们将掌握数据类型转换的规则和方法，以便在编程中灵活地使用不同的数据类型，并避免出现错误和精度降低。

参考代码如下：

```
package demo3_3;

public class TrainingCamp2 {
    public static void main(String[] args) {
        // 自动类型转换示例
        int intValue = 100;
        long longValue = intValue;              // 自动将 int 类型转换为 long 类型
        float floatValue = longValue;           // 自动将 long 类型转换为 float 类型
        double doubleValue = floatValue;        // 自动将 float 类型转换为 double 类型

        System.out.println("intValue: " + intValue);
        System.out.println("longValue: " + longValue);
        System.out.println("floatValue: " + floatValue);
        System.out.println("doubleValue: " + doubleValue);

        // 强制类型转换示例
        double doubleValue2 = 3.14;
        int intValue2 = (int) doubleValue2;     // 强制将 double 类型转换为 int 类型

        System.out.println("doubleValue2: " + doubleValue2);
        System.out.println("intValue2: " + intValue2);

        // 注意事项和规则
        int intValue3 = 100;
        byte byteValue = (byte) intValue3; // 强制将 int 类型转换为 byte 类型

        System.out.println("intValue3: " + intValue3);
        System.out.println("byteValue: " + byteValue);
    }
}
```

上述示例代码运行结果如下：

```
intValue: 100
longValue: 100
floatValue: 100.0
doubleValue: 100.0
doubleValue2: 3.14
intValue2: 3
intValue3: 100
byteValue: 100
```

3.4 引用数据类型

在 Java 中除了 8 种基本数据类型外，其他数据类型全部都是引用（reference）数据类型，引用数据类型用来表示复杂数据类型。引用数据类型包含：

- 类。
- 接口。
- 枚举。
- 数组。

Java 中的引用类型，相当于 C 等语言中的指针（pointer）类型，引用实际就是指针，是指向一个对象的内存地址。引用类型变量中保存的是指向对象的内存地址。很多资料中提到 Java 不支持指针，事实上是不支持指针计算，而指针类型还是保留了下来，只是在 Java 中被称为引用类型。

3.5 数组类型

在计算机语言中，数组是非常重要的数据结构，大部分计算机语言中，数组具有如下三个基本特性。

- 一致性：数组只能保存相同数据类型的元素，可以是任何相同的数据类型。
- 有序性：数组中的元素是有序的，通过下标访问。
- 不可变性：数组一旦初始化，则长度（数组中元素的个数）不可变。

在 Java 中，数组的下标是从零开始的，事实上，很多计算机语言的数组下标都是从零开始的。Java 数组下标访问运算符是中括号，如 intArray[0]，表示访问 intArray 数组的第一个元素，0 是第一个元素的下标。

另外，Java 中的数组本身是引用数据类型，它的长度属性是 length。

3.5.1 数组声明

引用数据类型之前一定要做两件事情：声明和初始化。数组声明完成后，数组的长度还不能确定。

数组声明的语法格式如下：

```
元素数据类型[] 数组变量名;          // Java 语言风格
元素数据类型 数组变量名[];          // C 语言风格
```

可见数组的声明有两种方式：一种是中括号（[]）跟在元素数据类型之后；另一种是中括号（[]）跟在数组变量名之后。从面向对象角度看，Java 更推荐采用第一种声明方式，因为它把“元素数据类型[]”看成一个整体类型，即数组类型。而第二种是 C 语言数组声明方式。

数组声明示例如下：

```
int intArray[];
float[] floatArray;
String strArray[];
Date[] dateArray;
```

3.5.2 数组初始化

声明完成就要对数组进行初始化，数组初始化的过程就是为数组每一个元素分配内存空间，并为每一个元素提供初始值。初始化之后数组的长度就确定下来不能再变化了。

数组初始化可以分为静态初始化和动态初始化。

1. 静态初始化

静态初始化就是将数组的元素放到大括号中，元素之间用逗号（,）分隔。示例代码如下：

```
double[] doubleArry = {2.1, 32, 43, 45};
String[] strArry = {"刘备", "关羽", "张飞"};
```

静态初始化是在已知数组的每一个元素内容的情况下使用的。很多情况下数据是从数据库或网络中获得的，在编程时不知道元素有多少，更不知道元素的内容，此时可采用动态初始化。

2. 动态初始化

动态初始化使用 new 运算符分配指定长度的内存空间，语法格式如下。

```
new 元素数据类型[数组长度];
```

示例代码如下：

```
package demo3_5_2;
//3.5.2 数组初始化

public class Main {

    public static void main(String args[]) {

        // 1.静态初始化

        double[] doubleArry = {2.1, 3.2, 0.43, 5.45};
        String[] strArry = {"刘备", "关羽", "张飞"};

        // 2.动态初始化

        int[] intArray2;                  // 声明数组 intArray2
        intArray2 = new int[4];           // 通过 new 运算符分配了 4 个元素的内存空间
        intArray2[0] = 21;
        intArray2[1] = 32;
        intArray2[2] = 43;

        // 动态初始化 String 数组
        String strArry2[] = new String[3];      // 通过 new 运算符分配了 3 个元素的内存空间
        // 初始化数组元素
        strArry2[0] = "刘备";
        strArry2[1] = "关羽";
        strArry2[2] = "张飞";
    }
}
```

3.5.3 训练营 3：掌握数组类型

在本训练营中，我们将深入学习数组类型，掌握数组在 Java 编程中的重要性和灵活性。数组是一种非常基础和常用的数据结构，在计算机编程中起到了至关重要的作用。

在学习数组类型时，我们将关注以下几个重点。

- 数组的定义和声明：学习如何定义和声明数组，包括一维数组和多维数组。
- 数组的初始化：了解如何初始化数组，可以通过静态初始化和动态初始化两种方式来完成。
- 数组的访问：掌握如何通过下标访问数组中的元素，了解数组下标的从零开始的特点。
- 数组的遍历：学习使用循环结构来遍历数组中的元素，以便对数组进行操作和处理。
- 数组的特性和限制：了解数组在 Java 中的特性和限制，例如数组的长度不可变等。

通过本训练营的学习，我们将能够熟练地使用数组来存储和处理数据，从而为解决实际问题提供更强大的工具和方法。

参考代码如下：

```
package demo3_5_3;

public class SalaryManagement {
    public static void main(String[] args) {
        // 定义一个数组,用于存储员工的工资数
        double[] salaries = {5000.0, 6000.0, 4500.0, 7000.0, 5500.0};
        // 计算总工资
        double totalSalary = 0;
        for (double salary : salaries) {
            totalSalary += salary;
        }
        // 计算平均工资
        double averageSalary = totalSalary / salaries.length;

        // 输出结果
        System.out.println("员工总工资为:" + totalSalary);
        System.out.println("员工平均工资为:" + averageSalary);
    }
}
```

3.6 总结与扩展

本章总结

在本章中，我们深入研究了 Java 编程中的数据类型。Java 提供了多种数据类型，包括整数类型、浮点类型、字符类型、布尔类型等。我们学习了不同类型的整数和浮点数，以及它们在内存中的表示方式。同时，我们了解了字符类型用于存储单个字符，而布尔类型用于表示逻辑值 true 或 false。在处理数据时，有时需要进行类型转换，我们学习了自动类型转换和强制类型转换的方法，并了解了在进行类型转换时需要注意的一些问题。除了基本数据类型，我们还学习了引用数据类型，它们用于存储对象的引用。最后，我们深入研究了数组类型，掌握了如何声明和初始化数组，并学习了数组的基本操作。

扩展学习

1）字符串操作：学习 Java 中对字符串的操作，包括字符串的连接、截取、替换等常用操作，以及字符串与其他数据类型之间的转换。

2）类型转换的细节：深入了解类型转换时可能出现的问题，比如数据溢出、精度降低等，学习如何避免或处理这些问题。

3）多维数组：学习多维数组的概念和使用方法，掌握二维数组、三维数组等的声明和操作。

4）集合框架：了解 Java 集合框架中的 List、Set、Map 等数据结构，学习它们的用法和常见操作。

3.7 同步练习

【练习 3-1】编写代码实现华氏温度与摄氏温度的相互转换。

【练习 3-2】计算一个圆的面积，比较 float 和 double 两种类型的结果。

第 4 章 + − * / % = == != && ! ——运算符

老师，我已经学会使用基础的数据类型了，但是不知道如何对数据进行运算和判断。

你的问题非常好！要对数据运算，就需要使用运算符。

什么是运算符呢？

运算符是执行特定运算和判断的符号，比如+、−等数学符号。

原来如此！Java 中有哪些类型的运算符呢？

主要包括算术、关系、逻辑、位和赋值运算符。它们各有不同作用。

听起来很有意思！学习它们可以帮我写出更复杂的程序呢。

没错！合理运用运算符可以大幅提高你的编程能力。

太棒了！我迫不及待地想开始学习各种运算符了。

好，让我们揭开运算符的神秘面纱，我会把各种运算符的用法逐一讲解给你。相信通过学习，你一定可以高效运用它们。

4.1 算术运算符

在 Java 中，算术运算符可以分为一元运算符和二元运算符。一元运算符是指只需要一个操作数进行运算的运算符，而二元运算符是指需要两个操作数进行运算的运算符。

4.1.1 一元算术运算符

本节先介绍一元算术运算符，具体说明如表 4-1 所示。

表 4-1 一元算术运算符

运算符	名称	说明	例子
-	取反符号	取反运算	y = -x
++	自加一	先取值再加一，或先加一再取值	x++或++x
--	自减一	先取值再减一，或先减一再取值	x--或--x

表 4-1 中，-x 是对 x 取反运算，x++或 x--是在表达式运算完后再给 x 加 1 或减 1。而++x 或--x 是先给 x 加 1 或减 1 后再进行表达式运算。

示例代码如下：

```
package demo4__11;
//一元运算符

public class Main {

    public static void main(String args[]) {
        int x = 5;

        int positiveValue = +x; // 正号运算符,positiveValue 的值为 5
        int negativeValue = -x; // 负号运算符,negativeValue 的值为-5

        int prefixIncrement = ++x; // 前缀自增运算符,先将 x 增加 1,然后赋值,prefixIncrement 的值为 6,
x 的值变为 6
        int postfixDecrement = x--; // 后缀自减运算符,先使用 x 的当前值(6)赋值,然后将 x 减少 1,post-
fixDecrement 的值为 6,x 的值变为 5

        System.out.println("positiveValue(正值): " + positiveValue);
        System.out.println("negativeValue(负值): " + negativeValue);
        System.out.println("prefixIncrement(前缀自增): " + prefixIncrement);
        System.out.println("postfixDecrement(后缀自减): " + postfixDecrement);
        System.out.println("postfixDecrement: " + postfixDecrement);
    }
}
```

程序运行结果：

```
negativeValue(负值): -5
prefixIncrement(前缀自增): 6
postfixDecrement(后缀自减): 6
postfixDecrement: 6
```

4.1.2 二元算术运算符

本节介绍一下二元算术运算符，二元算术运算符包括+、-、*、/和%，这些运算符对数值类型数据都有效。具体说明如表 4-2 所示。

表 4-2 二元算术运算符

运算符	名称	例子	说明
+	加	x + y	求 x 加 y 的和，还可用于 String 类型，进行字符串连接操作
-	减	x - y	求 x 减 y 的差
*	乘	x * y	求 x 乘以 y 的积
/	除	x / y	求 x 除以 y 的商
%	取余	x % y	求 x 除以 y 的余数

示例代码如下：

```
package demo4_1_2;

public class BinaryArithmeticOperators {
    public static void main(String[] args) {
        // 加法运算符
        int x = 5;
        int y = 10;
        int sum = x + y; // sum 的值为 15,即 x 和 y 的和
        System.out.println("sum(和): " + sum);

        // 减法运算符
        int a = 10;
        int b = 5;
        int difference = a - b; // difference 的值为 5,即 a 减去 b 的结果
        System.out.println("difference(差): " + difference);

        // 乘法运算符
        int m = 2;
        int n = 3;
        int product = m * n; // product 的值为 6,即 m 和 n 的乘积

        System.out.println("product(积): " + product);

        // 除法运算符
        int p = 10;
        int q = 2;
        int quotient = p / q; // quotient 的值为 5,即 p 除以 q 的结果
        System.out.println("quotient(商): " + quotient);

        // 取模运算符
        int r = 10;
        int s = 3;
```

```
        int remainder = r % s; // remainder 的值为 1,即 r 除以 s 的余数
        System.out.println("remainder(余数): " + remainder);
    }
}
```

程序运行结果：

```
sum(和): 15
difference(差): 5
product(积): 6
quotient(商): 5
remainder(余数): 1
```

4.2 关系运算符

关系运算（也称为比较运算符）是比较两个表达式大小关系的运算，它属于二元运算符，它的结果是布尔类型数据，即 true 或 false。关系运算符有 6 种：==、!=、>、<、>=和<=，具体说明如表 4-3 所示。

表 4-3 关系运算符

运算符	名称	例子	说明
==	等于	x == y	x 等于 y 时返回 true，否则返回 false。可以应用于基本数据类型和引用数据类型
!=	不等于	x != y	与==相反
>	大于	x > y	x 大于 y 时返回 true，否则返回 false，只应用于基本数据类型
<	小于	x < y	x 小于 y 时返回 true，否则返回 false，只应用于基本数据类型
>=	大于等于	x >= y	x 大于等于 y 时返回 true，否则返回 false，只应用于基本数据类型
<=	小于等于	x <= y	x 小于等于 y 时返回 true，否则返回 false，只应用于基本数据类型

==和!=可以应用于基本数据类型和引用数据类型。当用于引用数据类型比较时，比较的是两个引用是否指向同一个对象，但在实际开发过程中，多数情况下只是比较对象的内容是否相等，不需要比较是否为同一个对象。

示例代码如下：

```
package demo4_2;

public class RelationalOperatorsExample {
    public static void main(String[] args) {
```

```
        int a = 5;
        int b = 10;

        // 等于运算符
        boolean isEqual = (a == b);
        System.out.println("a == b : " + isEqual); // 输出:a == b : false
        // 不等于运算符
        boolean isNotEqual = (a != b);
        System.out.println("a != b : " + isNotEqual); // 输出:a != b : true
        // 大于运算符
        boolean isGreater = (a > b);
        System.out.println("a > b : " + isGreater); // 输出:a > b : false
        // 小于运算符
        boolean isLess = (a < b);
        System.out.println("a < b : " + isLess); // 输出:a < b : true
        // 大于等于运算符
        boolean isGreaterOrEqual = (a >= b);
        System.out.println("a >= b : " + isGreaterOrEqual); // 输出:a >= b : false
        // 小于等于运算符
        boolean isLessOrEqual = (a <= b);
        System.out.println("a <= b : " + isLessOrEqual); // 输出:a <= b : true
    }
}
```

程序运行结果：

```
a == b : false
a != b : true
a >b : false
a <b : true
a >=b : false
a <=b : true
```

4.3 逻辑运算符

逻辑运算符用于对布尔型变量进行运算，其结果也是布尔型。具体说明如表 4-4 所示。

表 4-4 逻辑运算符

运算符	名称	例子	说明
!	逻辑非	! x	x 为 true 时，值为 false，a 为 false 时，值为 true
&	逻辑与	x & y	xy 全为 true 时，计算结果为 true，否则为 false
|	逻辑或	x | y	xy 全为 false 时，计算结果为 false，否则为 true
&&	短路与	x && y	xy 全为 true 时，计算结果为 true，否则为 false。&& 与 & 的区别：如果 x 为 false，则不计算 y（因为不论 y 为何值，结果都为 false）
||	短路或	x || y	xy 全为 false 时，计算结果为 false，否则为 true。|| 与 | 的区别：如果 x 为 true，则不计算 y（因为不论 y 为何值，结果都为 true）

短路与（&&）和短路或（||）能够采用最优化的计算方式，从而提高效率。在实际编程时，应该优先考虑使用短路与和短路或。

示例代码如下：

```
package demo4_3;

public class LogicalOperatorsExample {
    public static void main(String[] args) {
        // 短路与(&&)示例
        int num1 = 5, num2 = 10;
        if (num1 > 0 && num2 < 15) {
            System.out.println("两个条件都为真。");
        } else {
            System.out.println("至少有一个条件为假。");
        }

        // 短路或(||)示例
        int age = 25;
        if (age < 18 || age > 60) {
            System.out.println("年龄要么小于 18 岁,要么大于 60 岁。");
        } else {
            System.out.println("年龄在 18 岁到 60 岁之间。");
        }

        // 逻辑非(!)示例
        boolean isRaining = false;
        if (! isRaining) {
            System.out.println("天气不是下雨,你可以出去。");
        } else {
```

```
            System.out.println("天气正在下雨,最好待在室内。");
        }

        // 复合逻辑表达式示例
        int num3 = 40;
        if (num1 > num2 && num2 > num3) {
            System.out.println("所有数字都是降序排列的。");
        } else if (num1 < num2 && num2 < num3) {
            System.out.println("所有数字都是升序排列的。");
        } else {
            System.out.println("数字排列是随机的。");
        }
    }
}
```

程序运行结果：

```
两个条件都为真。
年龄在 18 岁到 60 岁之间。
天气不是下雨,你可以出去。
所有数字都是升序排列的。
```

4.3.1 训练营 1：比较逻辑或和短路或

在本节中，我们将通过一个训练营来比较逻辑或（|）和短路或（||）这两种运算符的差异。训练营的目标是帮助大家更好地理解这两种运算符的行为和使用场景。

训练营任务：

创建一个 Java 类，命名为 LogicalOperatorsCamp1。

在 main 方法中实现以下功能：

1）声明一个名为 isTrue 的布尔变量，并初始化为 true。

2）编写一个自定义方法 method1，该方法输出一条包含方法名的信息，并返回一个布尔值。

3）使用逻辑或（|）运算符，判断 isTrue 和 method1 的返回值，并输出结果。

4）使用短路或（||）运算符，判断 isTrue 和 method1 的返回值，并输出结果。

示例代码如下：

```
package demo4_3_1;

public class LogicalOperatorsCamp1 {
    public static void main(String[] args) {
        boolean isTrue = true;
```

```
        // 使用逻辑或(|)
        if (isTrue |method1("isTrue |method1")) {
            System.out.println("使用逻辑或(|):至少有一个条件为真");
        } else {
            System.out.println("使用逻辑或(|):两个条件都为假");
        }
        // 使用短路或(||)
        if (isTrue ||method1("isTrue ||method1")) {
            System.out.println("使用短路或(||):至少有一个条件为真");
        } else {
            System.out.println("使用短路或(||):两个条件都为假");
        }
    }

    static boolean method1(String s) {
        System.out.println(s + ",调用 method1 方法...");
        return false;
    }
}
```

程序运行结果：

```
isTrue |method1,调用 method1 方法...
使用逻辑或(|):至少有一个条件为真
使用短路或(||):至少有一个条件为真
```

通过这个训练营，我们可以清楚地看到逻辑或（|）和短路或（||）运算符的不同行为。逻辑或（|）会对两个条件都进行求值，而短路或（||）会在第一个条件为真时停止对第二个条件的求值，以提高程序的性能和效率。

4.3.2 训练营 2：比较逻辑与和短路与

在本节中，我们将通过一个训练营来比较逻辑与（&）和短路与（&&）这两种逻辑运算符的差异和使用方式。

训练营任务：

创建一个 Java 类，命名为 LogicalOperatorsCamp2。

在 main 方法中实现以下功能：

1）声明一个名为 isTrue 的布尔变量，并初始化为 false。

2）编写一个自定义方法 method1，该方法输出一条包含方法名的信息，并返回一个布尔值。

3）使用逻辑与（&）运算符，判断 isTrue 和 method1 的返回值，并输出结果。

4）使用短路与（&&）运算符，判断 isTrue 和 method1 的返回值，并输出结果。

示例代码如下：

```
package demo4_3_2;

public class LogicalOperatorsCamp2 {
    public static void main(String[] args) {
        boolean isTrue = false;

        // 使用逻辑与(&)
        if (isTrue & method1("isTrue & method1")) {
            System.out.println("使用逻辑与(&):两个条件都为真");
        } else {
            System.out.println("使用逻辑与(&):至少有一个条件为假");
        }

        // 使用短路与(&&)
        if (isTrue && method1("isTrue && method1")) {
            System.out.println("使用短路与(&&):两个条件都为真");
        } else {
            System.out.println("使用短路与(&&):至少有一个条件为假");
        }
    }

    static boolean method1(String s) {
        System.out.println(s + ",调用 method1 方法...");
        return true;
    }
}
```

程序运行结果：

```
isTrue & method1,调用 method1 方法...
使用逻辑与(&):至少有一个条件为假
使用短路与(&&):至少有一个条件为假
```

通过这个训练营，我们可以清楚地看到逻辑与（&）和短路与（&&）运算符的不同行为。逻辑与（&）会对两个条件都进行求值，而短路与（&&）会在第一个条件为假时停止对第二个条件的求值，以提高程序的性能和效率。

4.4 位运算符

位运算是以二进制的位（bit）为单位进行运算的，操作数和结果都是整型数据。位运算符

有如下几个：&、|、^、~、>>、<<和>>>，其中~是一元运算符，其他都是二元运算符。具体说明如表 4-5 所示。

表 4-5　位运算符

运　算　符	名　　称	例　　子	说　　明
~	位反	~x	将 x 的值按位取反
&	位与	x&y	x 与 y 进行位与运算
|	位或	x | y	x 与 y 进行位或运算
^	位异或	x^y	x 与 y 进行位异或运算
>>	有符号右移	x>>x	x 右移 x 位，高位采用符号位补位
<<	左移	x<<x	x 左移 x 位，低位用 0 补位
>>>	无符号右移	x >>>x	x 右移 x 位，高位用 0 补位

示例代码如下：

```
package demo4_4;

public class BitwiseOperatorsExample {
    public static void main(String[ ] args) {
        int num1 = 5; // 二进制表示为 0000 0101
        int num2 = 9; // 二进制表示为 0000 1001

        // 按位与(&)
        int resultAnd = num1 & num2; // 结果为 0000 0001(1)
        System.out.println("按位与(&)结果:" + resultAnd);

        // 按位或(|)
        int resultOr = num1 | num2; // 结果为 0000 1101(13)
        System.out.println("按位或(|)结果:" + resultOr);

        // 按位异或(^)
        int resultXor = num1 ^ num2; // 结果为 0000 1100(12)
        System.out.println("按位异或(^)结果:" + resultXor);

        // 取反(~)
        int resultNotNum1 = ~num1; // 结果为 1111 1010(-6)
        int resultNotNum2 = ~num2; // 结果为 1111 0110(-10)
        System.out.println("取反(~)num1 结果:" + resultNotNum1);
        System.out.println("取反(~)num2 结果:" + resultNotNum2);

        // 左移(<<)
        int resultLeftShift = num1 << 2; // 结果为 0001 0100(20)
        System.out.println("左移(<<)结果:" + resultLeftShift);
```

```
        // 无符号右移(>>>)
        int resultLogicalRightShift = num1 >>> 1; // 结果为 0000 0010(2)
        System.out.println("无符号右移(>>>)结果:" + resultLogicalRightShift);
    }
}
```

程序运行结果：

```
按位与(&)结果:1
按位或(|)结果:13
按位异或(^)结果:12
取反(~)num1 结果:-6
取反(~)num2 结果:-10
左移(<<)结果:20
无符号右移(>>>)结果:2
```

无符号右移>>>运算符仅被允许用于 int 和 long 整数类型，如果用于 short 或 byte 数据，则数据在位移之前先转换为 int 类型后再进行位移计算。

4.5 赋值运算符

赋值运算符只是一种简写，一般用于变量自身的变化。具体说明如表 4-6 所示。

表 4-6　赋值运算符

运　算　符	名　　称	例　　子
+=	加赋值	a += b、a += b+3
-=	减赋值	a -= b
*=	乘赋值	a *= b
/=	除赋值	a /= b
%=	取余赋值	a %= b
&=	位与赋值	x &= y
|=	位或赋值	x |= y
^=	位异或赋值	x ^= y
<<=	左移赋值	x <<= y
>>=	右移赋值	x >>= y
>>>=	无符号右移赋值	x >>>= y

赋值运算符示例代码如下：

```
package demo4_5;

public class AssignmentOperatorsExample {
    public static void main(String[] args) {
        int num1 = 10;
        int num2 = 5;

        // 等号赋值
        int result = num1;
        System.out.println("等号赋值结果:" + result);

        // 复合赋值运算符
        num1 += num2; // 相当于 num1 = num1 + num2,结果为 15
        System.out.println("+= 复合赋值结果:" + num1);

        num1 -= num2; // 相当于 num1 = num1 - num2,结果为 10
        System.out.println("-= 复合赋值结果:" + num1);
        num1 *= num2; // 相当于 num1 = num1 * num2,结果为 50
        System.out.println("*= 复合赋值结果:" + num1);

        num1 /= num2; // 相当于 num1 = num1 / num2,结果为 10
        System.out.println("/= 复合赋值结果:" + num1);

        num1 %= num2; // 相当于 num1 = num1 % num2,结果为 0
        System.out.println("%= 复合赋值结果:" + num1);
    }
}
```

程序运行结果：

```
等号赋值结果:10
+=复合赋值结果:15
-=复合赋值结果:10
*=复合赋值结果:50
/=复合赋值结果:10
%=复合赋值结果:0
```

4.6 三元运算符

在 Java 中，三元运算符是一种特殊的运算符，也称为条件运算符。它允许我们在一个表达式中根据条件的真假来选择不同的值。三元运算符的语法格式如下：

```
条件表达式 ? 表达式 1 : 表达式 2
```

其中，条件表达式是一个布尔表达式，如果条件表达式的值为真，则返回“表达式 1”的值，否则返回“表达式 2”的值。注意，“表达式 1”和“表达式 2”的类型必须是兼容的，即类型转换是允许的。

三元运算符示例代码如下：

```
package demo4_6;

public class TernaryOperatorExample {
    public static void main(String[ ] args) {
        int num = 5;
        String result = (num > 0) ? "正数" : "非正数";
        System.out.println("结果:" + result);
    }
}
```

程序运行输出结果如下：

```
结果:正数
```

在这个例子中，我们使用三元运算符来判断变量 num 是否为正数，如果是正数，则返回字符串"正数"，否则返回字符串"非正数"。根据 num 的值，程序会输出相应的结果。

需要注意的是，尽管三元运算符在某些情况下可以简化代码，但过度使用它可能会导致代码难以理解。因此，在使用三元运算符时应当谨慎，确保代码的可读性和清晰性。在一些简单的条件判断场景下，三元运算符是一种便捷的替代方案，但对于复杂的条件判断，建议使用传统的 if-else 语句，以保持代码的可读性和可维护性。

4.7 运算符优先级

在 Java 中，不同运算符有不同的优先级，这会影响表达式的计算顺序。运算符优先级定义了哪些运算符会先于其他运算符进行计算。如果表达式中有多个运算符，优先级高的运算符会先被计算，然后再计算优先级较低的运算符。

以下是 Java 中一些常见的运算符（按照优先级从高到低的顺序）。

1）一元运算符（如：++，--，!）：优先级最高，会在其他运算符之前被计算。

2）算术运算符（如：*，/，%，+，-）：在一元运算符之后，优先级较高。

3）关系运算符（如：>，<，>=，<=，==，!=）：在算术运算符之后，优先级较高。

4）逻辑运算符（如：&&，||）：在关系运算符之后，优先级较低。

5）赋值运算符（如：=，+=，-=，*=，/=，%=）：在逻辑运算符之后，优先级较低。

6）条件运算符（如三元运算符：?:）：在赋值运算符之后，优先级最低。

在表达式中使用括号可以改变运算符的优先级。括号内的表达式会先于其他运算符进行计算。

演示不同运算符的优先级的示例代码如下：

```
package demo4_7;

public class OperatorPrecedenceExample {
    public static void main(String[] args) {
        // 1.一元运算符
        int x = 5;
        int y = ++x * 2; // x 先加 1,然后再乘以 2
        System.out.println("y = " + y); // 输出:y = 12

        // 2.算术运算符
        int a = 10, b = 4;
        int result1 = a + b * 2; // 先计算 b* 2,再加上 a 的值
        int result2 = (a + b) * 2; // 先计算 a+b,再乘以 2
        System.out.println("result1 = " + result1); // 输出:result1 = 18
        System.out.println("result2 = " + result2); // 输出:result2 = 28

        // 3.关系运算符
        int num1 = 5, num2 = 10;
        boolean isGreater = num1 > num2; // 检查 num1 是否大于 num2
        System.out.println("isGreater = " + isGreater); // 输出:isGreater = false

        // 4.逻辑运算符
        boolean p = true, q = false;
        boolean result3 = p && q; // p 和 q 都为 true 时,结果为 true,否则为 false
        boolean result4 = p || q; // p 和 q 有一个为 true 时,结果为 true,否则为 false
        System.out.println("result3 = " + result3); // 输出:result3 = false
        System.out.println("result4 = " + result4); // 输出:result4 = true

        // 5.赋值运算符
        int num = 10;
        num += 5; // 相当于 num = num + 5;
        System.out.println("num = " + num); // 输出:num = 15

        // 6.条件运算符(三元运算符)
        int m = 8, n = 12;
        int max = (m > n) ? m : n; // 如果 m 大于 n,则 max 等于 m,否则 max 等于 n
        System.out.println("max = " + max); // 输出:max = 12
    }
}
```

以上示例代码演示了不同运算符的优先级和使用方式。通过理解运算符的优先级，我们可以正确地计算表达式的结果，并根据需要合理地使用各种运算符来实现不同的功能。

4.8 总结与扩展

本章总结

在本章中，我们学习了 Java 编程中的运算符。运算符是用于执行特定操作的符号或关键字，它们允许我们对变量和常量进行各种计算和操作。我们首先了解了算术运算符，包括一元算术运算符（如正号和负号）和二元算术运算符（如加号、减号、乘号和除号），并学习了它们的使用方法。接着，我们探讨了关系运算符，用于比较变量和常量之间的关系，例如大于、小于、等于等。然后，我们深入研究了逻辑运算符，包括逻辑或、逻辑与和逻辑非，以及它们的短路行为。在处理位级数据时，我们学习了位运算符，用于对二进制数据进行位级操作。此外，我们还探讨了赋值运算符，用于给变量赋值，并了解了三元运算符和运算符优先级的概念。

扩展学习

1）更复杂的表达式：进一步学习如何使用多种运算符组合成复杂的表达式，掌握运算符的优先级和结合性规则。

2）位运算的高级应用：深入学习位运算符的高级应用场景，如位掩码、位移操作等，这在处理底层数据和优化代码时非常有用。

3）数值溢出和精度问题：了解在进行算术运算时可能出现的数值溢出和精度丢失问题，学习如何预防和处理这些问题。

4）短路逻辑的实际应用：深入了解逻辑运算符的短路行为在实际编程中的应用，如条件语句中的短路判断等。

5）运算符的比较：比较 Java 中的运算符与其他编程语言中的运算符的异同，了解不同语言的运算符设计理念。

通过深入学习以上内容，我们将对 Java 运算符有更深刻的理解，并能更加灵活地运用它们解决实际编程问题。在学习的过程中多加练习和实践，将有助于提高编程技能和代码质量。在接下来的章节中，我们将继续学习 Java 编程的更多内容，包括流程控制、面向对象编程等知识。

4.9 同步练习

【练习 4-1】编写一个 Java 程序，实现以下功能：

- 定义两个整数变量 a 和 b，并给它们赋予任意整数值。
- 使用算术运算符计算并输出 a 和 b 的和、差和乘积。

【练习 4-2】编写一个 Java 程序，实现以下功能：

- 定义一个整数变量 age，并给它赋予任意整数值（代表年龄）。
- 使用关系运算符判断 age 是否大于等于 18 并且小于等于 30，并将结果赋值给一个布尔变量 isAdult。
- 使用逻辑运算符输出是否成年并且年龄在 18~30 岁之间的判断结果。

【练习 4-3】编写一个 Java 程序，实现以下功能：

- 定义一个整数变量 num，并给它赋予任意整数值。
- 使用位运算符将 num 的倒数第 2 位和倒数第 3 位取反，并输出结果。

第 5 章 左右抉择——决策语句

老师，我了解了很多语言基础知识，但是不知道如何让程序实现条件判断和选择执行不同的逻辑语句。

你提出了一个很好的问题！决策语句就是用来实现这种选择执行功能的。

5.1 if 语句

由 if 语句引导的选择结构有 if 结构、if-else 结构和 if-else-if 结构三种。

5.1.1 if 结构

if 结构流程如图 5-1 所示，首先测试条件表达式，如果为 true，则执行“语句组”（包含一条或多条语句的代码块），否则就执行 if 语句结构后面的语句。

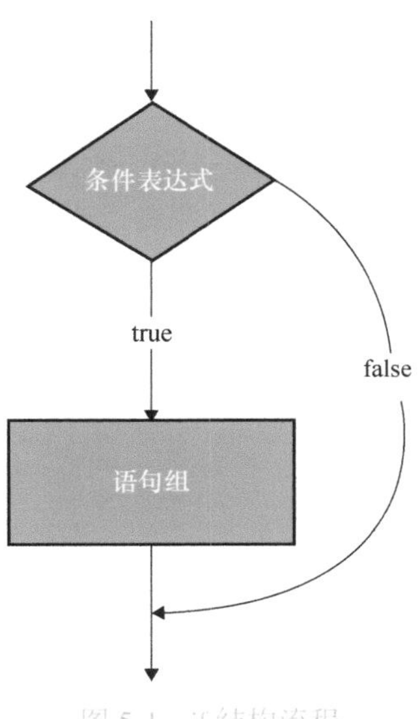

图 5-1 if 结构流程

如果语句组只有一条语句，可以省略大括号，但从编程规范角度来看不要省略大括号，省略大括号会使程序的可读性变差。

if 结构的语法格式如下：

```
if (条件表达式) {
    语句组
}
```

if 结构示例代码如下：

```
   package demo5_1_1;        // 声明包
①  import java.util.Scanner;
   public class Main {
       public static void main(String[] args) {
②          Scanner in = new Scanner(System.in);
```

```
        System.out.print("请输入考试分数:");
③       int score = in.nextInt();
④       if (score >= 60) {
            System.out.println("考试通过");
        }
    }
}
```

在这个示例中使用Scanner类来读取用户输入的整数，并将其存储在score变量中。然后使用if结构来判断score是否大于等于60，如大于等于60，则输出“考试通过”。

使用IntelliJ IDEA工具运行示例代码时会暂停在代码第③处等待用户输入，如图5-2所示，输入整数后按〈Enter〉键继续执行，结果如图5-3所示。

图5-2　等待用户输入

解释代码如下：

上述代码第①处在代码的开头使用import语句引入java.util.Scanner包，这样我们就可以使用Scanner类来获取用户输入。

代码第②处使用Scanner类创建一个名为in的Scanner对象，它将从标准输入（键盘）读取用户输入。

代码第③处通过in.nextInt( )方法获取用户输入的整数，并将其存储在名为score的变量中。

代码第④处使用if语句来判断score的值是否大于等于60。如果满足条件（即分数大于等于60），则执行if语句中的代码块，输出“考试通过”；否则，if语句中的代码块将被跳过，不输出任何内容。

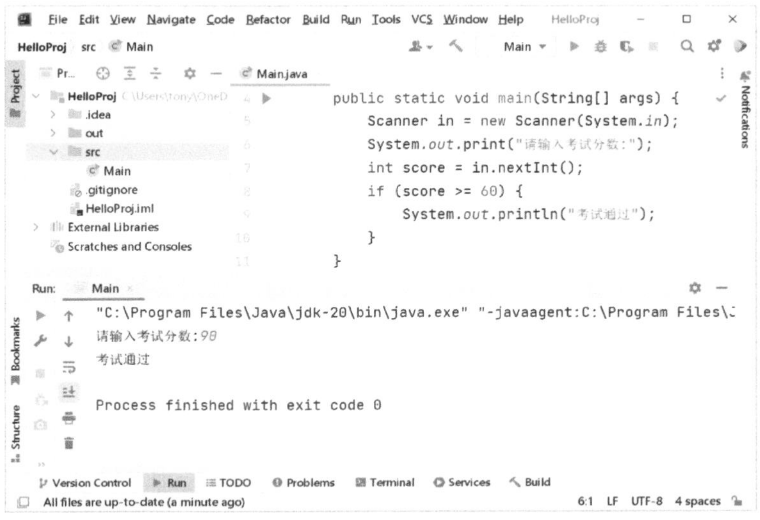

图 5-3 运行结果

5.1.2 if-else 结构

if-else 结构流程如图 5-4 所示，首先测试条件表达式，如果值为 true，则执行“语句组 1”，如果条件表达式为 false，则忽略“语句组 1”而直接执行“语句组 2”，然后继续执行后面的语句。

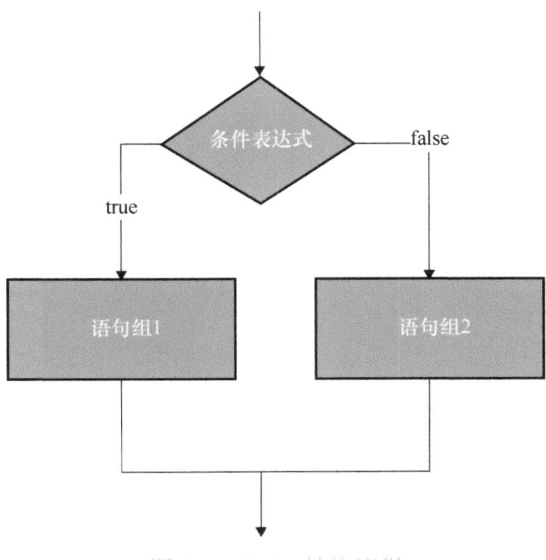

图 5-4 if-else 结构流程

if-else 结构的语法格式如下：

```
if (条件表达式) {
    语句组 1
}else {
    语句组 2
}
```

if-else 结构示例代码如下：

```
package demo5_1_2;

import java.util.Scanner;

public class Main {
    public static void main(String[] args) {
        Scanner in = new Scanner(System.in);
        System.out.print("请输入考试分数:");
        int score = in.nextInt();
        if (score >= 60) {
            System.out.println("考试通过");
        } else {
            System.out.println("考试不通过");
        }
    }
}
```

上述代码与 5.1.1 节类似，这里不再赘述。

5.1.3 if-else-if 结构

如果有多个分支，可以使用 if-else-if 结构，它的流程如图 5-5 所示。if-else-if 结构实际上是 if-else 结构的多层嵌套，它明显的特点就是在多个分支中只执行一个语句组，而其他分支都不执行，所以这种结构可以用于有多种判断结果的分支中。

if-else-if 结构的语法格式如下：

```
if (条件表达式 1) {
    语句组 1
} else if (条件表达式 2) {
    语句组 2
} else if (条件表达式 3) {
```

```
    语句组 3
...
} else if (条件表达式 n) {
    语句组 n
} else {
    语句组 n+1
}
```

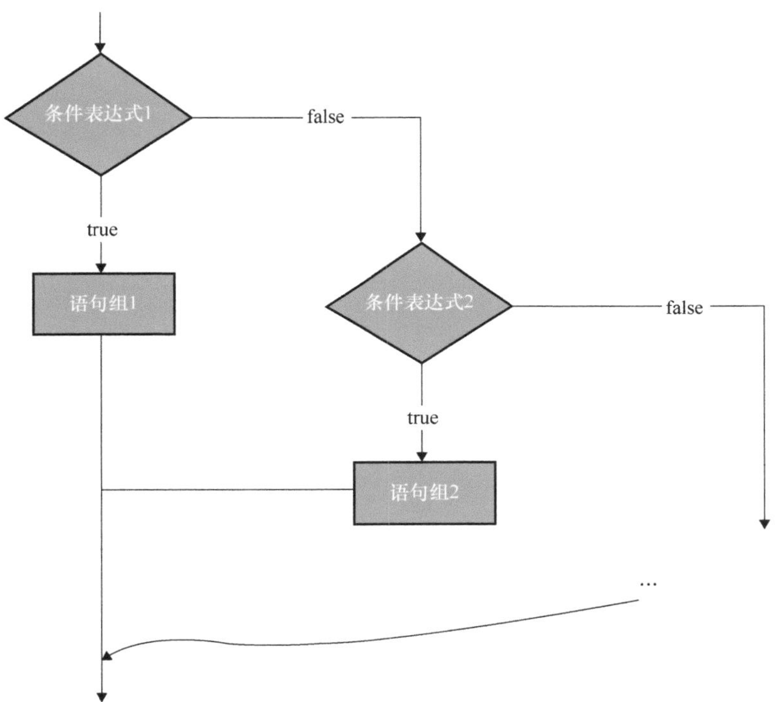

图 5-5　if-else-if 结构流程

else-if 结构示例代码如下：

```
package demo5_1_3;

import java.util.Scanner;

public class GradeCalculator {
    public static void main(String[] args) {
        Scanner scanner = new Scanner(System.in);
```

```java
        System.out.print("请输入学生的分数:");
        int score = scanner.nextInt();

        if (score >= 90 && score <= 100) {
            System.out.println("学生的等级是:A");
        } else if (score >= 80 && score < 90) {
            System.out.println("学生的等级是:B");
        } else if (score >= 70 && score < 80) {
            System.out.println("学生的等级是:C");
        } else if (score >= 60 && score < 70) {
            System.out.println("学生的等级是:D");
        } else if (score >= 0 && score < 60) {
            System.out.println("学生的等级是:F");
        } else {
            System.out.println("输入的分数无效,请输入 0 到 100 之间的整数。");
        }
    }
}
```

上述代码与 5.1.1 节类似，这里不再赘述。

5.2 训练营 1：掌握 if 语句

老师给小明同学布置了训练营任务。这个任务旨在让小明学会使用 if 语句，这是编程中非常重要的基础知识。

在这个训练营中，小明可以学习以下内容：

1）if 语句的基本语法和用法。

2）使用 if 语句进行条件判断和控制流程。

3）使用 if-else 语句根据条件的真假执行不同的代码块。

4）使用嵌套 if 语句处理更复杂的条件判断情况。

5）多个条件的 if-else-if 语句，选择多个分支中的一个执行。

小明可以通过编写简单的 Java 程序来练习 if 语句的使用。例如，他可以编写一个简单的程序，根据用户输入的分数，判断并输出相应的等级，比如“优秀”“良好”“及格”或“不及格”等。

参考代码：

```java
public class GradeEvaluator {
    public static void main(String[] args) {
```

```
        Scanner scanner = new Scanner(System.in);
        System.out.print("请输入你的分数:");
        int score = scanner.nextInt();

        if (score >= 90) {
            System.out.println("优秀");
        } else if (score >= 80) {
            System.out.println("良好");
        } else if (score >= 60) {
            System.out.println("及格");
        } else {
            System.out.println("不及格");
        }
    }
}
```

通过这个任务，小明将能够加深对 if 语句的理解和应用，为进一步学习和编程打下坚实的基础。

5.3 多分支语句

老师，我了解了 if 语句的条件判断，但是如果要判断多个选项，该怎么办呢？

对于多分支判断，Java 提供了 switch 语句来实现。

什么是 switch 语句？它和 if 语句有什么不同呢？

switch 语句可以基于一个变量的值，选择执行不同的代码块。它通常用来处理固定值的判断，在 Java 12 及之后的版本中，Java 引入了 switch 表达式的概念，它进一步扩展了 switch 语句的功能。switch 表达式允许在一个表达式中直接返回一个值，而不仅仅是在不同的代码块中执行代码。

下面我们分别详细介绍 switch 语句和 switch 表达式。

5.3.1 switch 语句

最早的 switch 语句是从 C 和 C++语言继承而来的，下面先介绍 switch 语句基本形式的语法结构，如下所示：

```
switch (表达式) {
    case 值 1:
        语句组 1
    case 值 2:
        语句组 2
    case 值 3:
        语句组 3
        ...
    case 值 n:
        语句组 n
    default:
        语句组 n+1
}
```

default 分支可以省略。switch 语句中“表达式”的计算结果必须是以下几种类型。

- byte、short、char 和 int 类型：这些是 Java 的基本数据类型，可以作为 switch 语句的表达式。
- Byte、Short、Character 和 Integer 等包装类：Java 的自动拆箱（auto-unboxing）特性允许将这些包装类的对象转换为对应的基本数据类型，因此它们也可以作为 switch 语句的表达式。
- String 类型：自 Java 7 起，Java 支持将 String 类型作为 switch 语句的表达式，从而可以根据字符串的值进行多分支条件控制。
- 枚举类型：枚举类型也可以用作 switch 语句的表达式，每个枚举常量都对应一个整数值，因此可以与 case 中的值进行匹配。

其他类型的表达式，如 long、float、double 等，以及自定义类对象等，是不允许作为 switch 语句的表达式的。

注意，虽然 default 语句是可选的，但在某些情况下，为了保证程序的正确性，我们可能需要在 switch 语句中提供一个 default 分支，以处理未匹配到其他 case 值时的情况。这样可以避免在表达式值不匹配任何 case 时导致的意外行为。

1. 表达式计算结果是 int 类型

示例如下：

```
package demo5_3_1;

//1.表达式计算结果是 int 类型
public class SwitchExample1 {
    public static void main(String[ ] args) {
        int dayOfWeek = 3;

        switch (dayOfWeek) {
            case 1:
                System.out.println("今天是星期一");
                break;
            case 2:
                System.out.println("今天是星期二");
                break;
            case 3:
                System.out.println("今天是星期三");
                break;
            case 4:
                System.out.println("今天是星期四");
                break;
            case 5:
                System.out.println("今天是星期五");
                break;
            case 6:
                System.out.println("今天是星期六");
                break;
            case 7:
                System.out.println("今天是星期日");
                break;
            default:
                System.out.println("无效的星期值");
        }
    }
}
```

程序运行结果：

```
今天是星期三
```

2. 表达式计算结果是 String 类型

示例如下：

```
package demo5_3_1;
//2.表达式计算结果是 String 类型

public class SwitchExample2 {
    public static void main(String[] args) {
        String day = "Tuesday";

        switch (day) {
            case "Monday":
                System.out.println("星期一");
                break;
            case "Tuesday":
                System.out.println("星期二");
                break;
            case "Wednesday":
                System.out.println("星期三");
                break;
            case "Thursday":
                System.out.println("星期四");
                break;
            case "Friday":
                System.out.println("星期五");
                break;
            case "Saturday":
                System.out.println("星期六");
                break;
            case "Sunday":
                System.out.println("星期日");
                break;
            default:
                System.out.println("无效的星期");
        }

    }
}
```

程序运行结果：

```
星期二
```

5.3.2 switch 表达式

在 Java 12 中引入了新的 switch 表达式，Java 14 进一步增强了这个特性。switch 表达式是对传统 switch 语句的改进，允许在一种更简洁、更灵活的方式下进行条件判断。它可以用作表达式，而不仅仅是语句。

传统的 switch 语句在执行匹配时，一旦找到匹配的 case，就会执行该 case 以下的所有语句，或者直到遇到 break 或者整个 switch 语句结束。而 switch 表达式允许将匹配的结果赋值给一个变量，从而可以更方便地进行数据的处理。

以下是 switch 表达式的一般语法：

```
result = switch (expression) {
    case value1 -> expression1;
    case value2 -> expression2;
    // ...
    case valueN -> expressionN;
    default -> expressionDefault;
};
```

这段代码将表达式 expression 与一系列值 value1，value2，…，valueN 进行匹配。如果 expression 与某个值匹配，就会执行相应的 expression1，expression2，…，expressionN。如果没有匹配项，就会执行 default 后面的 expressionDefault。switch 表达式将匹配的结果赋值给变量 result，这样 result 就包含了相应匹配项的结果值。

在计算机编程中，表达式（Expression）是由操作数和操作符组成的组合，用于产生一个值。表达式可以是简单的常量、变量，也可以是复杂的数学运算、函数调用等组合。

下面将 5.3.1 节的 switch 语句示例修改为 switch 表达式，代码如下：

```
package demo5_3_2;

public class SwitchExample {
    public static void main(String[ ] args) {
        int dayOfWeek = 3;
        String dayName = switch (dayOfWeek) {
            case 1 -> "星期日";
            case 2 -> "星期一";
            case 3 -> "星期二";
            case 4 -> "星期三";
            case 5 -> "星期四";
            case 6 -> "星期五";
            case 7 -> "星期六";
            default -> "无效的日期";
        };
```

```
        System.out.println("今天是" + dayName);
    }
}
```

程序运行结果：

```
今天是星期二
```

5.4 训练营 2：掌握 switch 语句

老师给小明布置了任务：掌握 switch 语句。这是一个很重要的任务，掌握 switch 语句将使小明在编程中有更多的选择和更强大的控制能力。

在完成这个任务时，小明可以按照以下步骤进行：

1）理解 switch 语句的基本语法、用法以及适用场景。

2）编写一些简单的 switch 语句练习代码，例如根据不同的条件输出不同的消息，或者根据用户的选择执行不同的功能。

3）尝试更复杂的 switch 语句应用，例如根据季节判断不同的活动、根据成绩划定不同的等级等。

4）小明可以和同学们一起讨论 switch 语句的使用，相互学习和交流经验。

参考代码如下：

```
package demo5_4;

import java.util.Scanner;

public class SeasonFinder {
    public static void main(String[] args) {
        Scanner scanner = new Scanner(System.in);

        System.out.print("请输入月份(1-12): ");
        int month = scanner.nextInt();

        String season;
        switch (month) {
            case 12:
            case 1:
            case 2:
                season = "冬季";
                break;
```

```
            case 3:
            case 4:
            case 5:
                season = "春季";
                break;
            case 6:
            case 7:
            case 8:
                season = "夏季";
                break;
            case 9:
            case 10:
            case 11:
                season = "秋季";
                break;
            default:
                season = "无效的月份";
                break;
        }
        System.out.println("这是" + season);
    }
}
```

5.5 总结与扩展

本章总结

在本章中，我们深入学习了 Java 编程中的决策语句。决策语句用于根据条件的真假来决定程序的执行路径，使程序能够根据不同的情况做出不同的响应。我们首先学习了 if 语句，它是最基本的决策语句，可以根据条件的真假执行不同的代码块。通过 if-else 结构，我们可以在条件为真和为假时执行不同的代码块，实现更加灵活的程序控制。进一步地，我们学习了 if-else-if 结构，它允许我们根据多个条件执行不同的代码块，提供了更多选择分支。而在 5.3 节的多分支语句中，我们重点学习了 switch 语句，它是一种针对多种情况的分支语句。通过 switch 语句，我们可以根据不同的 case 值选择执行相应的代码块，它使得程序逻辑更加清晰和简洁。

扩展学习

1）嵌套决策语句：学习如何在一个决策语句中嵌套另一个决策语句，实现更复杂的条件判断和程序控制。

2）条件判断的技巧：掌握一些常用的条件判断技巧，如短路逻辑、条件运算符等，帮助简化代码和提高效率。

3）switch 语句的应用：进一步学习 switch 语句的使用场景，了解在什么情况下使用 switch 比 if-else 更合适，并注意其局限性。

通过深入学习以上内容，我们将能够更加熟练地运用决策语句解决实际编程问题，增强程序的灵活性和可靠性。在继续学习的过程中，多加练习和实践，运用不同的决策语句解决各种问题，将有助于提升你的编程技能和解决问题的能力。接下来，我们将继续学习 Java 编程的更多知识，包括循环语句、面向对象编程等内容。

5.6 同步练习

【练习 5-1】编写一个 Java 程序，接收用户输入的一个整数，判断该整数是否为正数、负数或零，并输出相应的结果。

【练习 5-2】编写一个 Java 程序，接收用户输入的一个年份，判断该年份是否为闰年，并输出相应的结果。闰年的判断规则为：能被 4 整除但不能被 100 整除，或者能被 400 整除的年份为闰年。

【练习 5-3】编写一个 Java 程序，接收用户输入的一个字符，判断该字符是一个小写字母、大写字母还是数字，并输出相应的结果。

【练习 5-4】编写一个 Java 程序，接收用户输入的一个季节（春季、夏季、秋季、冬季），使用 Switch 表达式输出该季节的特点描述。

第 6 章 绕圈子的艺术——循环语句

什么是循环语句呢？能举个简单的例子吗？

循环语句其实就是让某段代码形成一个循环，重复执行。一个简单的例子是打印数字 1 到 5：

```
for(int i=1; i<=5; i++) {
    System.out.println(i);
}
```

这段代码利用 for 循环，将打印数字的操作重复了5 次。

原来如此，循环语句很有用啊，那 Java 中主要有哪些循环语句呢？

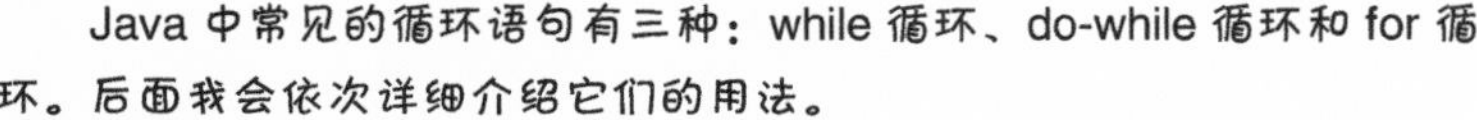

Java 中常见的循环语句有三种：while 循环、do-while 循环和 for 循环。后面我会依次详细介绍它们的用法。

好的，我大概知道了什么是循环语句，已经迫不及待想学习了！

很高兴听到你的学习兴趣，我相信通过本章的学习，你会掌握循环语句的各种用法，这是编程的重要基础。

6.1 while 循环语句

while 循环是一种先判断的循环结构，它的流程如图 6-1 所示，首先测试表达式，如果值为 true，则执行语句组，如果条件表达式为 false，则忽略语句组继续执行后面的语句。

while 循环的语法格式如下：

```
do while(循环条件){
    语句组
}
```

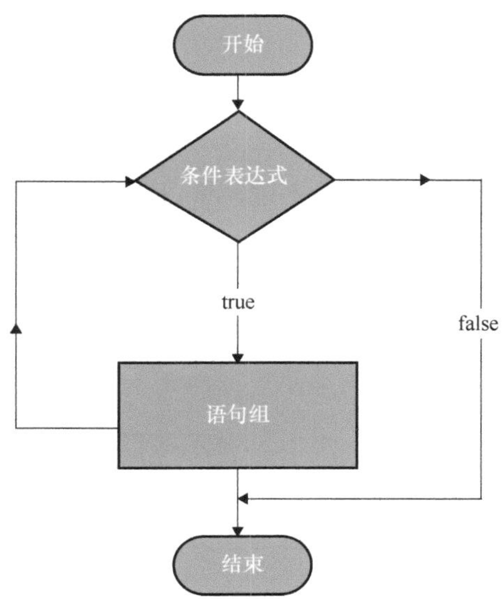

图 6-1 while 循环的流程

使用 while 循环计算阶乘的示例代码如下：

```
package demo6_1;

import java.util.Scanner;

public class FactorialCalculator {
    public static void main(String[] args) {
        Scanner scanner = new Scanner(System.in);

        System.out.print("请输入一个整数: ");
        int number = scanner.nextInt();

        int factorial = 1;
        int i = 1;
        while (i <= number) {
            factorial *= i;
            i++;
        }

        System.out.println(number + "的阶乘是: " + factorial);
    }
}
```

在这个示例中，用户需要输入一个整数，然后使用 while 循环计算该整数的阶乘。循环从i = 1开始，逐步乘以 i，直到 i 等于输入的整数。最后，程序输出计算得到的阶乘结果。

6.2 do-while 循环语句

do-while 循环的使用与 while 循环相似，不过，do-while 循环是事后判断循环条件，它的流程如图 6-2 所示。do-while 循环的语法格式如下：

```
do {
    语句组
} while(循环条件)
```

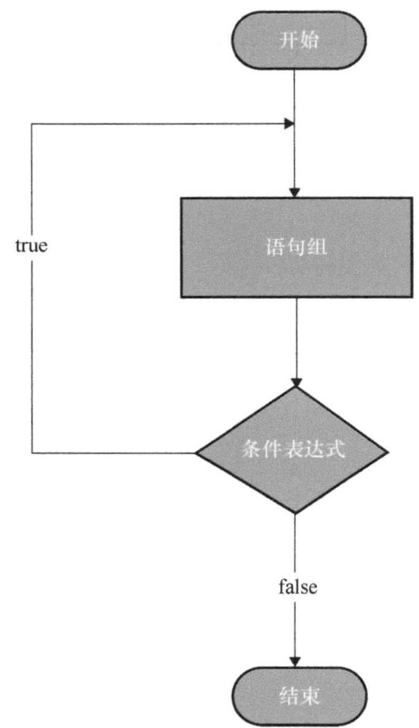

图 6-2　do-while 循环的流程

do-while 循环没有初始化语句，循环次数是不可知的，无论循环条件是否满足，都会先执行一次循环体，然后再判断循环条件。如果条件满足，则执行循环体，不满足则结束循环。

使用 do-while 循环计算阶乘的示例代码如下：

```
package demo6_2;

import java.util.Scanner;
```

```
public class FactorialCalculator {
    public static void main(String[ ] args) {
        Scanner scanner = new Scanner(System.in);

        System.out.print("请输入一个整数: ");
        int number = scanner.nextInt();

        int factorial = 1;
        int i = 1;
        do{
            factorial * = i;
            i++;
        }while(i <= number);
        System.out.println(number + "的阶乘是: " + factorial);
    }
}
```

在这个示例中，我们使用 do-while 循环来计算整数的阶乘。首先，我们设置初始值 i=1，然后执行循环体中的代码，计算阶乘。接着，do-while 循环会检查 i 是否小于等于输入的整数 number，如果满足条件，则继续执行循环体中的代码。直到 i 大于 number 时，循环结束，然后输出计算得到的阶乘结果。

6.3 for 循环语句

除了 while 和 do-while，还有 for 循环语句。for 循环语句又可以分为：C 语言风格 for 循环语句和 Java 语言风格 for 循环语句。下面分别介绍一下。

6.3.1 C 语言风格 for 循环语句

顾名思义，C 语言风格 for 循环是源自于 C 语言的 for 循环，C 语言风格 for 循环的语法格式如下。

```
for (初始化; 循环条件; 迭代) {
    语句组
}
```

for 语句的流程如图 6-3 所示。首先会执行初始化语句，它的作用是初始化循环变量和其他变量，然后程序会判断循环条件是否满足，如果满足，则继续执行循环体中的"语句组"，执行完成后计算迭代语句，之后再判断循环条件，如此反复，直到判断循环条件不满足时跳出循环。

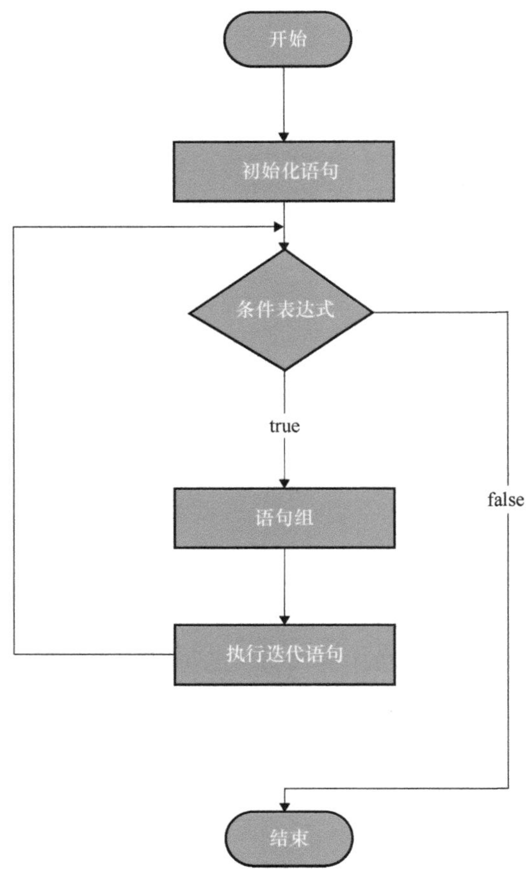

图 6-3 for 语句的流程

以下示例代码是计算 1～9 的平方的程序：

```
package demo6_3_1;

public class SquareTable {
    public static void main(String[] args) {
        System.out.println("---------");
        for (int i = 1; i <= 9; i++) {
            int square = i * i;
            System.out.printf("%d x %d = %d%n", i, i, square);
        }
    }
}
```

输出结果如下：

```
---------
1 x 1 = 1
2 x 2 = 4
3 x 3 = 9
4 x 4 = 16
5 x 5 = 25
6 x 6 = 36
7 x 7 = 49
8 x 8 = 64
9 x 9 = 81
```

在这个程序的循环部分初始时，给循环变量 i 赋值为 1，每次循环都要判断 i 的值是否小于 10，如果为 true，则执行循环体，然后给 i 加 1。因此，最后的结果是打印出 1~9 的平方，不包括 10。

初始化、循环条件以及迭代部分都可以为空语句（但分号不能省略），三者均为空的时候，相当于一个无限循环，代码如下。

```
for (; ;) {
  ...
}
```

另外，在初始化部分和迭代部分，可以使用逗号语句来进行多个操作，如下面程序代码所示。

```
package demo6_3_1;

public class Main2 {
    public static void main(String args[]) {

        for (int x = 0, y = 10; x < y; x++, y--) {
            System.out.printf("(x,y) = (%d, %d)", x, y);
            // 打印一个换行符,实现换行

            System.out.println();
        }
    }
}
```

输出结果如下：

```
(x,y) = (0, 10)
(x,y) = (1, 9)
```

```
(x,y) = (2, 8)
(x,y) = (3, 7)
(x,y) = (4, 6)
```

上述示例的 for 循环中在初始化语句中初始化了 x 和 y 两个变量，而且在迭代部分中迭代 x 和 y 两个变量。

6.3.2 Java 语言风格 for 循环语句

Java 5 之后提供了一种专门用于遍历集合或数组的 for 循环，即 Java 语言风格 for 循环。使用 Java 语言风格 for 循环不必按照 for 的标准套路编写代码，只需要提供一个集合或数组就可以遍历。

假设有一个数组，采用 for 语句遍历数组的方式如下：

```
package demo6_3_2;

public class Main {
    public static void main(String args[]) {

        String[] strArry = {"刘备", "关羽", "张飞"};

        System.out.println("----C 语言风格 for 循环-------");
①       for (int i = 0; i < strArry.length; i++) {
            System.out.println("Count is:" + strArry[i]);
        }

        System.out.println("----Java 语言风格 for 循环-------");
②       for (String element : strArry) {
            System.out.println("Count is:" + element);
        }
    }
}
```

输出结果如下：

```
----C 语言风格 for 循环-------
Count is:刘备
Count is:关羽
Count is:张飞
----Java 语言风格 for 循环-------
Count is:刘备
Count is:关羽
Count is:张飞
```

上述代码采用了两种风格的 for 循环遍历数组 strArry，其中代码第①处采用 C 语言风格 for 循环，其中 length 属性可以获得数组的长度；代码第②处是 Java 语言风格 for 循环，它不需要使用循环变量，通过数组下标访问数组中的元素。

6.3.3 训练营 1：掌握 for 循环语句

在这个训练营中，我们将学习和掌握 Java 编程中的 for 循环语句。for 循环是一种常见的循环结构，它允许程序重复执行一段代码块，直到满足特定条件为止。学习 for 循环是学习 Java 编程的重要一步，因为它在处理重复性任务时非常有用。

现在，让我们来看一下训练任务：通过 for 循环语句实现打印 100 到 1 的奇数。

为了完成这个任务，我们将使用 for 循环来遍历从 100 到 1 的数字，并在每次循环中检查当前数字是否是奇数。如果是奇数，我们将打印该数字，否则继续循环，直到打印出所有的奇数。

下面是通过 Java 代码实现这个训练营任务的示例代码：

```
package demo6_3_3;

public class ForOdd {
    public static void main(String[] args) {

        // 使用 for 循环打印 100 到 1 的奇数
        for (int i = 100; i >= 1; i--) {

            // 如果是奇数,则打印
            if (i % 2 == 1) {
                System.out.print(i + " ");
            }
        }

    }
}
```

6.4 跳转语句

跳转语句有哪些类型呢？

主要有两种常见的跳转语句：break 和 continue。

break 语句是干什么用的呢？

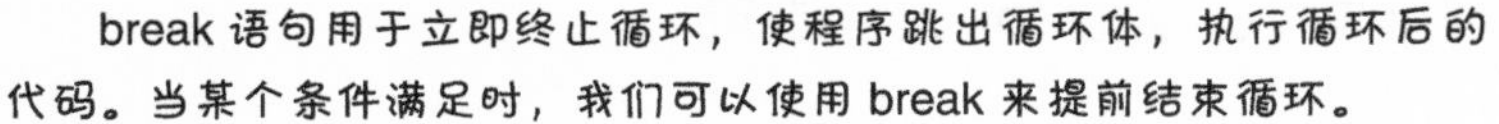

好像有点明白了。举个例子来帮助理解吧。

好的！比如你想在一个循环中找到特定的数字，一旦找到了就不需要继续循环了，这时你可以在找到数字的条件下使用 break 来结束循环。

明白了！那 continue 语句又是干什么的呢？

continue 语句用于跳过当前循环的剩余代码，直接进入下一次循环。当某个条件满足时，我们可以使用 continue 来跳过本次循环的执行，直接进入下一次循环。

6.4.1 break 语句

break 语句可用于前面介绍的 while、do-while 和 for 循环结构，它的作用是强行退出循环体，不再执行循环体中剩余的语句。

在循环体中使用 break 语句有两种方式：带有标签和不带标签。语法格式如下：

```
break;              //不带标签
break label;        //带标签,label 是标签名
```

不带标签的 break 语句使程序跳出所在层的循环体，而带标签的 break 语句使程序跳出标签指示的循环体。

示例 1：不带标签的 break 语句

下面看一个示例，代码如下：

```
package demo6_4_1;
public class BreakExample {
    public static void main(String[] args) {
        for (int i = 1; i <= 5; i++) {
            if (i == 3) {
                System.out.println("遇到 i 等于 3,退出循环");
                break; // 不带标签的 break 语句
            }
            System.out.println("当前 i 的值:" + i);
        }
        System.out.println("循环结束");
    }
}
```

程序运行结果如下：

```
当前 i 的值:1
当前 i 的值:2
遇到 i 等于 3,退出循环
循环结束
```

在这个示例中，我们使用 for 循环从 1 到 5 遍历整数 i。当 i 等于 3 时，程序遇到了 break 语句，循环立即终止，输出“遇到 i 等于 3，退出循环”。然后程序继续执行循环后的代码，输出“循环结束”。

示例 2：带标签的 break 语句

下面看一个示例，代码如下：

```
package demo6_4_1;

public class LabeledBreakExample {
    public static void main(String[] args) {
        outerLoop:
        for (int i = 1; i <= 3; i++) {
            innerLoop:
            for (int j = 1; j <= 3; j++) {
                if (i == 2 && j == 2) {
                    System.out.println("遇到 i 和 j 同时等于 2,退出外层循环");
                    break outerLoop; // 带标签的 break 语句
                }
                System.out.println("当前 i 的值:" + i + ",当前 j 的值:" + j);
            }
```

```
        }
        System.out.println("外层循环结束");
    }
}
```

程序运行结果如下：

```
当前 i 的值:1,当前 j 的值:1
当前 i 的值:1,当前 j 的值:2
当前 i 的值:1,当前 j 的值:3
当前 i 的值:2,当前 j 的值:1
遇到 i 和 j 同时等于 2,退出外层循环
外层循环结束
```

在这个示例中，有一个外层循环和一个内层循环，并使用 outerLoop 和 innerLoop 作为标签。当内层循环遍历到 i 和 j 同时等于 2 时，程序遇到了带有标签 outerLoop 的 break 语句，导致外层循环立即终止。因此，我们输出“遇到 i 和 j 同时等于 2，退出外层循环”，然后外层循环结束。

6.4.2 continue 语句

continue 语句用来结束本次循环，跳过循环体中尚未执行的语句，接着进行终止条件的判断，以决定是否继续循环。对于 for 语句，在进行终止条件的判断前，还要先执行迭代语句。

在循环体中使用 continue 语句有两种方式：可以带有标签，也可以不带标签。语法格式如下：

```
continue;               //不带标签
continue label;         //带标签,label 是标签名
```

示例 1：不带标签的 continue 语句

下面看一个示例，代码如下：

```
package demo6_4_2;

public class ContinueExample {
    public static void main(String[] args) {
        for (int i = 1; i <= 5; i++) {
            if (i == 3) {
                System.out.println("遇到 i 等于 3,跳过本次循环");
                continue; // 不带标签的 continue 语句
            }
            System.out.println("当前 i 的值:" + i);
```

```
        }
        System.out.println("循环结束");
    }
}
```

程序运行结果如下：

```
当前 i 的值:1
当前 i 的值:2
遇到 i 等于 3,跳过本次循环
当前 i 的值:4
当前 i 的值:5
循环结束
```

在这个示例中，使用 for 循环从 1 到 5 遍历整数 i。当 i 等于 3 时，程序遇到了 continue 语句，会直接跳过本次循环中的后续代码，并继续下一次循环。因此，输出“遇到 i 等于 3，跳过本次循环”，然后继续执行后续的循环输出。

示例 2：带标签的 continue 语句

下面看一个示例，代码如下：

```
package demo6_4_2;

public class LabeledContinueExample {
    public static void main(String[] args) {
        outerLoop:
        for (int i = 1; i <= 3; i++) {
            innerLoop:
            for (int j = 1; j <= 3; j++) {
                if (i == 2 && j == 2) {
                    System.out.println("遇到 i 和 j 同时等于 2,跳过内层循环");
                    continue innerLoop; // 带标签的 continue 语句
                }
                System.out.println("当前 i 的值:" + i + ",当前 j 的值:" + j);
            }
        }
        System.out.println("外层循环结束");
    }
}
```

程序运行结果如下：

```
当前 i 的值:1,当前 j 的值:1
当前 i 的值:1,当前 j 的值:2
当前 i 的值:1,当前 j 的值:3
当前 i 的值:2,当前 j 的值:1
遇到 i 和 j 同时等于 2,跳过内层循环
当前 i 的值:2,当前 j 的值:3
当前 i 的值:3,当前 j 的值:1
当前 i 的值:3,当前 j 的值:2
当前 i 的值:3,当前 j 的值:3
外层循环结束
```

在这个示例中，有一个外层循环和一个内层循环，并使用 outerLoop 和 innerLoop 作为标签。当内层循环遍历到 i 和 j 同时等于 2 时，程序遇到了带有标签 innerLoop 的 continue 语句，导致内层循环跳过本次循环的后续代码，直接进入下一次循环。因此，输出“遇到 i 和 j 同时等于 2，跳过内层循环”，然后继续外层循环的执行。

6.4.3 训练营 2：掌握跳转语句

在本训练营中，我们将学习和掌握 Java 编程中的跳转语句。跳转语句是一类特殊的语句，它允许程序在执行过程中跳过一些代码块或者重复执行某些代码块，从而实现更灵活地控制流程。

让我们来看一个具体的任务：通过跳转语句实现打印 1~10 之间的所有整数，但跳过数字 5。

为了完成这个任务，我们可以使用 for 循环来遍历从 1 到 10 的数字，并在每次迭代时检查当前数字是否为 5。如果是 5，则使用 continue 语句跳过本次循环，直接进入下一次循环。如果不是 5，则打印该数字。

下面是实现这个任务的 Java 代码示例：

```
package demo6_4_3;

public class PrintNumbersWithSkip {
    public static void main(String[] args) {
        System.out.println("训练营 2:通过跳转语句打印 1~10 之间的所有整数,但跳过数字 5");

        // 使用 for 循环遍历从 1 到 10 的数字
        for (int i = 1; i <= 10; i++) {
            // 判断当前数字是否为 5
            if (i == 5) {
                // 使用 continue 语句跳过数字 5,直接进入下一次循环
                continue;
            }
```

```
            // 打印数字(跳过数字 5)
            System.out.println(i);
        }
    }
}
```

6.5 总结与扩展

本章总结

在本章中，我们深入学习了 Java 编程中的循环语句。循环语句允许程序重复执行一段代码块，从而有效地处理重复性任务。我们首先学习了 while 循环，它在执行循环前判断条件是否满足，如果满足则执行代码块，然后再次判断条件，直到条件不满足时结束循环。接着，我们学习了 do-while 循环，它和 while 循环类似，不同之处在于它会先执行一次代码块，然后再判断条件是否满足，如果满足则继续执行，直到条件不满足时结束循环。进一步地，我们学习了 for 循环，它是一种常用的循环结构，通过初始化、循环条件和迭代表达式来控制循环的执行次数，使得循环代码更加简洁和易读。

在 6.4 节跳转语句部分， 我们介绍了 break 语句和 continue 语句。break 语句用于立即终止循环，跳出循环体，而 continue 语句用于跳过当前循环的剩余部分，直接进行下一次循环的判断和执行。这两种跳转语句在特定的场景下非常有用， 能够帮助我们更灵活地控制循环的执行流程。

扩展学习

1）嵌套循环：学习如何在一个循环中嵌套另一个循环，实现更复杂的重复执行。

2）循环性能优化：学习一些循环性能优化的技巧，避免在循环中进行重复的计算和操作，提高程序执行效率。

3）递归：了解递归的概念和用法，学习如何使用递归解决问题，掌握递归的优缺点和适用场景。

4）Java 中的集合和迭代器：深入学习 Java 中的集合框架和迭代器，了解如何使用集合来存储和处理大量数据。

6.6 同步练习

【练习 6-1】使用 while 循环，编写一个 Java 程序，打印输出 1~5 之间所有整数的平方。

【练习 6-2】使用 do-while 循环，编写一个 Java 程序，计算并打印输出 1~10 之间第一个能被 3 整除的数字。

【练习 6-3】使用 for 循环，编写一个 Java 程序，计算并打印输出 1~10 之间所有不是偶数的整数。

第 7 章 面向对象编程，再次出发
——面向对象

老师，请告诉我什么是面向对象编程呀？

面向对象编程是一种程序设计思想，它把真实世界中的事物抽象为对象，然后通过对象之间的消息传递来实现系统功能。

对象是什么意思啊？和我们平时说的对象一样吗？

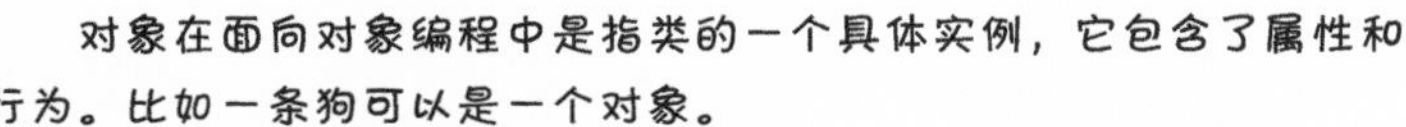

那类又是什么呢？

类是对一群对象共同的属性和行为的一个抽象。类是对象的模板，对象是类的实例。

这么说来，类更抽象，对象更具体。面向对象编程的思想就是从具体的对象中抽象出类，然后基于对象交互来设计程序对吗？

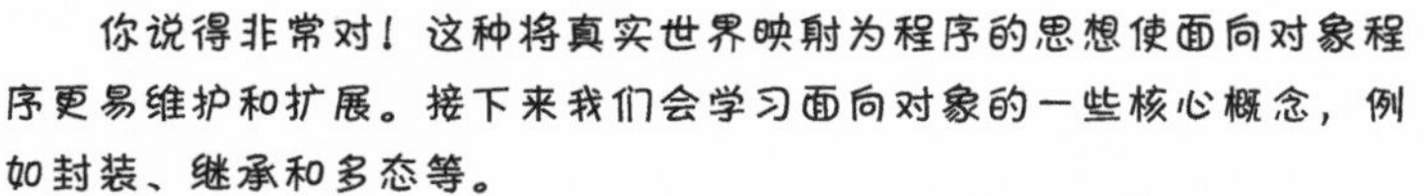

明白了，我已经迫不及待想学习面向对象编程了！

很高兴看到你的兴趣，让我们开始今天的学习之旅吧！

7.1 面向对象基本特性

老师，面向对象编程有哪些基本特性呢？

面向对象编程主要有三大特性：封装性、继承性和多态性。

什么是封装性呢？

封装性是把对象的属性和行为封装起来，通过方法来访问属性，实现细节对外隐藏。

继承性是指什么呢？

继承性可以使子类继承父类的属性和方法，建立类的层次结构。

多态性有什么作用呢？

多态性指子类对象可以作为父类对象使用，根据实际对象类型调用方法。

类的访问修饰符与封装性有什么关系呢？

访问修饰符可以控制属性和方法的访问级别，实现封装性。

7.2 类

类是 Java 中的一种重要的引用数据类型，是组成 Java 程序的基本要素。它封装了一类对象的数据和操作。

7.2.1 定义类

Java 语言中一个类的实现包括：类声明和类体。类声明语法格式如下：

```
[public][abstract|final] class className [extends superclassName] [implements interface-
NameList] {
    //类体
}
```

其中，class 是声明类的关键字，className 是自定义的类名；class 前面的修饰符 public、abstract、final 用来声明类，它们可以省略，它们的具体用法后面章节会详细介绍；superclassName 为父类名，可以省略，如果省略，则该类继承 Object 类，Object 类为所有类的根类，所有类都直接或间接继承 Object 类；interfaceNameList 是该类实现的接口列表，可以省略，接口列表中的多个接口之间用逗号分隔。

根据语法表示符号约定，在语法说明中，中括号（[ ]）表示其中内容可以省略；竖线（|）表示“或关系”，如 abstract|final，表示可以使用 abstract 或 final 关键字，两个关键字不能同时出现。

定义声明 Person 类代码如下：

```
package demo7_2_1;

① class Person {
      // 属性(成员变量)
②     String name;
③     int age;

      // 方法(成员方法)
④     public void sayHello() {
          System.out.println("你好,我叫" + name + ",今年" + age + "岁。");
      }
  }
```

在上述代码中，定义了一个名为 Person 的类，这个类有两个成员变量 name 和 age，分别用于表示一个人的姓名和年龄。类还有一个名为 sayHello( )的成员方法，用于打印一个简单的自我介绍。通过这个类的定义，可以创建多个 Person 对象，每个对象都有自己的 name 和 age 属性，并可以调用 sayHello( )方法来打印自己的自我介绍。

代码解释如下：

代码第①处定义一个名为 Person 的类。class 是 Java 中定义类的关键字，后面跟着类的名称 Person。类体用花括号 {} 括起来，其中包含类的成员（属性和方法）的定义。

代码第②处定义一个成员变量 name，它是字符串类型的属性（成员变量）。在 Person 类中，name 用于表示一个人的姓名。

代码第③处定义一个成员变量 age，它是整数类型的属性（成员变量）。在 Person 类中，age 用于表示一个人的年龄。

代码第④处定义一个名为 sayHello 的方法。public 是访问修饰符，表示这个方法是公共的，可以被其他类访问。void 表示这个方法不返回任何值。方法名是 sayHello，后面跟着一对小括号( )，表示这个方法没有参数。方法体用花括号 {} 括起来，其中包含了方法的具体实现。

7.2.2 创建对象

在面向对象的编程过程中，类和对象无处不在，类是对象的“加工厂”，是创建对象的“模板”。使用类创建对象的过程也被称为“实例化”。创建对象包括两个步骤。

1）声明。声明对象类型，与声明普通变量没有区别，语法格式如下：

```
type objectName;
```

其中，type 是引用类型，即类、接口、枚举和数组。示例代码如下：

```
String name;
```

该语句声明了字符串类型变量 name，但此时并未为对象分配内存空间，而只是分配一个引用。

2）实例化。实例化过程分为两个阶段：为对象分配内存空间和初始化对象，首先使用 new 运算符为对象分配内存空间，然后调用构造方法初始化对象。示例代码如下：

```
    package demo7_2_2;
    ...
    public class Main {
        public static void main(String[] args) {
            // 创建 Person 对象
①          Person person1 = new Person();
②          person1.name = "爱丽丝";
③          person1.age = 25;

            // 调用对象的方法
④          person1.sayHello();

            // 创建另一个 Person 对象
⑤          Person person2 = new Person();
            person2.name = "鲍勃";
            person2.age = 30;

            // 调用对象的方法
            person2.sayHello();
        }
    }
```

在 main 方法中，创建了两个 Person 对象（person1 和 person2），分别为它们的 name 和 age 属性赋值，然后调用它们的 sayHello( )方法，分别打印两个人物的自我介绍。

解释如下：

代码第①处创建了一个名为 person1 的 Person 对象。通过 new 关键字，我们在堆内存中分配了一个新的 Person 对象，并将其引用赋给 person1 变量。

代码第②处调用 person1 对象的 name 属性赋值，将字符串"爱丽丝"赋给 name。因为 name 是 Person 类的成员变量，我们可以通过对象的引用（person1）来访问和修改这个属性。

代码第③处为 person1 对象的 age 属性赋值，将整数 25 赋给 age。

代码第④处调用了 person1 对象的 sayHello( )方法。通过对象的引用（person1），我们可以调用类中的公共方法。

代码第⑤处创建了另一个名为 person2 的 Person 对象。同样地，我们在堆内存中分配了一个新的 Person 对象，并将其引用赋给 person2 变量。

7.2.3 空对象

一个引用变量，若没有通过 new 分配内存空间，这个对象就是空对象。Java 使用关键字 null 表示空对象。示例代码如下：

```
String name = null;
name = "Hello World";
```

引用变量默认值是 null。当试图调用一个空对象的实例变量或实例方法时，会抛出空指针异常 NullPointerException，代码如下所示：

```
    String name = null;
    //输出 null 字符串
    System.out.println(name);
    //调用 length()方法
①   int len = name.length();
```

当代码运行到第①处时，系统会抛出异常。这是因为调用 length( )方法时，name 是空对象。程序员应该避免调用空对象的成员变量和方法，代码如下：

```
//判断对象是否为 null
if (name != null) {
    int len = name.length();
}
```

7.3 类的成员

在类体中可以包含类的成员，类成员如图 7-1 所示，其中包括构造方法、成员变量和成员方法，成员变量又分为实例变量和类变量，成员方法又分为实例方法和类方法。

7.3.1 成员变量

在面向对象编程中，成员变量是用于存储对象状态和数据的属性。在 Java 中，成员变量可以分为两种类型：实例变量和类变量。本节先介绍实例变量。

实例变量（Instance Variable）：实例变量是每个对象独有的，每个对象都有自己的一份实例变量，它们存储在对象的内存中。每当创建一个新的对象时，实例变量就会被分配内存，并被初始化为默认值（数值类型为 0，布尔类型为 false，引用类型为 null）。实例变量的值可以根据对象的状态而不同，每个对象都可以有不同的实例变量值。

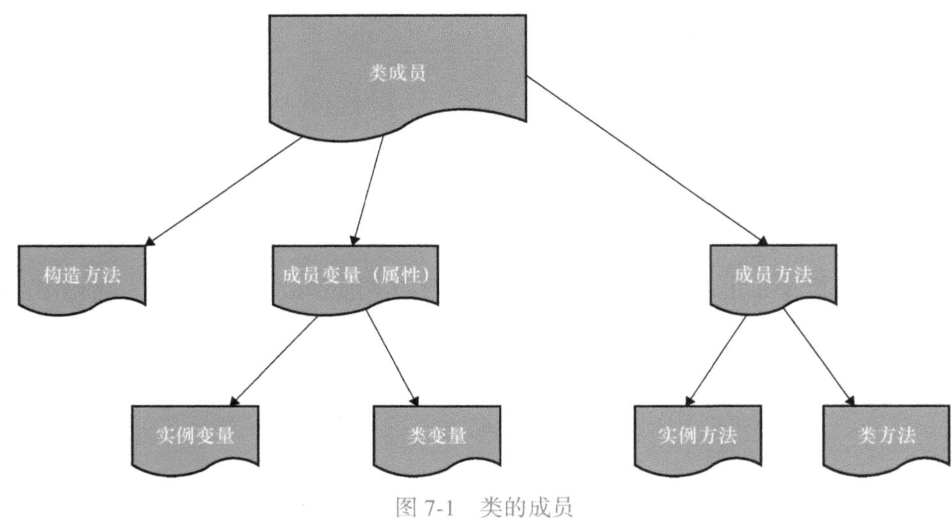

图 7-1　类的成员

在定义类时候，可以为类定义成员变量。定义类的成员变量的语法格式如下：

```
class className {
    [public |protected |private ] [static] [final] type variableName;//成员变量
}
```

其中，type 是成员变量数据类型，variableName 是成员变量名。type 前的关键字都是成员变量修饰符，说明如下。

1）public、protected 和 private 修饰符用于封装成员变量。

2）static 修饰符用于声明静态变量，所以静态变量也称为“类变量”。

3）final 修饰符用于声明变量，该变量不能被修改。

下面看一个声明成员变量示例：

```
package demo7_3_1;

class Circle {
    // 实例变量
    double radius; // 圆的半径
    String color;  // 圆的颜色
    boolean filled; // 圆是否填充
}
```

在上面的示例中，定义了一个名为 Circle 的类，它有三个实例变量：radius、color 和 filled。这些实例变量用于表示圆的半径、颜色和是否填充。当创建 Circle 对象时，每个对象都会有自己的一份 radius、color 和 filled 实例变量，它们被存储在对象的内存中，并根据其类型初始化为默认值。例如，radius 的默认值为 0.0，color 的默认值为 null，filled 的默认值为 false。

这些实例变量可以根据对象的状态和需要来进行设置和访问。例如，可以通过调用构造方法来初始化 Circle 对象的实例变量，并通过成员方法来操作这些实例变量，实现对圆的相关操作。

示例代码如下：

```
public class Main {
    public static void main(String[] args) {
        // 创建 Circle 对象
        Circle circle1 = new Circle();

        // 设置实例变量的值
        circle1.radius = 5.0;
        circle1.color = "红色";
        circle1.filled = true;

        // 打印实例变量的值
        System.out.println("圆的半径:" + circle1.radius);
        System.out.println("圆的颜色:" + circle1.color);
        System.out.println("圆是否填充:" + circle1.filled);
    }
}
```

上述程序的运行结果如下：

```
圆的半径:5.0
圆的颜色:红色
圆是否填充:true
```

在上面的代码中，创建了一个 Circle 对象 circle1，并通过点运算符.来访问对象的实例变量 radius、color 和 filled。设置 circle1 的半径为 5.0，颜色为“红色”，并将 filled 设置为 true。

7.3.2 成员方法

在面向对象编程中，类的成员方法是类中用于执行特定操作的函数或方法。成员方法定义了类的行为和功能，并可以通过创建对象来调用和使用。

在 Java 中，成员方法分为两种类型：实例方法和类方法（静态方法）。本节先介绍实例方法。

实例方法（Instance Method）：实例方法属于对象，每个对象都有自己的实例方法。它们可以访问和操作对象的实例变量，并在对象级别执行操作。在调用实例方法时，必须通过类的实例（对象）来调用。

在定义类时，可以为类定义成员方法，定义类的成员方法的语法格式如下：

```
class className {
    [public | protected | private ] [static] [final | abstract] [native] [synchronized]
        type methodName([paramList]) [throws exceptionList] {
        //方法体
    }
}
```

其中，type 是方法返回值数据类型，methodName 是方法名。type 前的关键字都是方法修饰符，说明如下。

1）public、protected 和 private 修饰符用于封装方法。

2）static 修饰符用于声明静态方法，所以静态方法也称为“类方法”。

3）final 和 abstract 不能同时修饰方法，final 修饰的方法不能在子类中被覆盖；abstract 用来修饰抽象方法，抽象方法必须在子类中被实现。

4）native 修饰的方法被称为“本地方法”，本地方法调用平台本地代码（如 C 或 C++编写的代码），不能实现跨平台。

5）synchronized 修饰的方法是同步的，当多线程方式同步方法时，只能串行地执行，保证线程是安全的。

paramList 是方法的参数列表。throws exceptionList 是声明抛出异常列表。

下面看一个声明成员方法的示例：

```
  package demo7_3_2;

① class Rectangle {
      // 实例变量
②     double length; // 矩形的长度
③     double width;  // 矩形的宽度

      // 实例方法,计算矩形的面积
④     public double calculateArea() {
          return length * width;
      }
  }
```

上述代码定义了 Rectangle 类，其中定义了两个实例变量 length 和 width，分别用于存储矩形的长度和宽度。然后，定义了一个实例方法 calculateArea( )，该方法用于计算矩形的面积。通过实例变量和实例方法，可以对 Rectangle 类的对象进行操作，计算矩形的面积，并实现对象的行为和功能。

代码解释如下：

上述代码第①处代码是类的声明语句，定义了一个名为 Rectangle 的类。类用于封装数据和行为，并作为创建对象的模板。

代码第②处定义了一个实例变量 length，用于表示矩形的长度。实例变量是属于对象的，每个矩形对象都有自己的一份 length 变量。

代码第③处定义了一个实例变量 width，用于表示矩形的宽度。实例变量是属于对象的，每个矩形对象都有自己的一份 width 变量。

代码第④处定义了一个实例方法 calculateArea( )，用于计算矩形的面积。实例方法是属于对象的，必须通过类的实例（对象）来调用。

示例代码如下：

```
public class Main {
    public static void main(String[ ] args) {
        // 创建两个 Rectangle 对象并设置长度和宽度
        Rectangle rectangle1 = new Rectangle();
        rectangle1.length = 5.0;
        rectangle1.width = 3.0;

        Rectangle rectangle2 = new Rectangle();
        rectangle2.length = 4.0;
        rectangle2.width = 5.0;

        // 计算矩形的面积并打印结果
        double area1 = rectangle1.calculateArea();
        double area2 = rectangle2.calculateArea();
        System.out.println("矩形 1 的面积:" + area1);
        System.out.println("矩形 2 的面积:" + area2);
    }
}
```

上述程序的运行结果如下：

```
矩形 1 的面积:15.0
矩形 2 的面积:20.0
```

7.3.3 方法重载

老师，什么是方法重载？

方法重载指在同一个类中定义多个方法名相同但参数列表不同的方法。重载可以让我们使用相同的方法名做不同的事情。

方法重载有什么好处吗？

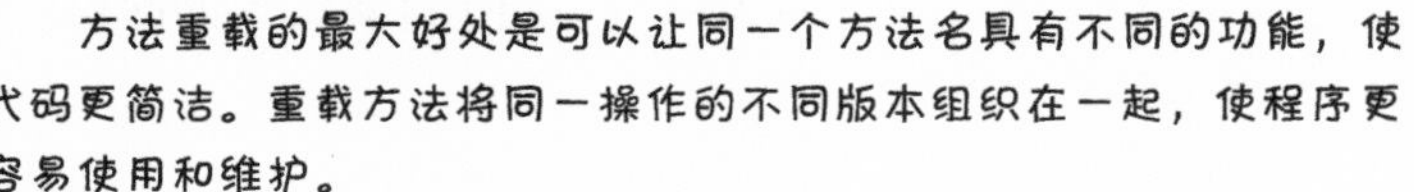

请给我一个方法重载的例子。

方法重载示例代码如下：

```
package demo7_3_3;

class MathUtils {
    // 方法重载示例 1:计算两个整数的和
    public int add(int num1, int num2) {
        return num1 + num2;
    }

    // 方法重载示例 2:计算两个浮点数的和
    public double add(double num1, double num2) {
        return num1 + num2;
    }
    // 方法重载示例 3:计算三个整数的和
    public int add(int num1, int num2, int num3) {
        return num1 + num2 + num3;
    }
}
```

在上面的示例中，定义了一个名为 MathUtils 的类，其中包含三个重载的 add( ) 方法。这些方法分别用于计算两个整数、两个浮点数以及三个整数的和。虽然方法名称都是 add，但它们的参数列表不同，Java 允许这样的方法重载。

在实际使用时，编译器会根据调用方法时传递的参数类型或数量来选择调用合适的重载方法：

```
//调用 MathUtils 类测试代码
public class Main {
```

```
    public static void main(String[] args) {
        MathUtils utils = new MathUtils();

        int sum1 = utils.add(5, 10); // 调用 add(int num1, int num2)方法
        double sum2 = utils.add(3.5, 2.0); // 调用 add(double num1, double num2)方法
        int sum3 = utils.add(1, 2, 3); // 调用 add(int num1, int num2, int num3)方法
    }
}
```

7.3.4 构造方法

老师，什么是构造方法？它和普通方法有什么区别？

构造方法是一种特殊的方法，用于初始化对象的状态。构造方法和普通方法的区别有：

1）构造方法的名称必须和类名完全一致，而普通方法可以任意命名。

2）构造方法不需要返回值类型，也不写 void，普通方法都需要返回值。

3）构造方法在创建对象时自动调用，普通方法需要手动调用。

4）构造方法不能被继承，子类不能继承父类的构造方法。

5）构造方法可以被重载，重载时可以通过参数列表区分。

了解了，构造方法是特殊的初始化方法，与普通方法有些不同。那么，构造方法的主要作用是什么呢？

构造方法的主要作用有两个：

1）初始化对象的状态，如成员变量赋初始值。

2）加载配置文件，如从属性文件中读取初始化参数。

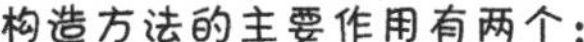

合理利用构造方法可以提高代码质量，正确初始化对象。

明白了，构造方法很重要，可以在创建对象时将其初始化。

构造方法示例代码如下：

```
package demo7_3_4;

public class Person {
    // 实例变量
    String name;
    int age;

    // 构造方法
    public Person(String name, int age) {
        this.name = name;
        this.age = age;
    }
}
```

在上面的示例中，定义了一个名为 Person 的类，该类有两个实例变量 name 和 age，用于表示人的姓名和年龄。

然后，定义了一个构造方法 public Person(String name,int age)。这个构造方法接收两个参数 name 和 age，并在创建 Person 对象时使用这些参数来初始化对象的实例变量。在构造方法内部，使用 this 关键字来引用当前对象，以区分参数与实例变量的名称。

当创建 Person 对象时，可以通过调用构造方法并传递参数来初始化对象的实例变量，例如：

```
//调用 Person 测试代码
public class Main {
    public static void main(String[] args) {
        // 使用构造方法创建 Person 对象并初始化实例变量
        Person person1 = new Person("Alice", 25);
        Person person2 = new Person("Bob", 30);
    }
}
```

在上述示例中，通过调用构造方法 Person("Alice", 25) 和 Person("Bob", 30) 来创建两个 Person 对象 person1 和 person2，并初始化它们的 name 和 age 实例变量。这样，就可以在创建对象时直接传递参数，并自动完成对象的初始化工作。

7.3.5 默认构造方法

在 Java 类中，如果没有显式定义任何构造方法，编译器会自动提供一个默认的构造方法。默认构造方法没有参数，也不执行任何操作，仅仅是为了保证对象的实例化过程能够顺利进行。

```
package demo7_3_5;

public class Person {
    String name;
    int age;

    // 默认构造方法(编译器自动添加)
    public Person() {
        // 编译器自动添加空的构造方法体
    }
}
```

在上述示例中，使用默认构造方法 Person( ) 来创建 Person 对象 person，并初始化对象的实例变量。由于默认构造方法没有参数，因此可以直接使用空括号 new Person( ) 来创建对象。

需要注意的是，如果在类中显式定义了任何构造方法（无论是有参构造方法还是无参构造方法），编译器将不再提供默认构造方法，此时必须自己显式定义需要的构造方法。如果希望使用无参构造方法，同时又定义了其他构造方法，可以通过显示定义一个无参构造方法来实现。

7.3.6 构造方法重载

老师，我了解了构造方法的基本用法，那么构造方法可以重载吗？

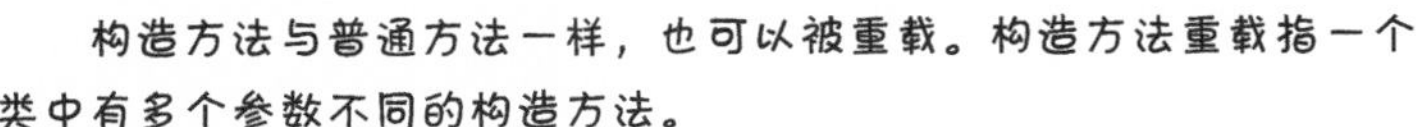

什么场景下需要使用构造方法重载呢？

主要有以下两种场景：

1）根据不同参数创建不同状态的对象。

2）方便调用，避免频繁设置属性。

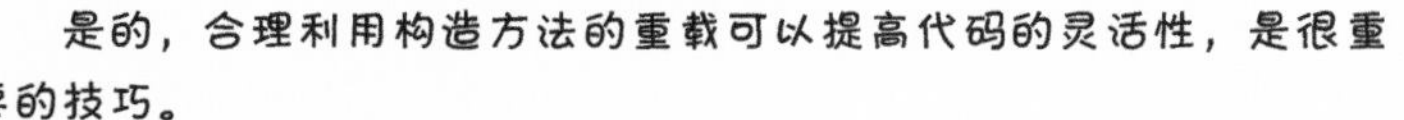

示例代码如下：

```
package demo7_3_6;

class Rectangle {
    double length;

    double width;

    // 无参构造方法
    public Rectangle() {
        this.length = 0.0;
        this.width = 0.0;
    }

    // 构造方法重载:带两个参数
    public Rectangle(double length, double width) {
        this.length = length;
        this.width = width;
    }

    // 构造方法重载:带一个参数,用于创建正方形
    public Rectangle(double side) {
        this.length = side;
        this.width = side;
    }
}
```

在上述示例中，定义了一个名为 Rectangle 的类，该类表示一个矩形对象。这个类有两个实例变量 length 和 width，分别用于表示矩形的长度和宽度。

通过重载构造方法，提供了三种不同的初始化方式。

1）无参构造方法：创建矩形对象时不传递任何参数，将长度和宽度都初始化为默认值 0.0。

2）带两个参数的构造方法：创建矩形对象时传递两个参数 length 和 width，用于分别初始化矩形的长度和宽度。

3）带一个参数的构造方法：创建正方形对象时传递一个参数 side，将长度和宽度都初始化为相同的值，用于创建正方形。

使用构造方法重载，我们可以根据不同的需求创建不同类型的矩形对象，示例代码如下：

```
public class Main {
  public static void main(String[] args) {
      // 创建矩形对象,使用不同的构造方法进行初始化
      Rectangle rectangle1 = new Rectangle(); // 使用无参构造方法
      Rectangle rectangle2 = new Rectangle(5.0, 3.0); // 使用带两个参数的构造方法
      Rectangle square = new Rectangle(4.0); // 使用带一个参数的构造方法
  }
}
```

7.3.7 this 关键字

7.3.6 节中使用了 this 关键字，this 指向对象本身的引用，this 使用在如下三种情况中。

- 调用实例变量。
- 调用实例方法。
- 调用其他构造方法。

```
package demo7_3_7;

class Rectangle {
  double length;
  double width;

  // 无参构造方法,默认矩形的长度和宽度都为 0.0
  public Rectangle() {
      this(0.0, 0.0); // 调用带两个参数的构造方法
  }

  // 带两个参数的构造方法,用于初始化矩形的长度和宽度
  public Rectangle(double length, double width) {
      this.length = length;
      this.width = width;
  }
}
```

在上述示例中，定义了一个名为 Rectangle 的类，该类表示一个矩形对象。这个类有两个实例变量 length 和 width，分别用于表示矩形的长度和宽度。

我们定义了两个构造方法。

- 无参构造方法：用于创建一个长度和宽度都默认为 0.0 的矩形对象。在这个构造方法中，使用 this(0.0,0.0) 来调用带两个参数的构造方法，实现代码的重用。
- 带两个参数的构造方法：用于根据给定的长度和宽度创建矩形对象。在这个构造方法中，直接初始化实例变量 length 和 width。

当使用无参构造方法创建矩形对象时，实际上是通过 this(0.0,0.0) 来调用带两个参数的构造方法，从而完成对象的初始化。这样的设计使得代码更加简洁，同时保持了对象初始化过程的一致性。

测试代码如下：

```
//示例测试代码
public class Main {

  public static void main(String[] args) {
      // 使用无参构造方法创建默认矩形对象
      Rectangle rectangle1 = new Rectangle();
      System.out.println("rectangle1 的长度:" + rectangle1.length); // 输出:rectangle1 的长度:0.0
      System.out.println("rectangle1 的宽度:" + rectangle1.width);  // 输出:rectangle1 的宽度:0.0

      // 使用带两个参数的构造方法创建矩形对象
      Rectangle rectangle2 = new Rectangle(5.0, 3.0);
      System.out.println("rectangle2 的长度:" + rectangle2.length); // 输出:rectangle2 的长度:5.0
      System.out.println("rectangle2 的宽度:" + rectangle2.width);  // 输出:rectangle2 的宽度:3.0
  }
}
```

上述程序的运行结果如下：

```
rectangle1 的长度:0.0
rectangle1 的宽度:0.0
rectangle2 的长度:5.0
rectangle2 的宽度:3.0
```

7.3.8 类变量和类方法

类变量和类方法是与类本身关联而不是与类的特定实例对象关联的成员。它们都使用关键字 static 进行定义。

1）类变量（Class Variable）是定义在类中，但在所有对象实例之间共享的变量。它们只会被初始化一次，且在类加载时初始化。类变量通过类名直接访问，也可以通过对象实例访问。

2）类方法（Class Method），也称为静态方法（Static Method），是不依赖于类的实例对象的方法。它们可以通过类名直接调用，也可以通过对象实例调用。类方法通常用于执行与类相关的操作，而不需要访问实例变量。

在类方法中，不能直接访问实例变量，因为类方法是不依赖于对象实例的。但是类方法可以访问类变量，因为类变量是与类本身关联的。

定义类变量和类方法的示例代码如下：

```
package demo7_3_8;

class MyClass {
  // 类变量
  static int count = 0;

  // 类方法,用于访问类变量 count
  public static int getCount() {
      return count;
  }

  // 实例方法,用于对实例变量进行操作
  public void increaseCount() {
      count++; // 类方法可以访问类变量 count
  }
}
```

在上述示例中，定义了一个名为 MyClass 的类，其中包含一个类变量 count 和一个类方法 getCount()。还定义了一个实例方法 increaseCount()，该方法用于增加类变量 count 的值。

调用类变量和类方法的示代码如下：

```
public class Main {
  public static void main(String[] args) {
      System.out.println("类变量 count 初始值:" + MyClass.count); // 输出:类变量 count 初始值:0

      MyClass obj1 = new MyClass();
      obj1.increaseCount(); // 调用实例方法,增加类变量 count 的值

      MyClass obj2 = new MyClass();
      obj2.increaseCount(); // 调用实例方法,再次增加类变量 count 的值

      int totalCount = MyClass.getCount(); // 使用类方法获取类变量 count 的值
      System.out.println("类变量 count 当前值:" + totalCount); // 输出:类变量 count 当前值:2
  }
}
```

上述程序的运行结果如下：

```
类变量 count 初始值:0
类变量 count 当前值:2
```

在上述示例中，首先输出类变量 count 的初始值为 0。然后，创建了两个 MyClass 对象，并调用了实例方法 increaseCount( ) 两次，增加了类变量 count 的值。最后，使用类方法 getCount( ) 获取当前类变量 count 的值，并输出结果为 2，表明类方法可以正确访问类变量的值。

7.4 封装性

封装性是面向对象的三大特性之一，Java 语言提供了对封装性的支持。

Java 面向对象的封装性是通过对成员变量和成员方法进行访问控制实现的，访问控制分为 4 个等级：私有、默认、保护和公有。具体规则如表 7-1 所示。

表 7-1　封装性规则表

控制等级 \ 可否直接访问	同一个类	同一个包	不同包的子类	不同包非子类
私有	Yes			
默认	Yes	Yes		
保护	Yes	Yes	Yes	
公有	Yes	Yes	Yes	Yes

下面详细解释一下这 4 种访问控制级别。

7.4.1 私有级别

私有级别的关键字是 private，私有级别的成员变量和成员方法只能在其所在类的内部自由使用，其他的类则不允许直接访问。私有级别限制性最高。私有级别访问控制示例代码如下：

```java
package demo7_4_1;

public class Person {
  // 私有实例变量
  private String name;
  private int age;

  // 私有实例方法
  private void printInfo() {
```

```
        System.out.println("姓名:" + name + ",年龄:" + age);
    }

    // 公有实例方法,用于访问私有成员
    public void setInfo(String name, int age) {
        this.name = name;
        this.age = age;
    }

    public void displayInfo() {
        printInfo(); // 在类的内部调用私有实例方法
    }
}
```

在上述示例中，定义了一个名为 Person 的类，该类包含了私有实例变量 name 和 age，以及私有实例方法 printInfo( )。这些成员都被标记为私有，因此它们只能在 Person 类内部访问，其他类无法直接访问这些成员。

为了允许外部类访问私有成员，提供了公有实例方法 setInfo( )，该方法可以用于设置私有实例变量 name 和 age 的值。此外，还定义了公有实例方法 displayInfo( )，该方法在类的内部调用私有实例方法 printInfo( )，从而实现了对私有成员的间接访问。

7.4.2 默认级别

默认级别没有关键字，也就是没有访问修饰符，默认级别的成员变量和方法，可以在其所在类内部和同一个包的其他类中被直接访问，但在不同包的类中则不允许直接访问。

默认级别示例代码如下：

```
package demo7_4_2;
//MyClass.java 文件
public class MyClass {
    // 默认级别实例变量
    int age; // 默认访问权限

    // 默认级别方法
    void displayInfo() { // 默认访问权限
        System.out.println("年龄:" + age);
    }
}
```

在上述示例中，定义了一个名为 MyClass 的类，在其内部包中使用默认访问权限定义了一个实例变量 age 和一个方法 displayInfo( )。

由于这些成员没有使用任何访问权限修饰符，它们就具有默认访问权限，即在同一个包内的其他类可以直接访问这些成员。在同一个包下的其他类可以直接访问 MyClass 类中的默认级别实例变量 age 和方法 displayInfo( )。而对于其他包中的类，MyClass 类的默认级别成员对它们是不可见的，不能直接访问。

示例测试代码：

```
package demo7_4_2;
//Main.java 文件
public class Main {
  public static void main(String[ ] args) {
      MyClass obj = new MyClass();
      obj.age = 25; // 直接访问 MyClass 类的默认级别实例变量 age
      obj.displayInfo(); // 直接调用 MyClass 类的默认级别方法 displayInfo()
  }
}
```

7.4.3 保护级别

保护级别的关键字是 protected，保护级别在同一包中完全与默认访问级别一样，但是不同包的子类能够继承父类中的 protected 变量和方法，这就是所谓的保护级别。“保护”就是保护某个类的子类都能继承该类的变量和方法。

在 mypackage1 包中定义 Animal 类的示例代码如下：

```
package mypackage1;
//Animal.java 文件
public class Animal {
  // 保护级别实例变量
  protected String name;

  // 保护级别方法
  protected void makeSound() {
      System.out.println("动物正在发出声音");
  }
}
```

在上述代码中，定义了一个名为 Animal 的类，并将它放置在 mypackage1 包中。该类包含了一个保护级别的实例变量 name 和一个保护级别的方法 makeSound( )。

因为 Animal 类位于 mypackage1 包中，所以它的保护级别成员可以被同一包内的其他类直接访问，也可以被继承了 Animal 类的子类访问。而对于位于不同包中的类，除非是 Animal 类的子类，否则无法直接访问 Animal 类的保护级别成员。

在实际应用中，可以通过继承 Animal 类来创建其他类型的动物类，并在子类中访问和重写 Animal 类的保护级别成员。这样可以实现代码的复用和扩展，同时保持了一定的封装性，将某些成员仅暴露给子类使用。

在 mypackage2 包中定义 Dog 类的示例代码如下：

```
package mypackage2;
//Dog.java 文件
import mypackage1.Animal;

public class Dog extends Animal {
  // 子类中可以访问父类的保护级别成员
  public void setName(String name) {
      this.name = name; // 子类中可以访问父类的保护级别实例变量 name
  }

  // 子类中可以重写父类的保护级别方法
  @ Override
  public void makeSound() {
      System.out.println("狗正在汪汪叫");
  }
}
```

在这个示例代码中，创建了一个名为 Dog 的子类，并将它放置在 mypackage2 包中。该子类继承了位于 mypackage1 包中的父类 Animal。

由于 Dog 类继承了 Animal 类，它可以直接访问和使用 Animal 类中的保护级别成员，包括实例变量 name 和方法 makeSound( )。

在 Dog 子类中，定义了一个公有方法 setName( )，用于设置狗的名字，而该方法直接访问了父类 Animal 的保护级别实例变量 name，这是因为子类可以访问其父类的保护级别成员。

此外，还重写了父类 Animal 的保护级别方法 makeSound( )，在 Dog 子类中将其重新实现为输出“狗正在汪汪叫”，这就是方法重写的例子。

总结来说，子类 Dog 继承了父类 Animal 的保护级别成员，可以直接访问和使用它们，并且还可以通过方法重写来重新实现父类的方法。这种继承和重写的机制使得代码可以更加灵活和可扩展，实现了代码的复用和继承特性。

调用示例代码如下：

```
package demo7_4_3;
//Main.java 文件
import mypackage2.Dog;

public class Main {
  public static void main(String[] args) {
      Dog dog = new Dog();
```

```
        dog.setName("旺财");
        dog.makeSound(); // 输出:狗正在汪汪叫
    }
}
```

在上述代码中，创建了一个名为 Main 的类，并将它放置在 demo7_4_3 包中。在 Main 类中，引入了 mypackage2 包中的 Dog 类，以便在 Main 类中使用 Dog 类。

在 Main 类的 main 方法中，创建了一个 Dog 对象 dog，然后调用 dog.setName（"旺财"）来设置狗的名字为“旺财”。接着调用 dog.makeSound( ) 方法来输出狗正在发出的声音，由于 Dog 类重写了父类 Animal 的 makeSound( ) 方法，输出结果为“狗正在汪汪叫”。

这个测试代码展示了子类 Dog 继承了父类 Animal 的保护级别成员，并成功地访问了父类的保护级别方法 makeSound( )，输出了正确的结果。Dog 类位于不同的包 mypackage2 中，但它仍然能够访问继承自父类的保护级别成员，验证了保护级别成员在子类中的可见性。

7.4.4 公有级别

公有级别的关键字是 public，公有级别的成员变量和方法可以在任何场合被直接访问，是最宽松的一种访问控制等级，使用很简单，这里不再赘述。

7.5 继承性

出于构建可复用性、可扩展性、健壮性的软件系统等目的，面向对象提供了继承性。继承又可以分单继承和多继承。单继承（如图 7-2 所示）只有一个父类，而多继承（如图 7-3 所示）可以有多个父类。Java 语言支持单继承，不支持多继承。

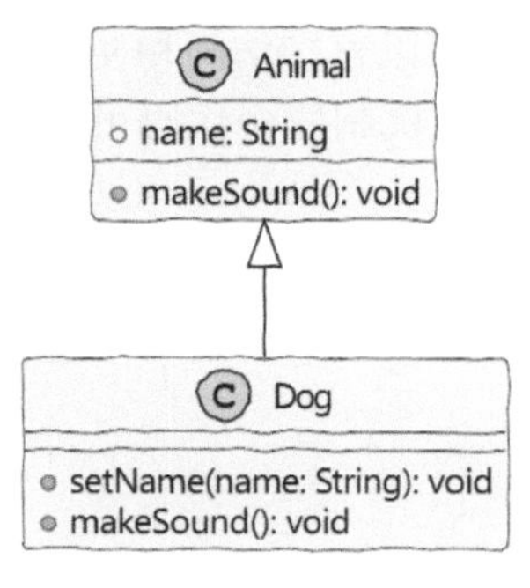

图 7-2　单继承类图

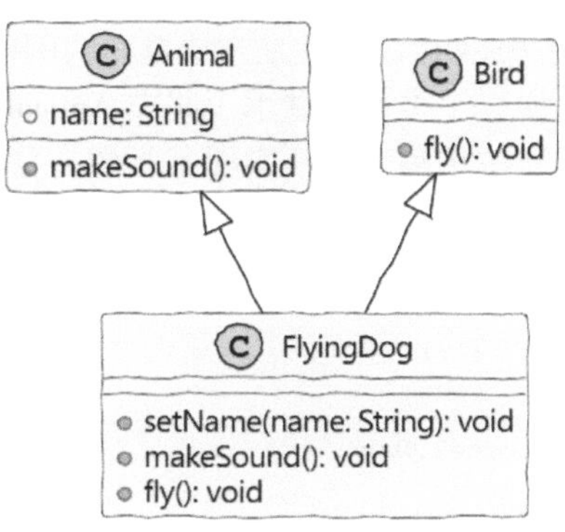

图 7-3　多继承类图

类图（Class Diagram）是面向对象编程中的一种静态结构图，用于表示类、类之间的关系和类的属性与方法。它是 UML（Unified Modeling Language，统一建模语言）的一部分，是软件开发中最常用的一种 UML 图形之一。

在类图中，类用矩形框表示，矩形框中包含类的名称、属性和方法。类的属性通常用名字和类型表示，方法用名字、参数和返回类型表示。类与类之间的关系用箭头表示，常见的关系有：

- 继承关系（Inheritance）：用空心三角箭头表示，表示一个类是另一个类的子类，即子类继承了父类的属性和方法。
- 实现关系（Implementation）：用虚线箭头表示，表示一个类实现了某个接口，即类拥有接口中定义的所有方法。
- 关联关系（Association）：用实线箭头表示，表示一个类与另一个类之间存在关联，其中一个类可能拥有另一个类的对象作为属性。
- 聚合关系（Aggregation）：用空心菱形箭头表示，表示一个类包含另一个类的对象，是一种“整体与部分”的关系。
- 组合关系（Composition）：用实心菱形箭头表示，表示一个类包含另一个类的对象，并且生命周期相同，是一种更强的“整体与部分”的关系。

类图用于展示系统中类与类之间的关系和结构，有助于理解系统的设计和架构。它在软件开发中起到了重要的指导和说明作用，帮助开发人员进行系统设计、代码编写和代码重构。通过类图，可以清晰地了解类的属性和方法，以及类之间的协作关系，从而为系统的设计和开发提供指导。

7.5.1 实现继承

使用 Java 语言实现图 7-2 所示类图的代码如下：

```
package demo7_5_1;
// Animal 类
① class Animal {
  // 实例变量
  private String name;
  // 构造方法
  public Animal(String name) {
      this.name = name;
  }

  // 实例方法,发出声音
  public void makeSound() {
      System.out.println(name + "正在发出声音");
  }
}
```

```
    // Dog 类,继承了 Animal 类
②  class Dog extends Animal {
      // 构造方法
      public Dog(String name) {
          super(name);
      }

      // 实现 makeSound 方法
      @ Override
③    public void makeSound() {
          System.out.println("狗正在汪汪叫");
      }

    }

    public class Main {
      public static void main(String[] args) {
          // 创建 Dog 对象
④        Dog dog = new Dog("旺财");
          // 调用实例方法
          dog.makeSound(); // 输出:狗正在汪汪叫
      }
    }
```

上述代码第①处定义了一个 Animal 类，它有一个私有的实例变量 name 和一个构造方法。构造方法用于初始化 name 实例变量。

Animal 类有一个实例方法 makeSound()，用于输出动物发出声音的信息。在这里，makeSound()方法输出的信息是“正在发出声音”，并会显示动物的名字。

代码第②处定义了一个 Dog 类，它继承了 Animal 类。Dog 类没有显式定义构造方法，但默认会调用父类 Animal 的无参构造方法。

代码第③处重写了 Animal 类的 makeSound()方法。在重写中，它改变了原始 Animal 类的声音输出，将其改为输出“狗正在汪汪叫”。

代码第④处在 Main 类的 main 方法中创建了一个 Dog 对象，名为 dog，并传入名字“旺财”。然后调用 dog 对象的 makeSound()方法，输出“狗正在汪汪叫”。

7.5.2 成员变量隐藏

在 Java 中，当子类中定义了一个与父类中同名的成员变量（实例变量），则会发生“成员变量隐藏”现象。这意味着子类的成员变量将隐藏父类中同名的成员变量，导致在子类中无法直接访问父类的同名成员变量。这个隐藏只是在编译时决定的，而不是在运行时。

示例代码如下：

```
package demo7_5_2;
① class Animal {
    // 父类的实例变量
    private String name;
    public Animal(String name) {
        this.name = name;
    }
    public void makeSound() {
        System.out.println(name + "正在发出声音");
    }
    // 父类的方法访问实例变量 name
    public void printName() {
        System.out.println("动物的名字是:" + name);
    }
}
② class Dog extends Animal {
    // 子类定义了一个与父类同名的实例变量
③   private String name;
    public Dog(String name, String dogName) {
        super(name); // 调用父类的构造方法来初始化父类的 name 实例变量
        this.name = dogName; // 初始化子类的 name 实例变量
    }

    @ Override
④   public void makeSound() {
        System.out.println(name + "正在汪汪叫");
    }
    // 子类新增方法,访问子类的实例变量 name
⑤   public void printDogName() {
        System.out.println("狗的名字是:" + name);
    }
}
```

上述代码第①处定义了一个 Animal 类，它有一个私有的实例变量 name。构造方法 Animal(String name）用于初始化 name 实例变量。makeSound( )方法用于输出动物发出声音的信息，包含动物的名字。

代码第②处定义了一个 Dog 类，它继承了 Animal 类。

代码第③处定义了一个与父类 Animal 中同名的私有成员变量 name。这个同名的成员变量将隐藏父类中的 name 成员变量，因此子类 Dog 中的 name 将覆盖父类 Animal 中的 name。

Dog 类的构造方法 Dog(String name,String dogName）接收两个参数。其中第一个参数 name 被

用于调用父类的构造方法 super(name)，用来初始化父类的 name 实例变量。第二个参数 dogName 用于初始化子类的 name 实例变量。

代码④处重写了 Animal 类的 makeSound( )方法，输出“正在汪汪叫”，并在前面加上 name 实例变量的值。由于 name 变量在子类 Dog 中进行了隐藏，因此这里访问的是子类中的 name。

代码第⑤处新增了一个方法 printDogName( )，用于输出“狗的名字是:”并加上子类的 name 实例变量的值。

测试上述示例代码如下：

```
public class Main {
  public static void main(String[] args) {
      Dog dog = new Dog("旺财动物", "旺财狗");

      dog.makeSound(); // 输出:旺财狗正在汪汪叫
      dog.printName(); // 输出:动物的名字是:旺财动物
      dog.printDogName(); // 输出:狗的名字是:旺财狗
  }
}
```

上述代码是在 Main 类的 main 方法中，创建了一个 Dog 对象 dog，并传入父类 Animal 的 name 为“旺财动物”和子类 Dog 的 name 为“旺财狗”。然后调用 dog 对象的方法分别输出结果。

7.5.3 方法的重写

老师，在 7.5.1 节和 7.5.2 节的示例中子类都重写了父类的 makeSound( )方法，能给我解释一下吗？

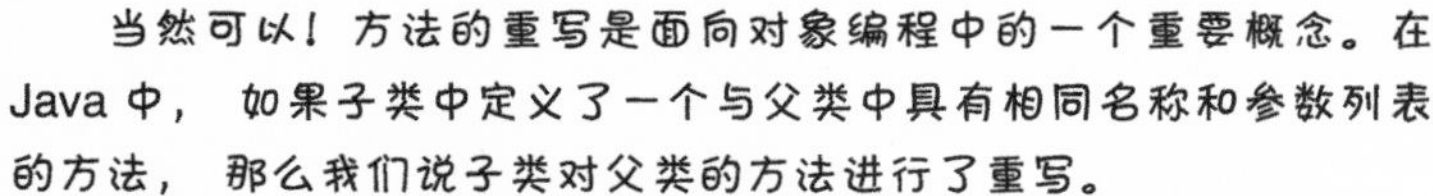

哦，我明白了。所以就是子类重新定义了和父类同名的方法，然后子类的方法会覆盖父类的方法，对吧？

是的，你说得对。当我们在子类中调用这个方法时，实际执行的是子类中的方法，而不是父类中的方法。

那么重写的条件是什么？

很好的问题！进行方法的重写，子类中的方法必须满足一些条件。首先，方法名和参数列表必须与父类中被重写的方法相同。其次，子类方法的访问权限不能比父类方法更严格，例如，如果父类方法是 public，那么子类方法也必须是 public。

好的，我大概明白了。重写让子类能够定制自己的方法实现，对吗？

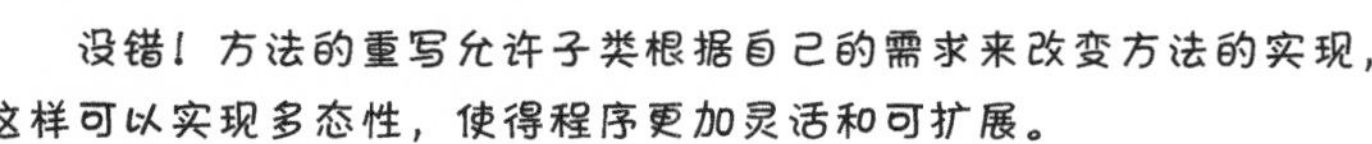

感谢您的解释，老师！我现在对方法的重写有了更清晰的认识。

在子类重写父类方法时，前面会添加一个 @Override，它是 Java 中的一个注解（Annotation），用于标识一个方法是对父类中的方法进行重写（覆盖）。它可以帮助开发者在编译时发现一些潜在的问题，例如：父类中没有对应的方法或方法签名不匹配等。

使用@Override 注解时，编译器会检查被注解的方法是否满足重写父类方法的条件，如果不满足，编译器会报错，从而避免潜在的错误。

7.5.4 训练营1：掌握方法重写

在本训练营中，我们将着重学习和掌握Java编程中的方法重写。方法重写是面向对象编程中的重要概念，它允许子类重新定义与父类相同名称和参数列表的方法，从而覆盖父类的方法逻辑，实现多态性。

该训练营示例几何图形类图如图7-4所示，解释如下：这个类图展示了一个简单的继承关系，其中Rectangle和Circle类都是Shape类的子类，它们分别重写了父类Shape的calculateArea()方法，用于计算不同几何形状的面积。这个类图体现了面向对象编程中的继承和方法重写的概念。

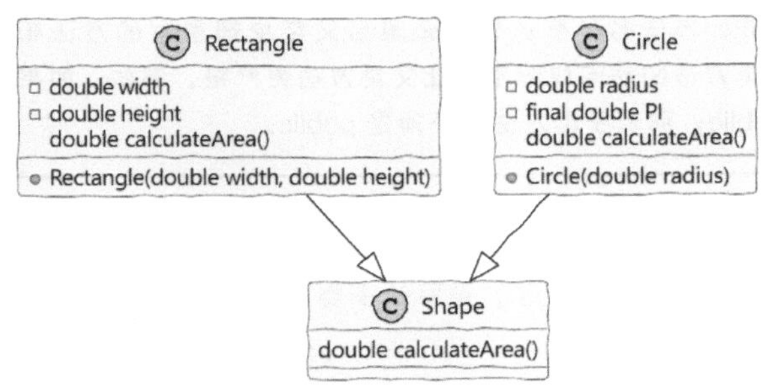

图7-4　几何图形类图

实现代码如下：

```
package demo7_5_4;

//定义几何图形类
class Shape {
  //定义计算几何图形面积的方法
  public double calculateArea() {
      return 0.0;
  }
}

//定义几何图形子类矩形类
class Rectangle extends Shape {
  private double width;
  private double height;

  public Rectangle(double width, double height) {
```

```
        this.width = width;
        this.height = height;
    }
    // 重写计算几何图形面积的方法
    @ Override
    public double calculateArea() {
        return width * height;
    }
}
//定义几何图形子类圆形类
class Circle extends Shape {
    private double radius;
    private final double PI = 3.141592653589793;

    public Circle(double radius) {
        this.radius = radius;
    }

    // 重写计算几何图形面积的方法
    @ Override
    public double calculateArea() {
        return PI * radius * radius;
    }
}

public class Main {
    public static void main(String[ ] args) {
        Shape shape1 = new Rectangle(5.0, 3.0);
        Shape shape2 = new Circle(2.5);

        System.out.println("矩形的面积:" + shape1.calculateArea()); // 输出:矩形的面积:15.0
        System.out.println("圆的面积:" + shape2.calculateArea()); // 输出:圆的面积:19.634954084936208
    }
}
```

上述程序运行结果如下：

```
矩形的面积:15.0
圆的面积:19.634954084936208
```

7.6 抽象类

老师，我听说了抽象类，但还不太明白它是什么，能给我解释一下吗？

当然可以！抽象类是一种特殊的类，在 Java 中用关键字 abstract 来声明。它不能被实例化，也就是不能直接创建对象，只能被用作其他类的父类。

为什么要用抽象类呢？

抽象类的主要作用是为了定义一种模板或者框架，让子类继承并实现其中的抽象方法。比如，我们可以定义一个抽象类 Shape，其中声明了一个抽象方法 calculateArea()，但没有具体的实现。然后，我们可以让具体的几何图形类（如 Rectangle 和 Circle）继承 Shape，并分别实现自己的 calculateArea() 方法，这样就可以根据不同图形的特点计算它们的面积。

哦，我懂了！所以抽象类为其他类提供了一个通用的结构，让子类根据自己的需求实现具体的方法。

对的！抽象类可以作为一种模板，让子类按照这个模板去实现方法，这样可以实现代码的重用和规范化。

7.6.1 抽象类示例

事实上，在如图 7-4 所示的类图中，Shape 应该设计为抽象类，其中声明了一个抽象方法 calculateArea()。然后有两个子类 Rectangle 和 Circle，它们分别继承 Shape 类并实现了自己的

calculateArea( )方法。这样可以分别计算矩形和圆的面积，而不用在每个子类中重复编写计算面积的代码。

示例代码如下：

```
   package demo7_6_1;
①  abstract class Shape {
     // 定义抽象方法,计算几何图形面积
②    public abstract double calculateArea();
   }

③  class Rectangle extends Shape {
     private double width;
     private double height;

     public Rectangle(double width, double height) {
         this.width = width;
         this.height = height;
     }

     // 重写计算几何图形面积的抽象方法
     @ Override
④    public double calculateArea() {
         return width * height;
     }
   }

⑤  class Circle extends Shape {
     private double radius;
     private final double PI = 3.141592653589793;

     public Circle(double radius) {
         this.radius = radius;
     }

     // 重写计算几何图形面积的抽象方法
     @ Override
⑥    public double calculateArea() {
         return PI * radius * radius;
     }
   }

   public class Main {
     public static void main(String[ ] args) {
⑦        Shape shape1 = new Rectangle(5.0, 3.0);
```

```
⑧        Shape shape2 = new Circle(2.5);

        System.out.println("矩形的面积:" + shape1.calculateArea()); // 输出:矩形的面积:15.0
        System.out.println("圆的面积:" + shape2.calculateArea()); // 输出:圆的面积:19.634954084936208
    }
}
```

上述程序运行结果如下：

```
矩形的面积:15.0
圆的面积:19.634954084936208
```

代码解释：

代码第①处定义了一个抽象类 Shape。抽象类是一种特殊的类，用关键字 abstract 来声明，它不能被实例化，也就是不能直接创建对象。抽象类通常用于提供一种模板或者框架，让子类继承并实现其中的抽象方法。

代码第②处在抽象类 Shape 中定义了一个抽象方法 calculateArea( )。抽象方法没有具体的实现代码，只有方法的声明。子类继承抽象类后，必须实现父类中的抽象方法，才能成为一个完整的类。

代码第③处定义了一个子类 Rectangle，它继承自抽象类 Shape。通过 extends 关键字，Rectangle 类成为 Shape 类的子类，也被称为派生类。

代码第④处在子类 Rectangle 中重写了抽象类 Shape 中的 calculateArea( )方法。重写的方法具有相同的方法名、参数列表和返回类型，但实现的代码不同，用于计算矩形的面积。

代码第⑤处定义了另一个子类 Circle，它同样继承自抽象类 Shape。Circle 类也成为 Shape 类的子类。

代码第⑥处在子类 Circle 中重写了抽象类 Shape 中的 calculateArea( )方法。重写的方法用于计算圆的面积，具体实现代码与矩形的面积计算不同。

代码第⑦处创建了一个 Rectangle 对象，并将其赋值给 Shape 类型的变量 shape1。由于 Rectangle 是 Shape 的子类，因此可以使用父类类型的变量引用子类对象。

代码第⑧处创建了一个 Circle 对象，并将其赋值给 Shape 类型的变量 shape2。同样地，由于 Circle 是 Shape 的子类，因此可以使用父类类型的变量引用子类对象。

7.6.2 训练营 2：理解抽象类概念

在本训练营中，将深入理解抽象类的概念，并掌握它在 Java 编程中的重要作用。

抽象类是 Java 中一种特殊的类，它不能被实例化，也就是不能直接创建对象。抽象类主要用于定义一种模板或者框架，为其他类提供一组共同的方法和属性。抽象类中可以包含抽象方法，这些方法没有具体的实现，只有方法的声明。子类继承抽象类后，必须实现父类中的抽象方法，才能成为一个完整的类。

训练营背景描述：

假设正在设计一个游戏，其中有不同类型的武器，如剑、魔杖和弓箭等。我们希望能够根据不同的武器类型，实现它们的攻击功能。

首先，定义一个抽象类 Weapon 作为所有武器的父类，其中包含一个抽象方法 attack( )，用于执行武器的攻击动作。该训练营类图如图 7-5 所示。

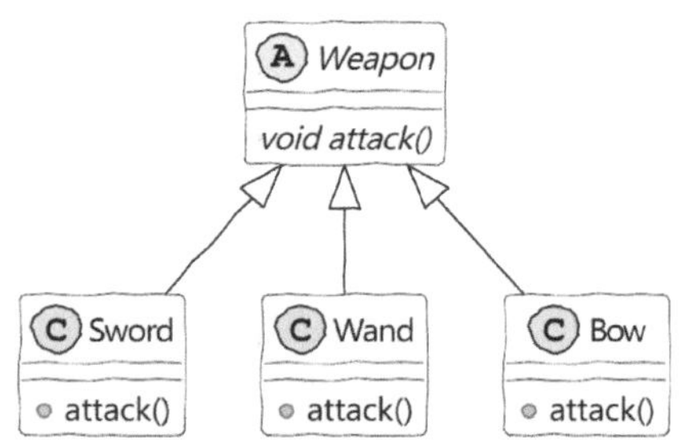

图 7-5　游戏武器类图

实现步骤如下：

首先，定义一个抽象类 Weapon 作为所有武器的父类，其中包含一个抽象方法 attack( )，用于执行武器的攻击动作。代码如下：

```
abstract class Weapon {
  // 定义抽象方法,执行武器的攻击动作
  public abstract void attack();
}
```

接下来，创建三个子类 Sword、Wand 和 Bow，分别表示剑、魔杖和弓箭。这三个子类继承自 Weapon 类，并实现了抽象方法 attack( )以适应不同武器的攻击方式。代码如下：

```
class Sword extends Weapon {
  @ Override
  public void attack() {
      System.out.println("挥动剑,发动攻击!");
  }
}

class Wand extends Weapon {
  @ Override
  public void attack() {
      System.out.println("挥舞魔杖,释放魔法攻击!");
  }
}

class Bow extends Weapon {
  @ Override
  public void attack() {

      System.out.println("拉弓搭箭,射出弓箭攻击!");
  }
}
```

现在可以在 Main 类中使用这些武器类来执行它们的攻击动作。代码如下：

```
public class Main {
  public static void main(String[ ] args) {
      Weapon sword = new Sword();
      Weapon wand = new Wand();
      Weapon bow = new Bow();

      sword.attack(); // 输出:挥动剑,发动攻击!
      wand.attack(); // 输出:挥舞魔杖,释放魔法攻击!
      bow.attack(); // 输出:拉弓搭箭,射出弓箭攻击!
  }
}
```

在 Main 类的 main 方法中，分别创建了一把剑、一个魔杖和一把弓箭，并使用 attack( ) 方法执行它们的攻击动作。由于 Sword、Wand 和 Bow 类都继承自 Weapon 类，并重写了 attack( ) 方法，因此在运行时会自动调用对应子类中的方法，输出不同武器的攻击方式。

通过这个例子再次展示了抽象类的用法。通过抽象类定义了一个通用的武器模板，让子类去实现具体的攻击动作，实现了代码的重用和规范化。这样的设计使得代码更加灵活和可扩展，符合面向对象编程的设计原则。

7.7 接口

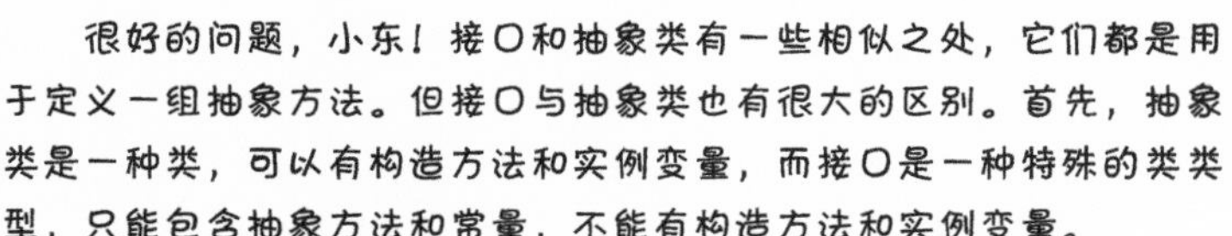

对的，接口可以看作是一种纯粹的规范或契约，它只定义了一组方法的签名，没有具体的实现。实现接口的类必须提供这些方法的具体实现，从而满足接口的契约。

那接口有什么实际应用呢？

接口在 Java 中有很多实际应用。它可以用于实现多继承，因为一个类可以实现多个接口，从而具有多个接口中定义的行为。另外，接口还可以用于定义回调方法、事件处理等。

这样看来，接口确实很有用！我可以用接口来规范不同类的行为，让它们都具有相同的方法。

没错！接口提供了一种很好的设计方式，可以使你的代码更加灵活和可扩展。现在我们来看一个具体的例子，比如我们可以用接口来定义一个几何图形的功能。

7.7.1 接口示例

事实上，在如图 7-4 所示的类图中，Shape 应该设计为接口，里面包含一个抽象方法 calculateArea( )，用于计算几何图形的面积。

然后，可以创建几个类，比如 Rectangle、Circle 等，来实现 Shape 接口，分别实现不同几何图形的面积计算方法。具体类图如图 7-6 所示。

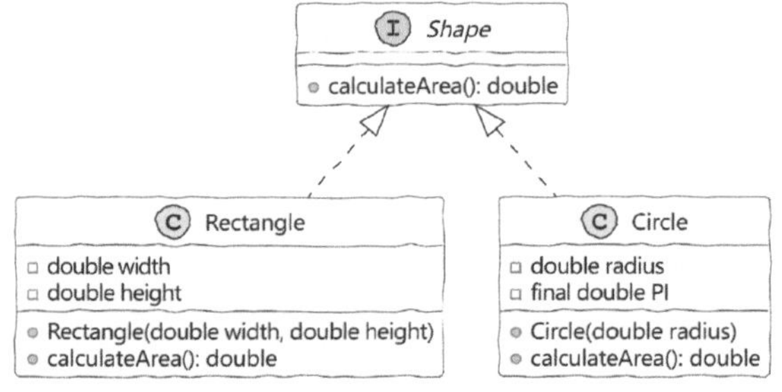

图 7-6　几何图形类图

示例代码如下：

```
package demo7_7_1;

// 定义一个接口 Shape,用于计算几何图形的面积
① interface Shape {
    double calculateArea(); // 抽象方法,计算面积
}

// 实现接口 Shape 的矩形类
② class Rectangle implements Shape {
    private double width;
    private double height;

    public Rectangle(double width, double height) {
        this.width = width;
        this.height = height;
    }

    @Override
③   public double calculateArea() {
        return width * height;
    }
}
// 实现接口 Shape 的圆形类
④ class Circle implements Shape {
    private double radius;
    private final double PI = 3.141592653589793;

    public Circle(double radius) {
        this.radius = radius;
    }

    @Override
⑤   public double calculateArea() {
        return PI * radius * radius;
    }
}

public class Main {
    public static void main(String[] args) {
⑥       Shape rectangle = new Rectangle(5.0, 3.0);
⑦       Shape circle = new Circle(2.5);

        System.out.println("矩形的面积:" + rectangle.calculateArea()); // 输出:矩形的面积:15.0
```

```
        System.out.println("圆的面积:" + circle.calculateArea()); // 输出:圆的面积:19.634954084936208
    }
}
```

上述程序运行结果如下：

```
矩形的面积:15.0
圆的面积:19.634954084936208
```

代码解释：

代码第①处使用 interface 关键字定义接口 Shape，它用于计算几何图形的面积。接口中只包含一个抽象方法 calculateArea()，用于声明计算面积的行为，但没有具体的实现。

代码第②处定义了一个实现了 Shape 接口的矩形类 Rectangle。通过 implements Shape 关键字，Rectangle 类表示它要实现 Shape 接口的行为规范。

代码第③处实现接口中的 calculateArea()方法，在方法体中，根据矩形的宽度和高度计算出面积，并将结果返回。

代码第④处定义了一个实现 Shape 接口的圆形类 Circle。通过 implements Shape 关键字，Circle 类表示它要实现 Shape 接口的行为规范。

代码第⑤处实现接口中的 calculateArea()方法，在方法体中，根据圆的半径计算出面积，并将结果返回。

代码第⑥处在 Main 类的 main 方法中，创建了一个 Rectangle 对象并用 Shape 接口类型的引用变量 rectangle 引用它。这样做是因为接口引用可以引用实现了该接口的任何类的对象。

代码第⑦处创建了一个 Circle 对象并用 Shape 接口类型的引用变量 circle 引用它。

这样的代码设计和使用接口的方式，使得我们可以更灵活地定义计算面积的方法，并且在调用时不需要关心具体是哪个几何图形，增加了代码的可扩展性和复用性。

7.7.2 训练营 3：实现多个接口

在本训练营中，我们将学习如何在 Java 中实现多个接口，以及多个接口的应用场景和优势。

1. 实现多个接口

在 Java 中，一个类可以实现多个接口。通过使用 implements 关键字，可以使一个类同时实现多个接口，并分别提供每个接口中定义的抽象方法的具体实现。

2. 多个接口的应用场景

实现多个接口在面向对象编程中有很多应用场景，其中一些常见的情况如下。

- 多继承：Java 不支持类的多继承，但是一个类可以实现多个接口，从而达到多继承的效果。这使得类可以继承多个行为规范，增加了代码的灵活性。
- 模块化设计：接口提供了一种将功能拆分成独立模块的方式。一个类可以实现多个接口，每个接口代表一个模块，从而实现了代码的模块化设计，便于维护和扩展。

- 回调机制：接口可以用于实现回调机制，其中一个类实现了某个接口的方法，并作为参数传递给另一个类，当特定事件发生时，另一个类会调用实现类的方法，从而实现了回调功能。

3. 实现多个接口的示例

让我们通过一个示例来说明如何实现多个接口。假设有一个音乐播放器，我们希望它既能播放音乐，也能显示歌词。可以定义两个接口 MusicPlayer 和 LyricsPlayer 来分别表示音乐播放和歌词显示的功能。然后，创建一个类 MediaPlayer，它实现了这两个接口，并分别提供了音乐播放和歌词显示的具体实现，类图如图 7-7 所示。

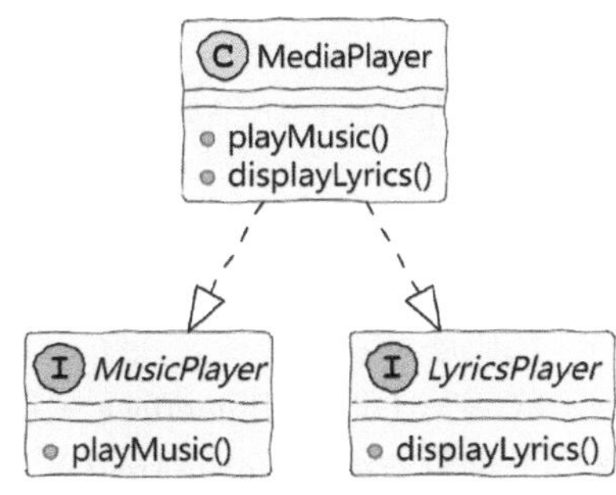

图 7-7　音乐播放器类图

实现代码如下：

```
package demo7_7_2;

// 定义音乐播放接口
interface MusicPlayer {
  void playMusic();
}

// 定义歌词显示接口
interface LyricsPlayer {
  void displayLyrics();
}

// 实现多个接口的类
class MediaPlayer implements MusicPlayer, LyricsPlayer {
  @ Override
  public void playMusic() {
      System.out.println("正在播放音乐...");
  }

  @ Override
  public void displayLyrics() {
      System.out.println("正在显示歌词...");
  }
}

public class Main {
  public static void main(String[] args) {
      MediaPlayer player = new MediaPlayer();
      player.playMusic(); // 输出:正在播放音乐...
```

```
        player.displayLyrics(); // 输出:正在显示歌词...
    }
}
```

在这个示例中，通过实现多个接口，可以让 MediaPlayer 类具有音乐播放和歌词显示的功能，从而实现了代码的模块化设计和多继承的效果。这样的设计使得代码更加灵活和可扩展。

7.8 多态性

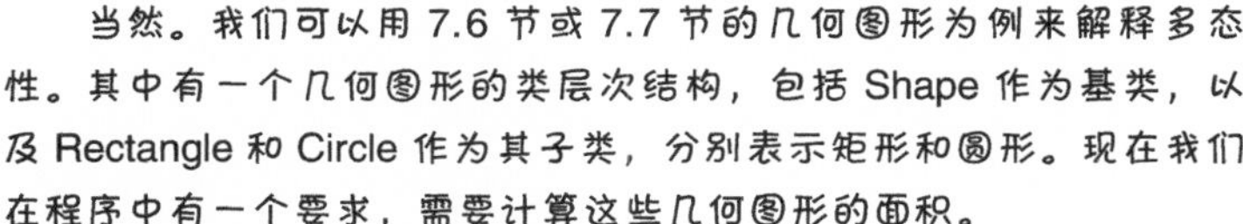

噢，我明白了。这样，不管是矩形还是圆形，我们都可以通过相同的方式来计算它们的面积，这就是多态性对代码的灵活性和可扩展性的体现了吧？

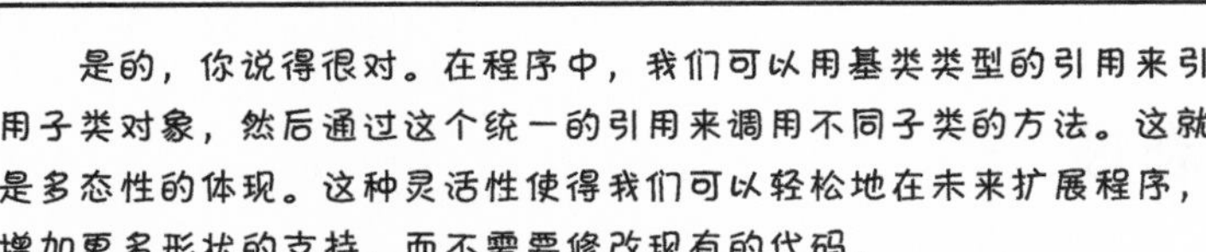

多态性听起来很有用，我应该如何在 Java 中实现它呢？

在 Java 中，多态性可以通过继承和方法重写来实现。你可以定义一个基类，并在其中声明一个抽象方法，然后让子类去重写这个方法。当你使用基类类型的引用来引用子类对象时，就可以实现多态性了。

示例代码如下：

```
package demo7_8;

// 定义几何图形基类 Shape
abstract class Shape {
  public abstract double calculateArea();
}

// 矩形类 Rectangle,继承自 Shape
class Rectangle extends Shape {
  private double width;
  private double height;

  public Rectangle(double width, double height) {
      this.width = width;
      this.height = height;
  }

  @ Override
  public double calculateArea() {
      return width * height;
  }
```

```
}

// 圆形类 Circle,继承自 Shape
class Circle extends Shape {
  private double radius;
  private final double PI = 3.141592653589793;

  public Circle(double radius) {
      this.radius = radius;
  }

  @ Override
  public double calculateArea() {
      return PI * radius * radius;
  }
}

public class Main {
  public static void main(String[] args) {
      Shape shape1 = new Rectangle(5.0, 3.0); // 使用 Shape 引用 Rectangle 对象
      Shape shape2 = new Circle(2.5); // 使用 Shape 引用 Circle 对象

      System.out.println("矩形的面积:" + shape1.calculateArea()); // 输出:矩形的面积:15.0
      System.out.println("圆的面积:" + shape2.calculateArea()); // 输出:圆的面积:19.634954084936208
  }
}
```

在这个示例中，定义了一个抽象类 Shape，其中包含一个抽象方法 calculateArea( )，用于计算几何图形的面积。

然后，创建了两个子类 Rectangle 和 Circle，它们分别继承自 Shape 基类，并重写了 calculateArea( )方法来实现矩形和圆形的面积计算。

在 Main 类的 main 方法中，使用 Shape 类型的引用变量分别引用了一个矩形对象和一个圆形对象。然后通过这些引用变量调用 calculateArea( )方法，实现了多态性的效果，这时候具体调用的是子类重写后的方法。

7.9 内部类

老师，我在学习 Java 中遇到了一个概念叫作内部类，能否给我解释一下什么是内部类？

当然可以，小东。内部类是指在一个类的内部定义另一个类。它们存在于嵌套关系中，外部类包含内部类，内部类可以访问外部类的成员，包括私有成员，同时也能在一定程度上实现类的封装。

那内部类有什么特点和优势吗？

内部类的一个重要特点是，它可以访问外部类的私有成员，这样可以方便地进行类之间的交互。此外，内部类还可以实现更好的封装，因为它可以隐藏在外部类中，只暴露给外部类需要使用的部分，从而避免了外部类的混乱和不必要的暴露。

那内部类的类型有哪些呢？

内部类可以分为四种类型：成员内部类、静态内部类、方法内部类和匿名内部类。其中，成员内部类是最常见的类型，它定义在外部类的成员位置，并且可以直接访问外部类的成员。静态内部类定义在外部类的成员位置，但是使用 static 关键字修饰，只能访问外部类的静态成员。方法内部类定义在外部类的方法内部，只能在方法内部使用。 匿名内部类是一种特殊的内部类，没有显式的类名，通常用于创建接口的实例或者继承自抽象类的匿名类。

内部类听起来很有用，我应该如何在 Java 中定义和使用内部类呢？

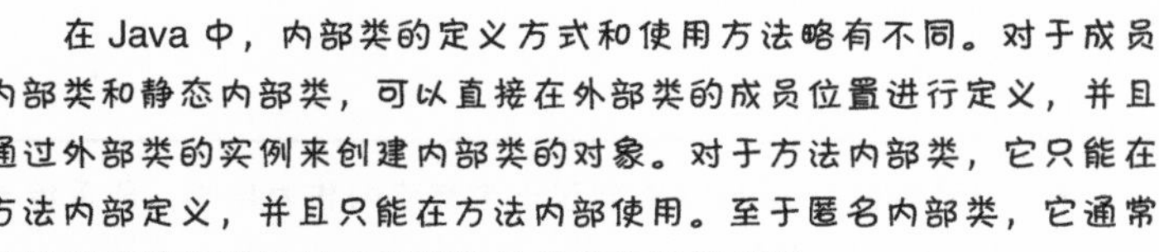

下面重点介绍成员内部类和匿名内部类。

7.9.1 成员内部类

成员内部类是定义在另一个类内部的类，它与外部类之间存在一种包含关系。成员内部类可以访问外部类的所有成员，包括私有成员，这使得它们在设计复杂系统时非常有用。下面是一个示例代码来演示成员内部类的用法：

```
package demo7_9_1;

① public class OuterClass {
    private int outerData = 10;

    // 成员内部类
②   class InnerClass {
        private int innerData = 5;

        public void display() {
            System.out.println("OuterData: " + outerData);
            System.out.println("InnerData: " + innerData);
        }
    }

    public static void main(String[] args) {
③       OuterClass outer = new OuterClass();
④       OuterClass.InnerClass inner = outer.new InnerClass();
⑤       inner.display();
    }
}
```

上述程序运行结果如下：

```
OuterData: 10
InnerData: 5
```

代码解释如下：

代码第①处定义了一个外部类 OuterClass，其中包含一个私有成员变量 outerData。

代码第②处在 OuterClass 内部定义了一个成员内部类 InnerClass，它包含一个私有成员变量 innerData 和一个 display( )方法。这个方法用于输出外部类和内部类的数据。

代码第③处在 main 方法中创建了 OuterClass 的实例 outer。

代码第④处通过外部类的实例 outer 来创建成员内部类 InnerClass 的对象 inner。注意，成员内部类的创建方式是通过外部类的实例来创建的。

代码第⑤处调用 inner 对象的 display( )方法。

7.9.2 匿名内部类

匿名内部类是一种特殊的内部类，它没有显式的类名，在定义的同时直接创建类的实例。通常情况下，匿名内部类用于创建接口的实例或者继承自抽象类的匿名类。它的语法相对简洁，适用于只需要临时使用一次的情况。

使用匿名内部类的示例代码如下：

```
    package demo7_9_2;

①   public class OuterClass {

      private static int outerData = 10;

      public static void main(String[] args) {
②         OuterClass outer = new OuterClass();
          // 使用匿名内部类创建 InnerClass 的对象
③         InnerClass inner = new InnerClass() {
④             private int innerData = 5;

              @ Override
⑤             public void display() {
                  System.out.println("OuterData: " + outerData);
                  System.out.println("InnerData: " + innerData);
              }
          };
⑥         inner.display();
      }
      // 定义 InnerClass 为接口,用于创建匿名内部类对象
⑦     interface InnerClass {
⑧         void display();
      }
    }
```

这段代码演示了使用匿名内部类实现一个接口，并在匿名内部类中访问外部类的静态成员变量和内部类的私有成员变量。匿名内部类是一种临时实现接口或继承抽象类的便捷方式，并且可以在创建实例的同时定义类的实现逻辑，非常灵活方便。

上述程序运行结果如下：

```
OuterData: 10
InnerData: 5
```

代码解释如下：

代码第①处定义了一个名为 OuterClass 的类。

代码第②处在 main 方法中创建了一个 OuterClass 的实例，以便后续使用。

代码第③处在 main 方法中使用匿名内部类创建了实现 InnerClass 接口的对象 inner。这里使用了匿名内部类的语法。

代码第④处在匿名内部类中定义了一个私有的成员变量 innerData，并初始化为 5。

代码第⑤处匿名内部类还实现了 InnerClass 接口的 display( )方法，并在这个方法中打印了外部类的静态成员变量 outerData 和内部类的私有成员变量 innerData。

代码第⑥处调用 inner 对象的 display( )方法，从而输出外部类和内部类的数据。

代码第⑦处在外部类中定义了一个接口 InnerClass，该接口只有一个抽象方法 display( )。

代码第⑧处在接口 InnerClass 中定义了一个抽象方法 display( )，该方法将在匿名内部类中被实现。

7.9.3 训练营 4：使用匿名内部类

在本训练营中，我们将学习使用匿名内部类来实现接口或继承抽象类，以及在需要临时创建对象并实现接口或抽象类的场景下的使用方法。

匿名内部类是一种特殊的内部类，它没有显式的类名，在创建对象的同时直接实现了接口或继承了抽象类。这样的设计使得我们可以在不创建新的类文件的情况下，快速地实现接口或继承抽象类，并在创建实例的同时定义类的实现逻辑。

在这个几何图形案例中，我们将使用匿名内部类实现接口来计算图形的面积。

假设有一个接口 Shape 用于计算几何图形的面积，它只有一个抽象方法 calculateArea( )。我们将实现两种几何图形：圆形和矩形。

具体实现步骤如下：

首先，定义一个 Shape 接口：

```
// Shape 接口
interface Shape {
  double calculateArea();
}
```

接下来，使用匿名内部类来实现 Shape 接口，并创建圆形和矩形的实例，然后计算它们的面积。

```
public class Main {
  public static void main(String[] args) {
      // 使用匿名内部类创建圆形对象
      Shape circle = new Shape() {
          private double radius = 2.5;
          private final double PI = 3.141592653589793;
```

```
        @ Override
        public double calculateArea() {
            return PI * radius * radius;
        }
    };
    // 使用匿名内部类创建矩形对象
    Shape rectangle = new Shape() {
        private double width = 5.0;
        private double height = 3.0;

        @ Override
        public double calculateArea() {
            return width * height;
        }
    };
    // 计算圆形的面积
    double circleArea = circle.calculateArea();
    System.out.println("圆形的面积:" + circleArea); // 输出:圆形的面积:19.634954084936208
    // 计算矩形的面积
    double rectangleArea = rectangle.calculateArea();
    System.out.println("矩形的面积:" + rectangleArea); // 输出:矩形的面积:15.0
  }
}
```

在上面的代码中，分别使用匿名内部类创建了一个实现 Shape 接口的圆形对象和矩形对象。匿名内部类的定义是在创建实例的同时进行的，我们没有为这些类定义具体的类名，而是直接定义了类的内容。

通过这种方式，我们成功地使用匿名内部类实现了接口 Shape 的方法，并且在创建实例的同时定义了圆形和矩形的计算面积的逻辑。这样的设计使得代码更加简洁而灵活，特别适用于一次性使用的简单场景。

7.10 总结与扩展

本章总结

本章深入探讨了 Java 中的面向对象编程的基本特性。面向对象编程是一种强大的编程范式，它允许我们将现实世界的事物抽象成对象，并通过类来描述对象的属性和行为。在学习过程中，我们从类的定义和对象的创建入手，了解了类是如何成为对象的模板的，通过创建对象来使用类中定义的属性和方法。

我们进一步学习了类的成员，包括成员变量和成员方法。成员变量是类中用于存储对象属性的变量，而成员方法是类中定义的可以被对象调用的行为。通过方法重载，我们可以在同一个类中定义多个方法名相同但参数类型或个数不同的方法，提供更多灵活的方法调用方式。

构造方法是类中的一种特殊的方法，它用于创建对象时进行初始化操作。Java 允许在一个类中定义多个构造方法，我们可以根据不同的需求进行构造方法的重载。而默认构造方法是当类没有显式定义构造方法时，系统会自动生成一个无参的构造方法，帮助我们创建对象。

在面向对象编程中，封装性是一个重要的概念，它可以隐藏类的实现细节，仅暴露必要的接口供外部使用。通过访问修饰符（私有级别、默认级别、保护级别和公有级别），我们可以控制类的成员对外的可见性，提供良好的封装性。

接着，我们深入学习了继承性，它是面向对象编程的另一个重要特性。继承允许一个类继承另一个类的属性和方法，通过这种方式实现了代码的重用性和扩展性。成员变量隐藏和方法的重写是继承中需要注意的两个问题，我们了解了如何正确使用它们。

抽象类和接口是面向对象编程中的两个重要概念。抽象类是不能被实例化的类，它只能作为其他类的父类，用于抽象出子类的共同特征。接口则是一种特殊的抽象类，它只包含方法的声明而没有方法的实现，通过实现接口，类可以达到多继承的效果。

最后，我们介绍了多态性和内部类。多态性允许使用父类类型的引用来指向子类类型的对象，实现了动态绑定和灵活调用。内部类是定义在其他类内部的类，它可以方便地访问外部类的成员，提供了更加紧密的类组织结构。

扩展学习

1）设计模式：深入学习各种常用的设计模式，如单例模式、工厂模式、观察者模式等，了解如何在实际项目中应用这些设计模式，使得代码更加灵活、易于维护和扩展。

2）Lambda 表达式：学习 Java 8 引入的 Lambda 表达式，了解如何简化代码，以及如何使用 Lambda 表达式实现函数式编程。

3）异常处理：深入学习 Java 中的异常处理机制，包括 try-catch 块、自定义异常等，以及如何优雅地处理异常，增强程序的健壮性。

4）泛型：了解 Java 中的泛型机制，学习如何使用泛型提高代码的类型安全性和重用性。

5）Java 标准库：熟悉 Java 标准库中提供的各种常用类和工具，如集合类、字符串处理、时间日期处理等，为开发实际应用奠定基础。

7.11 同步练习

【练习 7-1】定义一个学生类，包含学生的姓名、年龄和学号等信息，并提供相应的构造方法和获取信息的方法。

【练习 7-2】定义一个学生信息管理类，包含一个学生列表，并提供添加学生、删除学生和查找学生的功能。

第 8 章 万能工具箱——常用类

老师，今天要学习什么新的知识呢？

今天我们要学习 Java 中的一些常用类，这些类为我们提供了很多实用的功能。

那么 Java 里有哪些常用的类呢？

常用的类包括 Object 类、String 类、各种包装类、日期时间类等。

可不可以简单介绍一下这些类的主要作用和功能呢？

好的，Object 类定义了对象的基本行为；String 类用于处理字符串；包装类代表基本类型的对象形式；日期类用于处理时间和日期。我们会逐一详细介绍它们的用法。

非常期待学习这些实用的类！能让我的程序更强大！

没错，掌握了这些类的用法将大大提高你的编程效率。让我们开始今天的学习旅程吧！

好的，老师！我会努力学习的！

8.1 Object 类

在 Java 中，Object 类是所有类的根类。也就是说，所有的 Java 类都直接或间接地继承自 Object 类。因此，Object 类在 Java 中是非常重要的，它提供了一些基本的方法和功能，可以在所有类中通用。让我们来了解一下 Object 类的一些主要方法：equals( )、toString( )和 hashCode( )，下面详细介绍 toString( )和 equals( )方法。

8.1.1 toString( )方法

为了方便处理日志输出等，所有的对象都可以以文本方式表示，需要在该对象所在类中重写 toString( )方法。如果没有重写 toString( )方法，默认的字符串是“类名@ 对象的十六进制哈希码”。

下面看一个示例，该示例声明一个 Person 类，具体代码如下：

```
package demo8_1_1;
// toString()方法

① class Person {   // 声明 Person 类
    String name;
    int age;

    public Person(String name, int age) {
        this.name = name;
        this.age = age;
    }

    // 重写 toString()方法
    @ Override
②   public String toString() {
        return "Person [name=" + name + ", age=" + age + "]";
    }
}

public class Main {
③   public static void main(String[] args) {
        Person person1 = new Person("Alice", 25);
        Person person2 = new Person("Bob", 30);

④       System.out.println(person1); // 输出:Person [name=Alice, age=25]
⑤       System.out.println(person2); // 输出:Person [name=Bob, age=30]
    }
}
```

上述程序的运行结果如下：

```
Person [name=Alice, age=25]
Person [name=Bob, age=30]
```

代码解释如下：

代码第①处声明了一个名为 Person 的类。这个类用于表示人员的信息。

代码第②处重写 Person 类的 toString( )方法。toString( )方法是 Java 中的一个内置方法，它用于将对象转换成字符串表示。在重写时使用的是字符串拼接的方式，将人员的姓名和年龄格式化成一个字符串，并将其返回。

代码第③处是 Main 类的入口方法 main( )，它是程序的起点。在这个方法中，创建了两个 Person 对象 person1 和 person2，分别用于表示 Alice 和 Bob 这两个人员。

代码第④处中使用 System.out.println( )方法打印输出 person1 对象。由于 System.out.println( )方法会自动调用对象的 toString( )方法来获取字符串表示，因此在输出 person1 时实际上会调用 person1.toString( )方法，并将其返回的字符串打印出来。

代码第⑤处中使用 System.out.println( )方法打印输出 person2 对象。同样，由于 System.out.println( )方法会自动调用对象的 toString( )方法来获取字符串表示，因此在输出 person2 时，实际上会调用 person2.toString( )方法，并将其返回的字符串打印出来。

8.1.2 对象比较方法

在前面学习字符串比较时，曾经介绍过有两种比较方法：= =运算符和 equals( )方法。= =运算符是比较两个引用变量是否指向同一个实例，equals( )方法是比较两个对象的内容是否相等。通常，字符串的比较只关心其内容是否相等。

事实上，equals( )方法是继承自 Object 的，所有对象都可以通过 equals( )方法比较，问题是比较的规则是什么，例如两个人（Person 对象）相等是指什么？是名字？是年龄？问题的关键是需要指定相等的规则，就是要指定比较的是哪些属性相等，所以为了比较两个 Person 对象是否相等，需要重写 equals( )方法，在该方法中指定比较规则。

修改 Person 代码如下：

```
package demo8_1_2;

class Person {  // 声明 Person 类
  String name;
  int age;

  public Person(String name, int age) {
      this.name = name;
      this.age = age;
  }

  @ Override
① public boolean equals(Object otherObject) {
②     if (otherObject instanceof Person) {              //判断参数是否是 Person 类型
③         Person otherPerson = (Person) otherObject;
④         if (this.age == otherPerson.age) {           // 年龄作为比较规则
              return true;                            // 年龄相等返回 true
```

```
            }
        }
        return false;                           // 年龄不相等返回 false
    }
    // 重写 toString()方法
    @ Override
    public String toString() {
        return "Person [name=" + name + ", age=" + age + "]";
    }
}
```

代码解释如下：

代码第①处重写的 equals()方法，用于比较两个 Person 对象是否相等。它接收一个 Object 类型的参数，表示要与当前对象进行比较的对象。

代码第②处使用了 instanceof 关键字来检查 otherObject 是否属于 Person 类。它用于判断参数是否是 Person 类型的对象，避免在比较时发生错误。

代码第③处用强制类型转换将其转换为 Person 对象，并将其赋值给 otherPerson 变量。

代码第④处设置比较规则，使用 this.age 表示当前对象的年龄，使用 otherPerson.age 表示待比较对象的年龄。这里将年龄作为比较规则，如果两个对象的年龄相等，则返回 true，表示两个对象相等。

调用代码如下：

```
public class Main {
  public static void main(String[] args) {
      Person person1 = new Person("Alice", 25);
      Person person2 = new Person("Bob", 30);
      Person person3 = new Person("Alice", 25);
      // 比较 person1 和 person2 的年龄是否相等
      if (person1.equals(person2)) {
          System.out.println("person1 和 person2 的年龄相等");
      } else {
          System.out.println("person1 和 person2 的年龄不相等");
      }
      // 比较 person1 和 person3 的年龄是否相等
      if (person1.equals(person3)) {
          System.out.println("person1 和 person3 的年龄相等");
      } else {
```

```
            System.out.println("person1 和 person3 的年龄不相等");
        }
    }
}
```

上述程序的运行结果如下：

```
person1 和 person2 的年龄不相等
person1 和 person3 的年龄相等
```

8.1.3 训练营 1：熟悉 Object 类的常用方法

在 Java 中，所有类都继承自 Object 类，因此 Object 类中的方法可以在任何 Java 对象上使用。在本训练营中，我们将熟悉 Object 类的常用方法，这些方法可以在任何自定义类中使用，也可以用于处理 Java 中的对象。

本训练营实现一个学生类 Student，其中包含学生的姓名和年龄信息。我们希望能够比较两个学生对象是否相等，并能够打印学生对象的信息。

首先，需要定义 Student 类并重写其中的 equals( ) 和 toString( ) 方法，以确保能够正确比较学生对象的相等性和打印学生对象的信息。

参考代码如下：

```
package demo8_1_3;

public class Student {
  private String name;
  private int age;

  public Student(String name, int age) {
      this.name = name;
      this.age = age;
  }

  @ Override
  public boolean equals(Object obj) {
      if (this == obj) { // 自反性
          return true;
      }
      if (obj == null || getClass() != obj.getClass()) {
          return false;
      }
      Student other = (Student) obj;
```

```
        return age == other.age && name.equals(other.name); // 比较姓名和年龄是否相等
    }

    @ Override
    public String toString() {
        return "Student{" +
                "name='" + name + '\'' +
                ", age=" + age +
                '}';
    }

    public static void main(String[] args) {
        Student student1 = new Student("Alice", 25);
        Student student2 = new Student("Bob", 30);
        Student student3 = new Student("Alice", 25);

        System.out.println(student1.equals(student2)); // 输出:false
        System.out.println(student1.equals(student3)); // 输出:true

        System.out.println(student1); // 输出:Student{name='Alice', age=25}
        System.out.println(student2); // 输出:Student{name='Bob', age=30}
        System.out.println(student3); // 输出:Student{name='Alice', age=25}
    }
}
```

8.2 字符串

在 Java 中，字符串是一种常用的数据类型，用于存储一串字符。Java 中的字符串是不可变的，意味着一旦创建了字符串对象，就不能修改其内容。字符串在 Java 中是以 java.lang.String 类表示的，该类提供了许多方法用于操作字符串。

8.2.1 字符串表示方式

在 Java 中，字符串采用一对单引号''或一对双引号""包裹起来表示。示例代码如下：

```
package demo8_2_1;
//字符串表示方式

public class Main {

    public static void main(String args[]) {
```

```
        String s1 = "Hello World";
        String s2 = "\u0048\u0065\u006c\u006c\u006f\u0020\u0057\u006f\u0072\u006c\u0064";
        String s3 = "世界你好";
        String s4 = "A";     // "A"表示字符串 A,而不是字符 A
        String s5 = "";     // 空字符串

        System.out.printf("s1:%s%n", s1);
        System.out.printf("s2:%s%n", s2);
    }
}
```

上述代码运行结果如下：

```
s1:Hello World
s2:Hello World
```

从运行结果可见 s1 和 s2 都存储的是 Hello World 字符串，其中 s2 采用 Unicode 编码表示。另外，需要注意的是，s5 表示的空字符串也会在内存中占用空间，只是它的字符内容为空，字符串长度为 0。

8.2.2 转义字符

如果想在字符串中包含一些特殊的字符，例如换行符、制表符等，则需要在普通字符串中转义，即在普通字符前面加上反斜杠“\”，这称为字符转义。表 8-1 所示是常用的几个转义字符。

表 8-1 转义字符

字符表示	Unicode 编码	说明
\t	\u0009	水平制表符
\n	\u000a	换行
\r	\u000d	回车
\"	\u0022	双引号
\'	\u0027	单引号
\\	\u005c	反斜线

示例代码如下：

```
package demo8_2_2;
//转义符

public class Main {

  public static void main(String args[]) {
```

```
        String s1 = "\"世界\"你好!";      // 转义双引号
        String s2 = "\'世界\'你好!";      // 转义单引号
        String s3 = "Hello\t World";      // 转义制表符
        String s4 = "Hello\\World";       // 转义反斜杠制表符
        String s5 = "Hello\n World";      // 转义换行符

        System.out.printf("s1:%s%n", s1);
        System.out.printf("s2:%s%n", s2);
        System.out.printf("s3:%s%n", s3);
        System.out.printf("s4:%s%n", s4);
        System.out.printf("s5:%s%n", s5);
    }
}
```

上述代码运行结果如下：

```
s1:"世界"你好!
s2:'世界'你好!
s3:Hello World
s4:Hello\World
s5:Hello
World
```

8.2.3 文本块

老师，什么是文本块？它有什么特点？

文本块（Text Block）是 JDK 15 新增的语法，用来表示多行字符串字面量，它使用三对双引号（""" """）来定义。

文本块有什么好处呢？

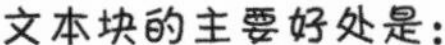

文本块的主要好处是：

1）可以直接编写多行字符串，不用转义换行符。

2）字符串内容会保留空格和格式缩进。

3）代码可读性好，与字符串内容显示一致。

4）可以减少字符串拼接的麻烦。

例如：

```
String textBlock = """
            Hello
              world!
          """;
```

原来，文本块可以方便地表示多行字符串，使代码可读性更好。

是的，文本块让多行字符串的编写变得简单，也增强了代码的可读性。

通过老师的解释，我明白了文本块的概念及优点，谢谢老师！

文本块示例代码如下：

```
package demo8_2_3;

class Main {
  public static void main(String[ ] args) {
      // 使用文本块表示 SQL 查询语句
      String query = """
                  SELECT "EMP_ID", "LAST_NAME" FROM "EMPLOYEE_TB"
                  WHERE "CITY" = 'INDIANAPOLIS'
```

```
            ORDER BY "EMP_ID", "LAST_NAME";
        """;

    System.out.println(query);
  }
}
```

上述代码运行结果如下：

```
SELECT "EMP_ID", "LAST_NAME" FROM "EMPLOYEE_TB"
WHERE "CITY" = 'INDIANAPOLIS'
ORDER BY "EMP_ID", "LAST_NAME";
```

在上述示例中，使用文本块来定义 SQL 查询语句，其中包含了多行内容。使用文本块的方式使得代码更加清晰和易读，不需要使用转义字符来表示换行和缩进。当打印输出 query 字符串时，它将保留原始的格式，并输出与文本块中定义的内容一致的 SQL 查询语句。

8.2.4 字符串常用方法

1. 字符串查找

在给定的字符串中查找字符或字符串是比较常见的操作。在 String 类中提供了 indexOf 和 lastIndexOf 方法用于查找字符或字符串，返回值是查找的字符或字符串所在的位置，-1 表示没有找到。这两个方法有多个重载版本。

indexOf 方法从前往后查找字符串。

- int indexOf(int ch)：从前往后搜索字符 ch，返回第一次找到字符 ch 所在处的索引。
- int indexOf(int ch,int fromIndex)：从指定的索引开始从前往后搜索字符 ch，返回第一次找到字符 ch 所在处的索引。
- int indexOf(String str)：从前往后搜索字符串 str，返回第一次找到字符串 str 所在处的索引。
- int indexOf(String str,int fromIndex)：从指定的索引开始从前往后搜索字符串 str，返回第一次找到字符串 str 所在处的索引。

lastIndexOf 方法从后往前查找字符串。

- int lastIndexOf(int ch)：从后往前搜索字符 ch，返回第一次找到字符 ch 所在处的索引。
- int lastIndexOf(int ch,int fromIndex)：从指定的索引开始从后往前搜索字符 ch，返回第一次找到字符 ch 所在处的索引。
- int lastIndexOf(String str)：从后往前搜索字符串 str，返回第一次找到字符串 str 所在处的索引。

- int lastIndexOf(String str,int fromIndex)：从指定的索引开始从后往前搜索字符串 str，返回第一次找到字符串 str 所在处的索引。

字符串本质上是字符数组，因此它也有索引，索引从零开始。String 的 charAt(int index)方法可以返回索引 index 所在位置的字符。

字符串查找示例代码如下：

```
package demo8_2_4;

public class StringSearchExample {
  public static void main(String[] args) {
      String str = "你好,世界! 这是一个用于字符串查找的示例。";
      String target1 = "世界";
      String target2 = "示例";
      String target3 = "Java";
      // 使用 indexOf()方法查找子字符串在原字符串中的位置
      int index1 = str.indexOf(target1);
      int index2 = str.indexOf(target2);
      int index3 = str.indexOf(target3);
      if (index1 != -1) {
          System.out.println("目标 '" + target1 + "' 在字符串中的位置: " + index1);
      } else {
          System.out.println("目标 '" + target1 + "' 未找到。");
      }
      if (index2 != -1) {
          System.out.println("目标 '" + target2 + "' 在字符串中的位置: " + index2);
      } else {
          System.out.println("目标 '" + target2 + "' 未找到。");
      }
      if (index3 != -1) {
          System.out.println("目标 '" + target3 + "' 在字符串中的位置: " + index3);
      } else {
          System.out.println("目标 '" + target3 + "' 未找到。");
      }
  }
}
```

上述代码执行结果如下所示：

```
目标'世界'在字符串中的位置:3
目标'示例'在字符串中的位置:18
目标'Java'未找到。
```

2. 字符串比较

字符串比较是常见的操作，包括比较相等、比较前缀和扩展名等。

- boolean equals(ObjectanObject)：比较两个字符串中的内容是否相等。
- boolean equalsIgnoreCase(String anotherString)：类似 equals 方法，只是忽略大小写。
- boolean endsWith(String suffix)：测试此字符串是否以指定的后缀结束。
- boolean startsWith(String prefix)：测试此字符串是否以指定的前缀开始。

示例代码如下：

```
package demo8_2_4;

public class StringComparisonExample {
  public static void main(String[] args) {
      String str1 = "Hello, world!";
      String str2 = "hello, world!";
      String str3 = "Hello";

      // 使用 equals()方法比较两个字符串是否相等
      boolean isEqual1 = str1.equals(str2);
      boolean isEqual2 = str1.equals(str3);

      System.out.println("str1 和 str2 是否相等:" + isEqual1); // 输出:str1 和 str2 是否相等:false
      System.out.println("str1 和 str3 是否相等:" + isEqual2); // 输出:str1 和 str3 是否相等:false

      // 使用 equalsIgnoreCase()方法比较两个字符串是否相等(忽略大小写)
      boolean isEqualIgnoreCase = str1.equalsIgnoreCase(str2);
      System.out.println("str1 和 str2 是否相等(忽略大小写):" + isEqualIgnoreCase); // 输出:str1
和 str2 是否相等(忽略大小写):true

      String suffix = "world!";
      String prefix = "Hello";

      // 使用 endsWith()方法判断字符串是否以指定后缀结束
      boolean endsWithSuffix = str1.endsWith(suffix);
      System.out.println("str1 是否以'" + suffix + "'结束:" + endsWithSuffix); // 输出:str1 是否以'
world!'结束:true

      // 使用 startsWith()方法判断字符串是否以指定前缀开始
      boolean startsWithPrefix = str1.startsWith(prefix);
```

```
        System.out.println("str1 是否以'" + prefix + "'开始:" + startsWithPrefix); // 输出:str1 是否以'Hello'开始:true
    }
}
```

程序运行结果如下：

```
str1 和 str2 是否相等:false
str1 和 str3 是否相等:false
str1 和 str2 是否相等(忽略大小写):true
str1 是否以'world!'结束:true
str1 是否以'Hello'开始:true
```

3. 字符串截取

Java 中字符串截取的主要方法如下。

- String substring(int beginIndex)：从指定索引 beginIndex 开始截取一直到字符串结束的子字符串。
- String substring(int beginIndex, int endIndex)：从指定索引 beginIndex 开始截取直到索引 endIndex -1 处的字符，注意包括索引为 beginIndex 处的字符，但不包括索引为 endIndex 处的字符。

字符串截取方法示例代码如下：

```
package demo8_2_4;

public class SubstringExample {
    public static void main(String[] args) {
        String str = "Hello, world!";

        // 使用 substring(beginIndex)方法从索引 4 开始截取到字符串结束的子字符串
        String substring1 = str.substring(4);
        System.out.println("截取结果 1:" + substring1); // 输出:截取结果 1:o, world!

        // 使用 substring(beginIndex, endIndex)方法从索引 7 开始截取到索引 12 处的子字符串
        String substring2 = str.substring(7, 12);
        System.out.println("截取结果 2:" + substring2); // 输出:截取结果 2:world

        // 使用 substring(beginIndex, endIndex)方法截取整个字符串,相当于复制整个字符串
        String copyStr = str.substring(0, str.length());
        System.out.println("复制结果:" + copyStr); // 输出:复制结果:Hello, world!
    }
}
```

程序运行结果如下：

```
截取结果 1:o, world!
截取结果 2:world
复制结果:Hello, world!
```

8.2.5 训练营 2：掌握字符串操作

在本训练营中，我们将学习如何操作字符串，包括字符串连接、字符串比较、字符串查找和字符串截取等常用方法。通过掌握这些操作，我们可以更加灵活和高效地处理字符串数据。

关于字符串连接有两点说明：

1）使用 + 运算符将两个字符串连接起来。

2）使用 concat( )方法实现字符串连接。

contains( )方法用于检查字符串是否包含指定子字符串。

参考代码：

```
package demo8_2_5;

public class StringOperations {
  public static void main(String[] args) {
      // 字符串连接
      String str1 = "Hello";
      String str2 = "World";
      String result1 = str1 + " " + str2; // 使用 + 运算符连接字符串
      String result2 = str1.concat(" ").concat(str2); // 使用 concat() 方法连接字符串

      System.out.println("Result1: " + result1); // 输出:Result1: Hello World
      System.out.println("Result2: " + result2); // 输出:Result2: Hello World

      // 字符串比较
      String name1 = "Alice";
      String name2 = "Bob";
      String name3 = "alice";
      boolean isEqual1 = name1.equals(name2); // 比较内容是否相等,返回 false
      boolean isEqual2 = name1.equalsIgnoreCase(name3); // 忽略大小写比较,返回 true

      System.out.println("isEqual1: " + isEqual1); // 输出:isEqual1: false
      System.out.println("isEqual2: " + isEqual2); // 输出:isEqual2: true

      // 字符串查找
      String sentence = "Java programming is fun and challenging.";
      int index1 = sentence.indexOf("programming"); // 查找子字符串第一次出现的位置
      int index2 = sentence.lastIndexOf("fun"); // 查找子字符串最后一次出现的位置
```

```
        boolean containsWord = sentence.contains("challenging"); // 检查字符串是否包含指定子字符串

        System.out.println("Index1: " + index1); // 输出:Index1: 5
        System.out.println("Index2: " + index2); // 输出:Index2: 20
        System.out.println("ContainsWord: " + containsWord); // 输出:ContainsWord: true

        // 字符串截取
        String text = "Hello, how are you?";
        String subString1 = text.substring(7); // 从索引 7 开始截取到字符串结尾
        String subString2 = text.substring(7, 15); // 从索引 7 开始截取到索引 14(不包括 15)处

        System.out.println("SubString1: " + subString1); // 输出:SubString1: how are you?
        System.out.println("SubString2: " + subString2); // 输出:SubString2: how are

    }
}
```

程序运行结果如下：

```
Result1: Hello World
Result2: Hello World
isEqual1: false
isEqual2: true
Index1: 5
Index2: 20
ContainsWord: true
SubString1: how are you?
SubString2: how are
```

8.3 包装类

包装类（Wrapper Class）是 Java 中一组与基本数据类型对应的类，它们用于将基本数据类型转换成对象。Java 的基本数据类型包括 int、double、float、char、boolean 等，而包装类分别为 Integer、Double、Float、Character、Boolean 等。

包装类的主要作用是在基本数据类型与对象之间建立桥梁，使得基本数据类型可以像对象一样进行操作。包装类提供了一系列方法来操作基本数据类型，以及将基本数据类型转换为字符串和从字符串中解析为基本数据类型的方法。

常见的包装类与基本数据类型的对应关系如表 8-2 所示。除 int 和 char 类型外，其他的类型对应规则就是第一个字母大写。

表 8-2　常见的包装类与基本数据类型的对应关系

基本数据类型	包　装　类
boolean	Boolean
byte	Byte
char	Character
short	Short
int	Integer
long	Long
float	Float
double	Double

8.3.1 从对象到基本数据类型的转换

Byte、Short、Integer、Long、Float 和 Double 这几个类都是数字相关的包装类，它们有相同的父类 java.lang.Number，如图 8-1 所示。

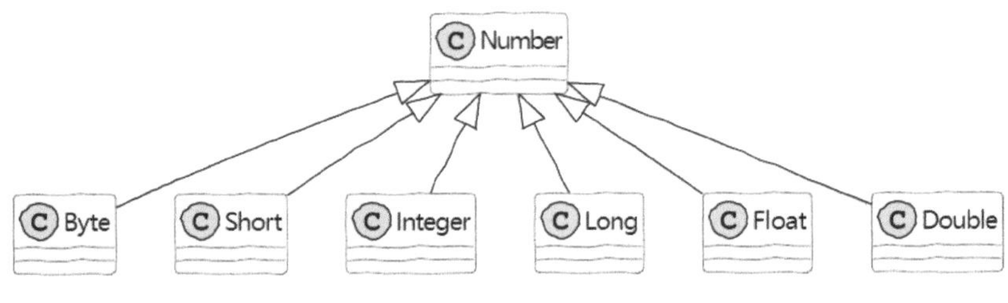

图 8-1　Number 类图

Number 类有 6 个方法可以将包装类对象转换为对应基本数据类型。

- byteValue()：将当前包装的对象转换为 byte 类型数据。
- doubleValue()：将当前包装的对象转换为 double 类型数据。
- floatValue()：将当前包装的对象转换为 float 类型数据。
- intValue()：将当前包装的对象转换为 int 类型数据。
- longValue()：将当前包装的对象转换为 long 类型数据。
- shortValue()：将当前包装的对象转换为 short 类型数据。

但是需要注意的是大范围数字转换为小范围数字时，如果数字本身很大，可能会导致精度的丢失。

示例代码如下：

```
package demo8_3_1;

public class Main {

  public static void main(String args[]) {

①       Integer num1 = new Integer("5");// 创建 Integer(5)对象
②       Integer num2 = 5;     // int 整数 5 会自动转换为 Integer 对象,即 Integer(5)

        float f = num1.floatValue();     // 通过 Integer(5)对象的方法获得 float 数字
        long d = num2.longValue();       // 通过 Integer(5)对象的方法获得 long 数字

        System.out.println("Integer 转换为 float:" + f);
        System.out.println("integer 转换为 long:" + d);
  }
}
```

代码第①处创建 Integer(5) 对象，这种写法不推荐使用。

代码第②处也是创建 Integer(5) 对象，将基本数据直接赋值给对象时，它会自动转换为对象。

上述示例运行结果如下：

```
Integer 转换为 float:5.0
integer 转换为 long:5
```

8.3.2 从基本数据类型到对象的转换

每一个数字包装类都提供一些静态 valueOf( ) 方法返回数字包装类对象。以 Integer 为例，方法定义如下：

- static IntegervalueOf(int i)：将 int 参数 i 转换为 Integer 对象。
- static IntegervalueOf(String s)：将 String 参数 s 转换为 Integer 对象。
- static IntegervalueOf(String s,int radix)：将 String 参数 s 转换为 Integer 对象，radix 是指定基数，用来指定进制，默认是 10，即十进制。

示例代码如下：

```
package demo8_3_2;

public class Main {

  public static void main(String args[]) {

      Integer num1 = Integer.valueOf(9);              //9
      Double num2 = Double.valueOf(5);                //5.0
      Float num3 = Float.valueOf("80");               //80.0
```

```
        System.out.println(num1);
        System.out.println(num2);
        System.out.println(num3);
    }
}
```

上述代码比较简单，这里不再赘述。

8.3.3 将字符串转换为基本数据类型

每一个数字包装类都提供一些静态 parse×××( )方法将字符串转换为对应的基本数据类型。以 Integer 为例，方法定义如下：

- static int parseInt(String s)：将字符串 s 转换为有符号的十进制整数。
- static int parseInt(String s,int radix)：将字符串 s 转换为有符号的整数，radix 是指定基数，基数用来指定进制。注意，这种指定基数的方法在浮点数包装类（Double 和 Float）中是没有的。

示例代码如下：

```
package demo8_3_3;

public class Main {

    public static void main(String args[]) {

        Integer num1 = Integer.valueOf("888", 16); //2184
        int num2 = Integer.parseInt("AB", 16);     //171
        int num3 = Integer.parseInt("1001", 2);     //9

        System.out.println(num1);
        System.out.println(num2);
        System.out.println(num3);
    }
}
```

上述代码比较简单，这里不再赘述。

8.4 大数字类

对货币等大值数据进行计算时，int、long、float 和 double 等基本数据类型在精度方面就不能满足需求了。为此，Java 提供了两个大数字类：java.math.BigInteger 和 java.math.BigDecimal，这两个类都继承自 java.lang.Number 抽象类，如图 8-2 所示。

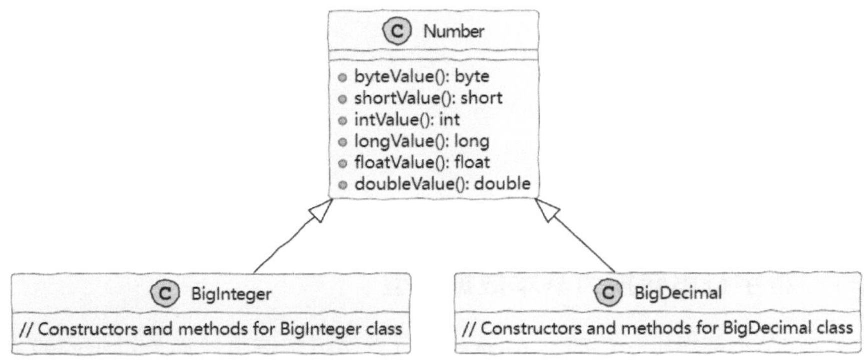

图 8-2　大数字类图

8.4.1 BigInteger

java.math.BigInteger 是不可变的任意精度的大整数。其构造方法有很多，其中字符串参数的构造方法有两个。

- BigInteger(String val)：将十进制字符串 val 转换为 BigInteger 对象。
- BigInteger(String val, int radix)：按照指定基数 radix 将字符串 val 转换为 BigInteger 对象。

BigInteger 提供多种方法，下面列举几个常用的方法。

- BigInteger add(BigInteger val)：加运算，当前对象数字加参数 val。
- BigInteger subtract(BigInteger val)：减运算，当前对象数字减参数 val。
- BigInteger multiply(BigInteger val)：乘运算，当前对象数字乘参数 val。
- BigInteger divide(BigInteger val)：除运算，当前对象数字除以参数 val。

另外，BigInteger 继承了抽象类 Number，所以它还实现抽象类 Number 的 6 个方法，具体方法参考 8.3 节。

示例代码如下：

```
package demo8_4_1;

import java.math.BigInteger;

public class Main {
  public static void main(String[] args) {
      // 创建 BigInteger 对象
      BigInteger num1 = new BigInteger("123456789012345678901234567890");
      BigInteger num2 = new BigInteger("987654321098765432109876543210");

      // 执行基本的算术运算
```

```
        BigInteger sum = num1.add(num2);
        BigInteger difference = num1.subtract(num2);
        BigInteger product = num1.multiply(num2);
        BigInteger quotient = num1.divide(num2);

        // 显示结果
        System.out.println("数 1:" + num1);
        System.out.println("数 2:" + num2);
        System.out.println("和:" + sum);
        System.out.println("差:" + difference);
        System.out.println("积:" + product);
        System.out.println("商:" + quotient);
    }
}
```

上述示例运行结果如下：

```
数 1:12345678901234567890123456789
数 2:987654321098765432109876543210
和:1111111110111111111011111111100
差:-864197532086419753208641975320
积:121932631137021795226185032733622923332237463801111263526900
商:0
```

8.4.2 BigDecimal

java.math.BigDecimal 也是不可变的任意精度的有符号十进制数。其构造方法有很多。

- BigDecimal(BigInteger val)：将 BigInteger 对象 val 转换为 BigDecimal 对象。
- BigDecimal(double val)：将 double 转换为 BigDecimal 对象，参数 val 是 double 类型的二进制浮点值准确的十进制表示形式。
- BigDecimal(int val)：将 int 转换为 BigDecimal 对象。
- BigDecimal(long val)：将 long 转换为 BigDecimal 对象。
- BigDecimal(String val)：将字符串表示数字形式转换为 BigDecimal 对象。

BigDecimal 提供多种方法，下面列举几个常用的方法。

- BigDecimal add(BigDecimal val)：加运算，当前对象数值加参数 val。
- BigDecimal subtract(BigDecimal val)：减运算，当前对象数值减参数 val。
- BigDecimal multiply(BigDecimal val)：乘运算，当前对象数值乘参数 val。
- BigDecimal divide(BigDecimal val)：除运算，当前对象数值除以参数 val。

- BigDecimal divide(BigDecimal val, int roundingMode)：除运算，当前对象数值除以参数 val。roundingMode 为要应用的舍入模式。

另外，BigDecimal 继承了抽象类 Number，所以它还实现抽象类 Number 的 6 个方法，具体方法参考 8.3 节。

示例代码如下：

```
package demo8_4_2;

import java.math.BigDecimal;

public class Main {
  public static void main(String[] args) {
      // 创建 BigDecimal 对象
      BigDecimal num1 = new BigDecimal("12345678901234567890123456789.123456789");
      BigDecimal num2 = new BigDecimal("98765432109876543210987654321.987654321");

      // 执行基本的算术运算
      BigDecimal sum = num1.add(num2);
      BigDecimal difference = num1.subtract(num2);
      BigDecimal product = num1.multiply(num2);
①     BigDecimal quotient = num1.divide(num2, 10, BigDecimal.ROUND_HALF_UP);

      // 显示结果
      System.out.println("数 1:" + num1);
      System.out.println("数 2:" + num2);
      System.out.println("和:" + sum);
      System.out.println("差:" + difference);
      System.out.println("积:" + product);
      System.out.println("商:" + quotient);
  }
}
```

运行结果如下：

```
数 2:98765432109876543210987654321.987654321
和:111111111011111111101111111111.111111110
差:-86419753208641975320864197532.864197532
积:1219326311370217952261850327360615759547340344433609205911.347203169112635269
商:0.1249999989
```

上述代码第①处是进行除法运算，该方法需要指定舍入模式，如果不指定舍入模式，则会发生运行期异常 ArithmeticException，舍入模式 ROUND_HALF_UP 是四舍五入。

8.4.3 训练营 3：掌握包装类的常用方法

在本训练营中，我们将学习包装类的常用方法。包装类是 Java 中的一组类，用于将基本数据类型包装成对象，以便在需要对象的情况下使用。它们是 Byte、Short、Integer、Long、Float、Double、Character 和 Boolean。

我们将重点学习以下包装类的常用方法。

- 字符串转换：通过包装类提供的静态方法，可以将字符串转换为对应的基本数据类型。
- 数值比较：包装类提供了比较大小的方法，可以方便地对数值进行比较。
- 数值计算：包装类提供了一些常用的数值计算方法，如绝对值、取整、四舍五入等。
- 数值转换：可以将一个包装类对象转换为其他基本数据类型。

通过学习这些常用方法，我们可以更加灵活和方便地处理数值数据，同时避免了基本数据类型和对象类型之间的转换问题。

训练参考代码如下：

1. 字符串转换为数值类型

```
package demo8_4_3;
// 字符串转换为数值类型:
public class StringToNumberExample {
  public static void main(String[] args) {
      String strNum = "123";
      int intValue = Integer.parseInt(strNum);
      long longValue = Long.parseLong(strNum);
      float floatValue = Float.parseFloat(strNum);
      double doubleValue = Double.parseDouble(strNum);

      System.out.println("int 值:" + intValue);
      System.out.println("long 值:" + longValue);
      System.out.println("float 值:" + floatValue);
      System.out.println("double 值:" + doubleValue);
  }
}
```

2. 数值比较和计算

```
package demo8_4_3;
// 数值比较和计算
public class NumberOperationsExample {
  public static void main(String[] args) {
      Integer num1 = 10;
      Integer num2 = 5;
```

```
        // 比较大小
        System.out.println("num1 是否大于 num2?" + (num1 > num2));
        System.out.println("num1 是否等于 num2?" + num1.equals(num2));
        // 数值计算
        Integer sum = num1 + num2;
        Integer difference = num1 - num2;
        Integer product = num1 * num2;
        Integer quotient = num1 / num2;
        Integer remainder = num1 % num2;
        System.out.println("和:" + sum);
        System.out.println("差:" + difference);
        System.out.println("积:" + product);
        System.out.println("商:" + quotient);
        System.out.println("余数:" + remainder);
    }
}
```

3. 大数字计算

```
package demo8_4_3;
//大数字计算
import java.math.BigInteger;

public class BigIntegerExample {
    public static void main(String[] args) {
        BigInteger bigNum1 = new BigInteger("12345678901234567890");
        BigInteger bigNum2 = new BigInteger("98765432109876543210");

        BigInteger sum = bigNum1.add(bigNum2);
        BigInteger difference = bigNum1.subtract(bigNum2);
        BigInteger product = bigNum1.multiply(bigNum2);
        BigInteger quotient = bigNum1.divide(bigNum2);

        System.out.println("和:" + sum);
        System.out.println("差:" + difference);
        System.out.println("积:" + product);
        System.out.println("商:" + quotient);
    }
}
```

8.5 日期时间类

老师，Java 中如何处理日期和时间？有哪些相关的类？

Java 通过 java.util.Date 类和 java.util.Calendar 类来处理日期和时间。但这两个类存在一些问题。

请问这两个类存在什么问题呢？

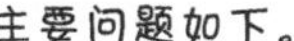

主要问题如下。

- 可变性：它们都是可变的，表示的日期可以被修改，不安全。
- 偏移量：Date 用毫秒数表示时间，计算偏移量不方便。
- 类名混乱：Date 类实际包含日期和时间。
- 设计混乱：Calendar 同时包含静态和实例方法。

那么 Java 8，提供了哪些改进呢？

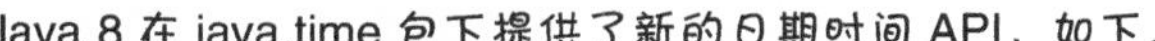

Java 8 在 java.time 包下提供了新的日期时间 API，如下。

- LocalDate：表示只包含日期，不包含时间。
- LocalTime：表示只包含时间，不包含日期。
- LocalDateTime：包含日期和时间。
- Instant：代表时间戳。

这些类不可变、线程安全，修正了旧类存在的许多问题。

8.5.1 本地日期时间类

本地日期时间（Local Date and Time）类是 java.time 包中提供的一组类，用于表示不带时区信息的日期和时间。本地日期时间类包括以下 3 个。

- LocalDate：表示日期，如年、月、日，不包含时间和时区信息。

- LocalTime：表示时间，如时、分、秒、毫秒，不包含日期和时区信息。
- LocalDateTime：表示日期和时间，包含年、月、日、时、分、秒、毫秒，但不包含时区信息。

这些本地日期时间类适用于在应用程序中处理不需要关注时区的日期和时间情况。它们提供了许多便捷的方法来操作日期和时间，如获取年、月、日、小时、分钟、秒等信息，进行日期的加减、比较等操作。同时，这些类也支持日期和时间的解析和格式化，可以方便地与字符串进行转换。

使用本地日期时间类能够避免时区和夏令时等问题，适用于大多数简单的日期和时间处理需求。如果需要考虑时区或需要精确到纳秒级别的日期和时间操作，可以使用 ZonedDateTime 和 Instant 等类。

8.5.2 获得 LocalDateTime、LocalDate 和 LocalTime 对象

获得这些对象有很多方法，这些类的 of( )类方法可以通过指定具体的日期和时间创建对象。另外，这几个类都有 now( )类方法可以获得当前系统日期时间。

示例代码如下：

```
package demo8_5_2;

import java.time.LocalDate;
import java.time.LocalDateTime;
import java.time.LocalTime;

public class Main {

  public static void main(String args[]) {
      // 获得当前日期对象
      LocalDate localDate1 = LocalDate.now();
      // 获得当前时间对象
      LocalTime localTime1 = LocalTime.now();
      // 获得当前日期时间对象
      LocalDateTime localDateTime1 = LocalDateTime.now();

      // 获得指定日期创建 LocalDate 对象,参数是年、月、日
      LocalDate localDate2 = LocalDate.of(2022, 12, 18); // 参数年、月、日
      // 获得指定日期创建 LocalDate 对象,参数是时、分、秒
      LocalTime localTime2 = LocalTime.of(18, 59, 20);
      // 获得指定日期时间创建 LocalDateTime 对象,参数是年、月、日、时、分、秒
      LocalDateTime localDateTime2 = LocalDateTime.of(2022, 9, 26, 21, 50, 0);

      System.out.println("localDate1:" + localDate1);
      System.out.println("localTime1:" + localTime1);
      System.out.println("localDateTime1:" + localDateTime1);
```

```
        System.out.println("localDate2:" + localDate2);
        System.out.println("localTime2:" + localTime2);
        System.out.println("localDateTime2:" + localDateTime2);
    }
}
```

运行结果如下：

```
localDate1:2023-07-23
localTime1:17:09:27.187045700
localDateTime1:2023-07-23T17:09:27.187045700
localDate2:2022-12-18
localTime2:18:59:20
localDateTime2:2022-09-26T21:50
```

8.5.3 日期格式化

老师，这些日期时间类（如 LocalDate）直接打印输出什么样的格式呢？

直接打印 LocalDate 将输出类似 2022-07-15 这种格式，并不可自定义。

那么，如果我想要定制日期的显示格式，比如想显示 2022 年 7 月 15 日，应该怎么做呢？

如果使用本地日期时间类（LocalDateTime、LocalDate 和 LocalTime），那么这几个类都有一个 format( ) 实例方法，从而实现日期和时间的格式化。

示例代码如下：

```
package demo8_5_3;

import java.time.LocalDateTime;
```

```
import java.time.format.DateTimeFormatter;

public class Main {

  public static void main(String[] args) {

      // 获得指定日期时间创建 LocalDateTime 对象,参数是年、月、日、时、分、秒
      LocalDateTime localDateTime = LocalDateTime.of(2022, 9, 26, 21, 50, 0);
      // 格式日期时间
①     String d1Str = localDateTime.format(DateTimeFormatter.ISO_DATE);
      System.out.println("Date1 in string :  " + d1Str);
  }
}
```

运行结果如下：

```
Date1 instring :  2022-09-26
```

上述代码第①处格式化日期时间对象，返回字符串，其参数是 DateTimeFormatter.ISO_DATE，表示格式标准是 IOS 8601 标准。

8.5.4 日期解析

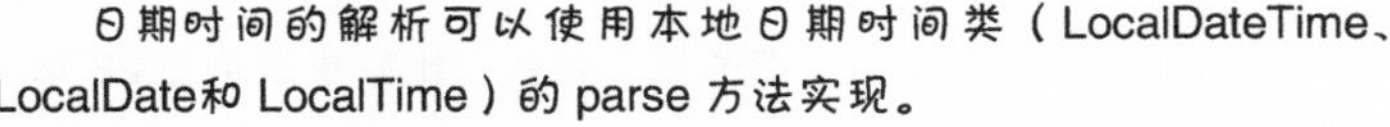

LocalDateTime、LocalDate 和 LocalTime 这几个类都有两个重载的 parse 方法，它们的定义如下。

- parse(CharSequence text)：采用默认格式解析 text 字符串。
- parse(CharSequence text,DateTimeFormatter formatter)：采用指定格式解析 text 字符串，formatter 参数设置解析日期的格式。

示例代码如下：

```
package demo8_5_4;

import java.time.LocalDate;
```

```
import java.time.LocalDateTime;
import java.time.LocalTime;
import java.time.format.DateTimeFormatter;

public class Main {
  public static void main(String[] args) {
      // 示例 1:使用默认格式解析日期时间字符串为 LocalDateTime、LocalDate 和 LocalTime 对象
      String dateTimeStr = "2023-07-30T12:30:45";
      String dateStr = "2023-07-30";
      String timeStr = "12:30:45";

①     LocalDateTime dateTime = LocalDateTime.parse(dateTimeStr);
      LocalDate date = LocalDate.parse(dateStr);
      LocalTime time = LocalTime.parse(timeStr);

      System.out.println("示例 1:");
      System.out.println("LocalDateTime: " + dateTime);
      System.out.println("LocalDate: " + date);
      System.out.println("LocalTime: " + time);

      // 示例 2:使用自定义格式解析日期时间字符串为 LocalDateTime 对象
      String customDateTimeStr = "30-07-2023 12-30-45";
      DateTimeFormatter formatter = DateTimeFormatter.ofPattern("dd-MM-uuuu HH-mm-ss");
②     LocalDateTime customDateTime = LocalDateTime.parse(customDateTimeStr, formatter);

      System.out.println("\n 示例 2:");
      System.out.println("Custom LocalDateTime: " + customDateTime);
  }
}
```

运行结果如下:

```
示例 1:
LocalDateTime: 2023-07-30T12:30:45
LocalDate: 2023-07-30
LocalTime: 12:30:45

示例 2:
CustomLocalDateTime: 2023-07-30T12:30:45
```

上述代码第①处使用 parse( ) 方法解析字符串。

代码第②处的 parse( ) 方法使用“dd-MM-uuuu HH-mm-ss”格式化字符串解析日期，这些格式化字符串参考表 8-3。

表 8-3　格式化字符串

字　母	日期或时间元素
y	年
M	年中的月份
D	年中的天数
d	月份中的天数
H	一天中的小时数（0~23）
h	AM/PM 中的小时数（1~12）
a	AM/PM 标记
m	小时中的分钟数
s	分钟中的秒数
S	毫秒数
Z	时区

8.5.5　训练营 4：掌握本地日期时间

在本训练营中，我们学习了 Java 中的本地日期时间类，包括 LocalDate、LocalTime 和 LocalDateTime。我们了解了如何创建这些类的对象，以及如何进行日期时间的格式化和解析。

具体来说，我们学习了以下内容：

1）创建 LocalDate、LocalTime 和 LocalDateTime 对象：分别表示日期、时间和日期时间，可以使用 of 方法或者分别使用 parse 方法来创建这些对象。

2）获取日期时间信息：可以使用各个类的方法获取其中的年、月、日、时、分、秒等信息。

3）格式化日期时间：学习了如何使用 DateTimeFormatter 类来定义日期时间的格式，然后使用 format 方法将日期时间对象转换为指定格式的字符串。

4）解析日期时间：同样使用 DateTimeFormatter 类，可以定义日期时间的格式，并使用 parse 方法将字符串解析为对应的日期时间对象。

通过掌握这些知识，我们可以在 Java 程序中更加灵活地处理日期时间，实现各种日期时间的操作和逻辑。

参考代码如下：

```
package demo8_5_5;

import java.time.LocalDate;
import java.time.LocalTime;
import java.time.LocalDateTime;
import java.time.format.DateTimeFormatter;
```

```
public class DateTimeExample {
  public static void main(String[] args) {
      // 创建 LocalDate 对象
      LocalDate date = LocalDate.of(2023, 7, 30);
      System.out.println("日期: " + date);

      // 创建 LocalTime 对象
      LocalTime time = LocalTime.of(12, 30, 45);
      System.out.println("时间: " + time);

      // 创建 LocalDateTime 对象
      LocalDateTime dateTime = LocalDateTime.of(2023, 7, 30, 12, 30, 45);
      System.out.println("日期时间: " + dateTime);

      // 格式化日期时间对象为字符串
      DateTimeFormatter formatter = DateTimeFormatter.ofPattern("yyyy-MM-dd HH:mm:ss");
      String formattedDateTime = dateTime.format(formatter);
      System.out.println("格式化后的日期时间: " + formattedDateTime);

      // 解析字符串为 LocalDateTime 对象
      String dateTimeStr = "2023-07-30 12:30:45";
      LocalDateTime parsedDateTime = LocalDateTime.parse(dateTimeStr, formatter);
      System.out.println("解析后的日期时间: " + parsedDateTime);
  }
}
```

运行结果如下：

```
日期: 2023-07-30
时间: 12:30:45
日期时间: 2023-07-30T12:30:45
格式化后的日期时间: 2023-07-30 12:30:45
解析后的日期时间: 2023-07-30T12:30:45
```

8.6 总结与扩展

本章总结

本章主要介绍了 Java 中的一些常用的类和功能，涵盖了 Object 类、字符串处理、包装类、大数字类以及日期时间类等内容。

在本章中，我们学习了 Object 类，它是所有类的根类。我们重点探讨了其中的 toString( ) 方法，通过重写该方法，可以自定义对象的字符串表示形式，从而便于输出对象信息。同时，还了解了对象比较的方法，包括 equals( ) 等方法，它们可以判断对象是否相等。

接下来，我们深入研究了字符串的处理。学习了字符串的表示方式，包括字符串的创建、转义符的使用以及文本块的简化表示。同时，介绍了字符串常用的方法，例如字符串字符连接、查找和截取等操作，这些方法对于字符串的处理非常有用。

我们还学习了包装类，它提供了将基本数据类型转换为对象以及将对象转换回基本数据类型的功能。通过包装类，我们可以在需要对象的场景中使用基本数据类型，方便实用。

在大数字类部分，我们学习了 BigInteger 和 BigDecimal 类。BigInteger 适用于任意大小的整数运算，而 BigDecimal 则适用于高精度的浮点数运算。这些类为我们在处理大数字提供了便利。

最后，我们研究了日期时间类，特别是本地日期时间的处理，学习了如何获得 LocalDateTime、LocalDate 和 LocalTime 对象，以及如何进行日期格式化和解析，使得日期时间的处理更加灵活和方便。

扩展学习

1）更多有关 Object 类的方法和使用场景。
2）正则表达式的应用，进一步提升字符串处理的能力。
3）其他常用的包装类和对应的使用方法。
4）Java 中其他日期时间处理的工具类，如 Calendar 类等。
5）学习 Java 8 及以上版本中新增的日期时间 API，例如 Instant、Duration 和 Period 等。

8.7 同步练习

【练习 8-1】定义一个字符串 str，内容为“Java programming is fun!”，使用 indexOf( ) 方法查找字符串中是否包含“Java”，并输出结果。

【练习 8-2】定义一个整数变量 num1，值为 100，将 num1 转换为 Integer 对象，并使用 intValue( ) 方法将其转换为基本数据类型，然后输出结果。

【练习 8-3】获取当前的本地日期时间，并使用 DateTimeFormatter 将其格式化为“yyyy-MM-dd HH:mm:ss”的字符串格式，然后输出结果。

第 9 章 集合框架杂技表演
——Java 集合框架

老师，请问 Java 集合框架有哪些重要的集合类型呢？它们各自有什么特点？

Java 集合框架有三大重要集合 List、Set 和 Map。它们各有特色：

1）List 集合像一个超级数组，可以随意添加删除元素，还可以通过索引直接访问元素，非常强大。

2）Set 集合会自动过滤重复元素，保证集合中的元素都是唯一的。它具有极强的去重功能。

3）Map 集合实现了从键到值的映射，通过键可以快速查找到对应的元素值。它的功能也非常强大。

听起来，这三大集合都很有特点，我该如何掌握它们的使用方法呢？

我们会学习它们的各种操作方法，如添加、删除、判断元素等。还会教你集合的遍历和查询技巧。最后设计了训练营，来全面提高集合的使用能力。

有了老师的指导，我一定可以掌握集合框架，完成集合操作的难度技巧！

是的，让我们开始愉快的学习集合之旅吧！

9.1 集合概述

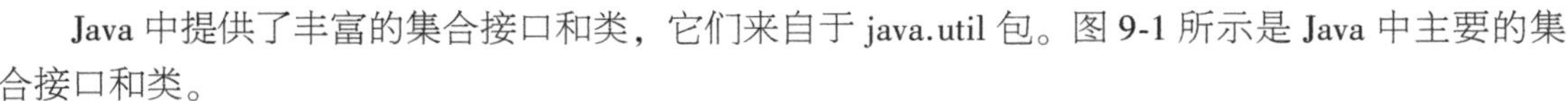

Java 中提供了丰富的集合接口和类，它们来自于 java.util 包。图 9-1 所示是 Java 中主要的集合接口和类。

对图 9-1 所示的类图解释如下。

1. 接口部分

1）Iterable 是可迭代接口，表示实现该接口的对象可以进行迭代操作，例如使用增强 for 循环。

2）Collection 是集合接口，表示一组对象的集合。它继承自 Iterable 接口，所以所有实现了 Collection 接口的对象都可以进行迭代操作。

3）List、Set 和 Queue 分别是不同类型的集合接口。它们都继承自 Collection 接口，所以它们都是集合，并具有可迭代的特性。

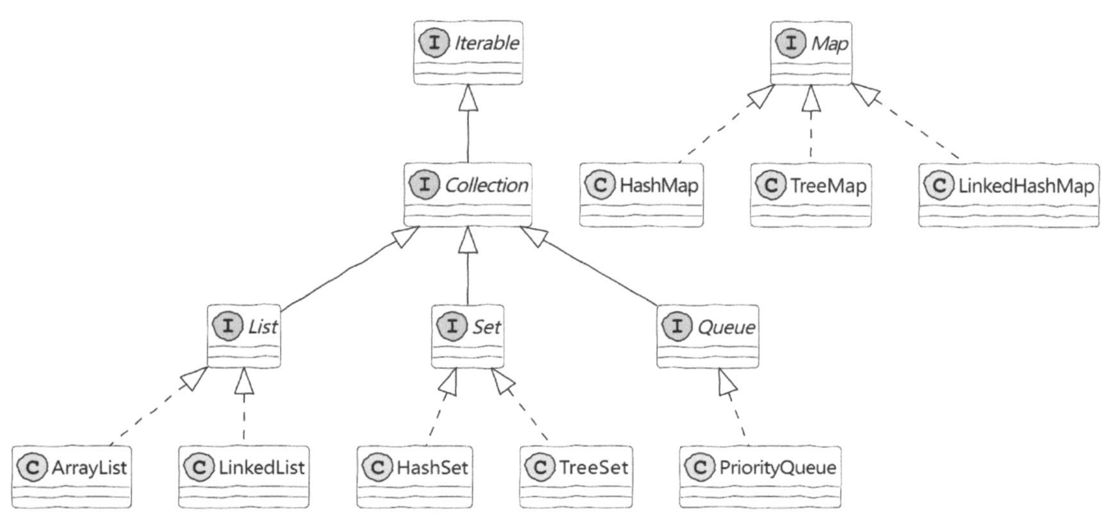

图 9-1　Java 中主要的集合接口和类图

2. 类部分

1）ArrayList 和 LinkedList 是实现了 List 接口的类，它们分别代表动态数组和链表实现的列表。

2）HashSet 和 TreeSet 是实现了 Set 接口的类，它们分别代表哈希集和树集实现的无重复元素的集合。

3）PriorityQueue 是实现了 Queue 接口的类，它代表优先级队列，其中元素按照优先级顺序排列。

3. 关联关系

1）Collection 接口和 List、Set、Queue 接口之间是继承关系，表示 List、Set、Queue 都是一种特殊的集合。

2）Map 接口与具体实现类 HashMap、TreeMap 和 LinkedHashMap 之间是关联关系，表示 Map 是一种键值对映射的集合，它们分别采用不同的实现方式。

请注意，这里的类图并没有描述具体的方法和属性，仅展示了接口和类之间的继承和关联关系。实际的集合框架中，每个类和接口都有一些特定的方法和属性用于进行集合操作。

9.2 List 集合

List 集合类似于字符串或数组，其中的元素是有序的。图 9-2 所示是一个字符 List 集合，这

个集合中有 5 个元素，元素索引从 0 开始。

索引	0	1	2	3	4
List	'H'	'e'	'l'	'l'	'o'

图 9-2　字符 List 集合

List 集合关心元素是否有序，而不关心是否重复，请大家记住这个原则。例如，图 9-2 所示字符 List 集合中就有两个字符'l'。

9.2.1 List 接口的实现类

从图 9-1 可见，Java 中描述 List 集合的接口是 List，它的实现类主要有 ArrayList 和 LinkedList。

1）ArrayList 是基于动态数组数据结构的实现。

2）LinkedList 是基于链表数据结构的实现。

ArrayList 访问元素的速度优于 LinkedList，LinkedList 占用的内存空间比较大，但 LinkedList 在批量插入或删除数据时优于 ArrayList。

在软件开发中，经常会面临空间和时间的权衡。不同的算法和数据结构在实现上会有不同的优势和劣势，程序员需要根据具体的需求和场景来选择合适的数据结构和算法。

9.2.2 List 接口的常用方法

List 接口继承自 Collection 接口，List 接口中的很多方法都是继承自 Collection 接口的。List 接口的常用方法如下。

1. 操作元素

- get(int index)：返回 List 集合中指定位置的元素。
- set(int index,Object element)：用指定元素替换 List 集合中指定位置的元素。
- add(Object element)：在 List 集合的尾部添加指定的元素。该方法是从 Collection 接口继承过来的。
- add(int index,Object element)：在 List 集合的指定位置插入指定元素。

- remove(int index)：移除 List 集合中指定位置的元素。
- remove(Object element)：如果 List 集合中存在指定元素，则从 List 集合中移除第一次出现的指定元素。该方法是从 Collection 集合继承过来的。
- clear()：从 List 集合中移除所有元素。该方法是从 Collection 接口继承过来的。

2. 判断元素

- isEmpty()：判断 List 集合中是否有元素，如果没有，返回 true，如果有，返回 false。该方法是从 Collection 接口继承过来的。
- contains(Object element)：判断 List 集合中是否包含指定元素，如果包含，返回 true，如果不包含，返回 false。该方法是从 Collection 接口继承过来的。

3. 查询元素

- indexOf(Object o)：从前往后查找 List 集合元素，返回第一次出现指定元素的索引，如果此列表不包含该元素，则返回-1。
- lastIndexOf(Object o)：从后往前查找 List 集合元素，返回第一次出现指定元素的索引，如果此列表不包含该元素，则返回-1。

4. 遍历集合

forEach()：遍历集合。

5. 其他

- iterator()：返回迭代器（Iterator）对象，迭代器对象用于遍历集合。该方法是从 Collection 接口继承过来的。
- size()：返回 List 集合中的元素数，返回值是 int 类型的。该方法是从 Collection 接口继承过来的。
- subList(int fromIndex,int toIndex)：返回 List 集合中指定的 fromIndex（包括）和 toIndex（不包括）之间的元素集合，返回值为 List 集合。

示例代码如下：

```
package demo9_2_2;

import java.util.ArrayList;     // 引入 ArrayList 类
import java.util.List;          // 引入 List 接口

public class Main {

  public static void main(String args[]) {
      List list;           // 声明变量 list 为 List 接口类型
      list = new ArrayList();  // 实例化 ArrayList 对象
      String str = "Hello";              // 声明字符串
      for (int i = 0; i < str.length(); i++) { // 变量字符串 str
         list.add(str.charAt(i));  // 从集合字符串中取值字符,并添加到变量 list 中
```

```
        }
        System.out.println(list);              // 打印到变量 list
①       System.out.println(list.get(5)); //访问元素发生 IndexOutOfBoundsException 异常
    }
}
```

程序的运行结果如下：

```
[H, e, l, l, o]
Exception in thread "main" java.lang.IndexOutOfBoundsException: Index 5 out of boundsfor
length 5
    at java.base/jdk.internal.util.Preconditions.outOfBounds(Preconditions.java:100)
    at java.base/jdk.internal.util.Preconditions.outOfBoundsCheckIndex(Preconditions.
java:106)
    at java.base/jdk.internal.util.Preconditions.checkIndex(Preconditions.java:302)
    at java.base/java.util.Objects.checkIndex(Objects.java:385)
    at java.base/java.util.ArrayList.get(ArrayList.java:427)
    at demo9_2_2.Main.main(Main.java:16)
```

上述代码第①处获取 list 中的元素，由于索引超出范围，导致 IndexOutOfBoundsException 异常。

9.2.3 使用泛型

集合中可以保存任何对象，但有时候需要保证放入的数据类型与取出的数据类型保持一致，否则可能会发生异常。先看看如下代码：

```
package demo9_2_3;

import java.util.LinkedList;
import java.util.List;

public class MainWithoutGenerics {

  public static void main(String args[]) {
      List list;           // 声明变量 list 为 List 接口类型
      list = new LinkedList();          // 实例化 LinkedList 对象

      // 向集合中添加元素
      list.add("1");
      list.add("2");
      list.add("3");
      list.add("4");
```

```
        list.add("5");

        // 遍历集合
        for (Object item : list) {
①           Integer element = (Integer) item; // 发生 ClassCastException 异常
            System.out.println("读取集合元素: " + element);
        }
    }
}
```

上述代码运行时发生异常，运行结果如下：

```
    Exception in thread "main" java.lang.ClassCastException: class java.lang.String cannot be
cast to class java.lang.Integer (java.lang.String and java.lang.Integer are in module java.base
of loader 'bootstrap') at demo9_2_3.MainWithoutGenerics.main(MainWithoutGenerics.java:21)
```

上述代码实现的功能很简单，就是将一些数据保存到集合中，然后再取出。但对于使用 Java 5 之前版本的程序员而言，使用集合时经常会面临一个很尴尬的问题：放入一种特定类型，但是取出时全部是 Object 类型，于是在具体使用时需要将元素转换为特定类型。

在代码第①处需要进行强制类型转换。强制类型转换是有风险的，如果不进行判断就进行类型转换，则会发生 ClassCastException 异常。

在 Java 5 之前没有好的解决办法，在类型转换之前要通过 instanceof 运算符判断该对象是否是目标类型。而泛型的引入可以将这些运行时异常提前到编译期暴露出来，这增强了类型安全检查。

修改程序代码如下：

```
package demo9_2_3;

import java.util.LinkedList;
import java.util.List;

public class NonGenericDemo {

  public static void main(String args[]) {
      List list;           // 声明变量 list 为 List 接口类型
      list = new LinkedList();         // 实例化 LinkedList 对象

      // 向集合中添加元素
      list.add("1");
      list.add("2");
      list.add("3");
      list.add("4");
      list.add("5");

      // 遍历集合
```

```
        for (Object item : list) {
            if (item instanceof Integer) {  // 测试 item 的类型是否为 Integer
                Integer element = (Integer) item;
                System.out.println("读取集合元素: " + element);
            }
        }
    }
}
```

Java 5 之后所有的集合类型都可以有泛型类型，可以限定存放到集合中的类型，修改程序代码如下：

```
package demo9_2_3;

import java.util.LinkedList;
import java.util.List;

public class GenericDemo {

    public static void main(String args[]) {
①       List<String> list;                    // 声明变量 list 为 List 接口类型
②       list = new LinkedList<String>();   // 实例化 ArrayList 对象

        // 向集合中添加元素
        list.add("1");
        list.add("2");
        list.add("3");
        list.add("4");
        list.add("5");
③       list.add(6); // 无法添加非字符串类型,发生编译错误

        // 遍历集合
        for (String item : list) {
④           Integer element = (Integer) item; // 发生编译错误
            System.out.println("读取集合元素: " + item);
        }
    }
}
```

上述代码第①处声明数据类型时在 List 后面添加了<String>。

代码第②处在实例化时需要使用 LinkedList<String>形式，从 Java 9 之后可以省略 ArrayList 的尖括号中的数据类型，即采用 LinkedList<>的形式。

List 和 ArrayList 就是泛型表示方式，尖括号中可以是任何的引用类型，它限定了集合中是否

能存放该种类型的对象，所以代码第③处试图添加非 String 类型元素时，会发生编译错误。

如果在代码第④处试图转换为 Integer，则会发生编译错误。可见原本在运行时发生的异常，提早暴露到编译期，使程序员能及早发现问题，避免程序发布上线之后发生系统崩溃的情况。

9.2.4 遍历 List 集合

集合最常用的操作之一是遍历，遍历就是将集合中的每一个元素取出来进行操作或计算。有三种方法遍历 List 集合：

1）使用 C 语言风格 for 循环（传统 for 循环）遍历。List 集合可以使用 for 循环进行遍历，for 循环中有循环变量，通过循环变量可以访问 List 集合中的元素。

2）使用 Java 风格 for 循环（增强 for 循环）遍历。增强 for 循环是针对遍历各种类型的集合而推出的，推荐使用这种遍历方法。

3）使用 forEach( )方法遍历。

示例代码如下：

```
package demo9_2_4;

import java.util.ArrayList;
import java.util.List;

public class Main {

  public static void main(String args[]) {
      List<String> list;          // 声明变量 list 为 List 接口类型
      list = new ArrayList<>();  // 实例化 ArrayList 对象

      // 向集合中添加元素
      list.add("1");
      list.add("2");
      list.add("3");
      list.add("4");
      list.add("5");

      // 1.使用 C 语言风格 for 循环遍历
      System.out.println("--1.使用 C 语言风格 for 循环遍历--");
      for (int i = 0; i < list.size(); i++) {
          System.out.printf("读取集合元素(%d): %s \n", i, list.get(i));
      }

      // 2.使用 Java 风格 for 循环遍历
      System.out.println("--2.使用 Java 风格 for 循环遍历--");
      for (String item : list) {
          System.out.println("读取集合元素: " + item);
```

```
        }
        // 3.使用 forEach 方法循环遍历
        System.out.println("--3.使用 forEach 方法循环遍历--");
①       list.forEach(item -> {
            System.out.println("读取集合元素: " + item);
        });
    }
}
```

程序的运行结果如下：

```
--1.使用 C 语言风格 for 循环遍历--
读取集合元素(0): 1
读取集合元素(1): 2
读取集合元素(2): 3
读取集合元素(3): 4
读取集合元素(4): 5
--2.使用 Java 风格 for 循环遍历--
读取集合元素: 1
读取集合元素: 2
读取集合元素: 3
读取集合元素: 4
读取集合元素: 5
--3.使用 forEach 方法循环遍历--
读取集合元素: 1
读取集合元素: 2
读取集合元素: 3
读取集合元素: 4
读取集合元素: 5
```

其他两个遍历方法比较简单，不再赘述，这里重点介绍 forEach( ) 方法，见代码第①处，其中 forEach( ) 方法用来遍历集合并对每个元素执行特定操作，其中 item 参数就是从 List 集合中取出的每一个元素。

9.2.5 训练营 1：掌握 List 集合

在本训练营中，我们将着重学习 Java 中的 List 集合，它是一种常用的有序集合，可以用来存储一组有序的元素，并允许元素的重复。List 集合继承自 Collection 接口，提供了一系列操作集合的方法，如添加元素、删除元素、获取元素、查找元素等。

在这个训练营中，我们将学习以下内容。

1）List 集合的基本概念：了解 List 集合的特点、用途和常见实现类，如 ArrayList 和 LinkedList。

2）遍历 List 集合：学习使用不同的遍历方式来访问 List 集合中的元素，包括使用传统的 for 循环和增强 for 循环。

3）使用 List 集合存储自定义对象：掌握如何将自定义的对象存储到 List 集合中，并学习如何通过遍历集合来访问和处理存储的对象。

4）List 集合的常用操作：学习向 List 集合中添加元素、删除元素、获取元素等常见操作，并了解如何判断集合是否为空、获取集合的大小等。

通过学习和练习，我们将能够熟练地使用 List 集合，并能够灵活地处理和操作集合中的数据。掌握 List 集合对于开发 Java 应用程序是非常重要的，它能够帮助我们更高效地处理数据，并实现更复杂的功能。

参考代码如下：

```
package demo9_2_5;

import java.util.ArrayList;
import java.util.List;

class Student {
  private int id;
  private String name;

  public Student(int id, String name) {
      this.id = id;
      this.name = name;
  }

  public int getId() {
      return id;
  }

  public String getName() {
      return name;
  }

  public void setName(String s) {
      this.name = s;
  }
}

public class Main {
  public static void main(String[] args) {
      // 创建一个 List 集合用于存储学生对象
      List<Student> students = new ArrayList<>();
```

```
        // 将学生对象添加到 List 集合中
        students.add(new Student(101, "Alice"));
        students.add(new Student(102, "Bob"));
        students.add(new Student(103, "Charlie"));
        // 遍历 List 集合并打印学生信息
        System.out.println("学生信息：");
        for (Student student : students) {
            System.out.println("学号：" + student.getId() + ",姓名：" + student.getName());
        }
        // 删除学生对象
        Student removedStudent = students.remove(1);
        System.out.println("\n 删除了学号为 " + removedStudent.getId() + " 的学生。");
        // 修改学生姓名
        Student studentToUpdate = students.get(0);
        studentToUpdate.setName("Alice Smith");
        System.out.println("\n 修改了学号为 " + studentToUpdate.getId() + " 的学生姓名为 " + stu-
dentToUpdate.getName() + "。");
        // 遍历 List 集合并打印更新后的学生信息
        System.out.println("\n 更新后的学生信息：");
        for (Student student : students) {
            System.out.println("学号：" + student.getId() + ",姓名：" + student.getName());
        }
    }
}
```

程序的运行结果如下：

```
学生信息：
学号：101,姓名：Alice
学号：102,姓名：Bob
学号：103,姓名：Charlie

删除了学号为 102 的学生。

修改了学号为 101 的学生姓名为 Alice Smith。

更新后的学生信息：
学号：101,姓名：Alice Smith
学号：103,姓名：Charlie
```

上述代码中，首先创建了一个 Student 类来表示学生对象，然后使用 ArrayList 来实现 List 集合。我们向 List 集合中添加了三个学生对象，并使用增强 for 循环遍历集合，输出每个学生的学号和姓名。接着，我们从集合中删除了一个学生对象，并修改了另一个学生的姓名，最后再次遍历集合，输出更新后的学生信息。

通过这个例子，我们可以了解如何使用 List 集合来存储和操作一组对象，以及如何通过遍历集合来访问集合中的元素。这样的操作能够帮助我们更好地管理和处理大量的数据。

9.3 Set 集合

Set 集合是由一串无序的、不能重复的相同类型元素构成的集合。图 9-3 所示是一个球队的 Set 集合。这个 Set 集合中又包含了若干球员，这些球员不能重复。

图 9-3 Set 集合

List 集合中的元素是有序的、可重复的，而 Set 集合中的元素是无序的、不能重复的。List 集合强调的是有序，Set 集合强调的是不重复。当不考虑顺序且没有重复元素时，Set 集合和 List 集合是可以互相替换的。

从图 9-1 可见，Java 中描述 Set 集合的接口是 Set，它的直接实现类主要是 HashSet 和 TreeSet，其中 HashSet 是基于散列表数据结构的实现。

9.3.1 Set 接口的常用方法

Set 接口也继承自 Collection 接口，Set 接口中大部分都继承自 Collection 接口，这些方法如下。

1. 操作元素

- add(Object element)：在 Set 集合的尾部添加指定的元素。该方法是从 Collection 接口继承过来的。
- remove(Object element)：如果 Set 集合中存在指定元素，则从 Set 集合中移除该元素。该方法是从 Collection 集合继承过来的。

- clear()：从 Set 集合中移除所有元素。该方法是从 Collection 集合继承过来的。

2. 判断元素

- isEmpty()：判断 Set 集合中是否有元素，如果没有，返回 true，如果有，返回 false。该方法是从 Collection 接口继承过来的。
- contains(Object element)：判断 Set 集合中是否包含指定元素，如果包含，返回 true，如果不包含，返回 false。该方法是从 Collection 接口继承过来的。

3. 遍历集合

forEach()：遍历集合。

4. 其他

size()：返回 Set 集合中的元素数，返回值是 int 类型的。该方法是从 Collection 接口继承过来的。

示例代码如下：

```
package demo9_3_1;

import java.util.HashSet;
import java.util.Set;

public class Main {

  public static void main(String args[]) {
      Set<Integer> players = new HashSet<>(); // 声明 Set 用于存储球员编号

      // 向集合中添加球员编号
      players.add(10);
      players.add(11);
      players.add(12);
      players.add(13);
①     players.add(13);

      // 打印球员编号
      System.out.println("--球员编号--");
      for (Integer player : players) {
          System.out.println("球员编号:" + player);
      }
  }
}
```

上述代码创建了 Set 集合对象，然后试图添加元素到 Set 集合中，需要注意的是，当代码第①处试图插入重复元素时，是不能插入的，因此虽然多次添加数据，但是只保留一个。

程序的运行结果如下：

```
--球员编号--
球员编号:10
球员编号:11
球员编号:12
球员编号:13
```

9.3.2 遍历 Set 集合

遍历 Set 集合有如下两种方法：

1）使用 Java 风格 for 循环（增强 for 循环）遍历。增强 for 循环是针对遍历各种类型的集合而推出的，推荐使用这种遍历方法。

2）使用 forEach( ) 方法遍历。

示例代码如下：

```
package demo9_3_2;

import java.util.HashSet;
import java.util.Set;

public class Main {
  public static void main(String[] args) {
      // 创建一个 Set 集合并添加球员编号
      Set<Integer> players = new HashSet<>();
      players.add(10);
      players.add(11);
      players.add(12);
      players.add(13);

      // 使用增强 for 循环遍历 Set 集合
      System.out.println("--使用 Java 风格的增强 for 循环遍历--");
      for (Integer player : players) {
          System.out.println("球员编号:" + player);
      }

      // 使用 forEach() 方法遍历 Set 集合
      System.out.println("--使用 forEach() 方法遍历--");
      players.forEach(player -> {
          System.out.println("球员编号:" + player);
      });
  }
}
```

程序的运行结果如下：

```
--使用 Java 风格的增强 for 循环遍历--
球员编号:10
球员编号:11
球员编号:12
球员编号:13
--使用 forEach() 方法遍历--
球员编号:10
球员编号:11
球员编号:12
球员编号:13
```

9.3.3 训练营 2：掌握 Set 集合

在本训练营中，我们将学习如何使用 Set 集合来存储一组唯一的元素。Set 集合是 Java 集合框架中的一种实现，它不允许包含重复的元素，每个元素在 Set 集合中都是唯一的。

Set 集合的特点如下。

- 不允许重复元素：Set 集合中不会包含相同的元素，保证了每个元素的唯一性。
- 无序：Set 集合不保证元素的顺序，元素存储的顺序可能与添加的顺序不同。
- 高效查找：Set 集合内部使用了哈希表等数据结构，使得查找元素的速度非常快。

常见的 Set 集合实现类如下。

- HashSet：基于哈希表实现，是最常用的 Set 集合。
- TreeSet：基于 TreeMap 实现，可以对元素进行排序。
- LinkedHashSet：基于哈希表和链表实现，保留元素的插入顺序。

在本训练营中，我们将学习如何使用这些 Set 集合，并掌握它们的常用方法，包括添加元素和遍历集合等操作。

通过本训练营的学习，我们将掌握 Set 集合的使用技巧，为以后在实际项目中处理一组唯一元素的场景提供更多选择和灵活性。

参考代码如下：

```java
package demo9_3_3;

import java.util.HashSet;

class Student {
  private int id;
  private String name;

  public Student(int id, String name) {
```

```
        this.id = id;
        this.name = name;
    }

    public int getId() {
        return id;
    }

    public String getName() {
        return name;
    }

    public void setName(String s) {
        this.name = s;
    }
}

public class Main {
    public static void main(String[] args) {
        HashSet<Student> studentSet = new HashSet<>();

        studentSet.add(new Student(101, "John"));
        studentSet.add(new Student(103, "Amy"));
        studentSet.add(new Student(102, "Mike"));

        for (Student student : studentSet) {
            System.out.println("学生 ID:" + student.getId() + ",姓名:" + student.getName());
        }
    }
}
```

程序的运行结果如下：

```
学生 ID:101,姓名:John
学生 ID:102,姓名:Mike
学生 ID:103,姓名:Amy
```

9.4 Map 集合

Map（映射）集合表示一种非常复杂的集合，允许按照某个键来访问元素。Map 集合是由两个集合构成的：一个是键（key）集合，一个是值（value）集合。键集合是 Set 类型，因此不能有重复的元素。而值集合是 Collection 类型，可以有重复的元素。Map 集合中的键和值是成对出现的。

图 9-4 所示是一个球队的 Map 集合。键是队员编号，不能重复。值是球员人名，可以重复。

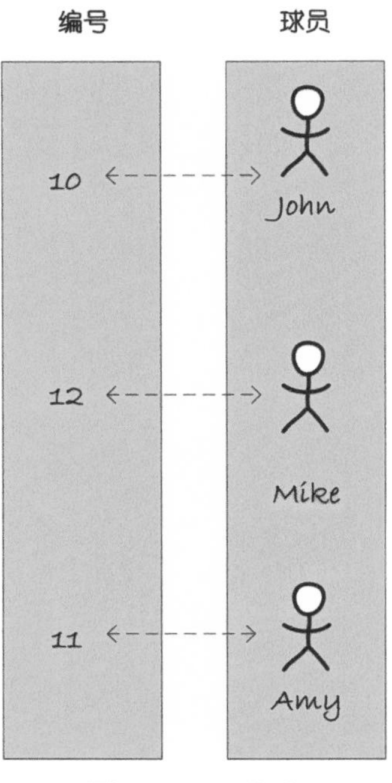

图 9-4　Map 集合

从图 9-1 可见，Java 中描述 Map 集合的接口是 Map，它的直接实现类主要是 HashMap 和 TreeMap 等，HashMap 是基于散列表数据结构的实现。

9.4.1 Map 接口的常用方法

Map 集合中包含两个集合（键和值），所以操作起来比较麻烦。Map 接口提供了很多方法来管理和操作集合。其主要的方法如下。

1. 操作元素

- get(Object key)：返回指定键所对应的值；如果 Map 集合中不包含该键值对，则返回 null。
- put(Object key,Object value)：将指定键值对添加到集合中。
- remove(Object key)：移除键值对。
- clear()：移除 Map 集合中的所有键值对。

2. 判断元素

- isEmpty()：判断 Map 集合中是否有键值对，如果没有，返回 true，如果有，返回 false。

- containsKey(Object key)：判断键集合中是否包含指定元素，如果包含，返回 true，如果不包含，返回 false。
- containsValue(Object value)：判断值集合中是否包含指定元素，如果包含，返回 true，如果不包含，返回 false。

3. 查看集合

- keySet( )：返回 Map 中的所有键集合，返回值是 Set 类型。
- values( )：返回 Map 中的所有值集合，返回值是 Collection 类型。
- size( )：返回 Map 集合中键值的对数。

4. 遍历集合

forEach( )：遍历集合。

示例代码如下：

```
package demo9_4_1;

import java.util.HashMap;
import java.util.Map;

public class Main {
  public static void main(String[] args) {
      // 创建一个 Map 集合存储球员编号和姓名
①     Map<Integer, String> players = new HashMap<>();
      players.put(10, "John");
      players.put(12, "Mike");
②     players.put(11, "Amy");
③     players.put(11, "Tom");
④     System.out.println("11 编号球员:" + players.get(11));
⑤     System.out.println(players);
  }
}
```

程序的运行结果如下：

```
11 编号球员:Tom
{10=John, 11=Tom, 12=Mike}
```

代码解释如下：

代码第①处创建一个名为 players 的 Map 集合对象，使用 HashMap 类实现。Map<Integer, String> 表示这个集合的键是整数类型（球员编号），而值是字符串类型（球员姓名）。

代码第②处使用 players.put(key, value) 方法向集合中添加键值对。在这里添加了三个键值对：(10, "John")、(12, "Mike")和 (11, "Amy")。这些键值对表示球员的编号和对应的姓名。

代码第③处添加了一个新的键值对，键是 11，值是"Tom"。由于之前已经有键为 11 的键值对存在，因此这个操作会更新键为 11 的值为"Tom"，覆盖原有的值"Amy"。

代码第④处使用 players.get(11)方法根据键 11 获取对应的值，即球员编号为 11 的球员姓名。由于之前的操作已经将键 11 的值更新为"Tom"，因此输出结果为"Tom"。

代码第⑤处输出整个 players 集合的内容。输出结果为{10=John, 11=Tom, 12=Mike}。请注意，HashMap 并不保证元素的顺序，因此输出的顺序可能与添加的顺序不一致。如果需要保持元素的插入顺序，可以使用 LinkedHashMap。

9.4.2 遍历集合

Map 集合遍历与 List 和 Set 集合不同，Map 有两个集合，因此遍历时可以只遍历值的集合，也可以只遍历键的集合，还可以同时遍历键值对。这些遍历过程都可以使用 Java 风格 for 循环实现。

示例代码如下：

```
package demo9_4_2;

import java.util.HashMap;
import java.util.Map;

public class Main {
  public static void main(String[] args) {
      Map<Integer, String> players = new HashMap<>();
      players.put(10, "John");
      players.put(12, "Mike");
      players.put(11, "Amy");

      // 遍历键的集合
      System.out.println("遍历键的集合:");
①     for (Integer key : players.keySet()) {
          System.out.println("球员编号:" + key + ",球员姓名:" + players.get(key));
      }

      // 遍历值的集合
      System.out.println("\n 遍历值的集合:");
②     for (String value : players.values()) {
          System.out.println("球员姓名:" + value);
      }

      // 同时遍历键值对
      System.out.println("\n 同时遍历键值对:");
③     for (Map.Entry<Integer, String> entry : players.entrySet()) {
```

```
            System.out.println("球员编号:" + entry.getKey() + ",球员姓名:" + entry.getValue());
        }
    }
}
```

程序的运行结果如下：

```
遍历键的集合:
球员编号:10,球员姓名:John
球员编号:11,球员姓名:Amy
球员编号:12,球员姓名:Mike
遍历值的集合:
球员姓名:John
球员姓名:Amy
球员姓名:Mike
同时遍历键值对:
球员编号:10,球员姓名:John
球员编号:11,球员姓名:Amy
球员编号:12,球员姓名:Mike
```

代码解释如下：

代码第①处使用 players.keySet( ) 方法获取键的集合，然后使用增强 for 循环遍历键的集合。在循环中，变量 key 依次表示集合中的每个键，通过 players.get(key) 方法获取对应的值，即球员姓名。

代码第②处使用 players.values( ) 方法获取值的集合，然后使用增强 for 循环遍历值的集合。在循环中，变量 value 依次表示集合中的每个值，即球员姓名。

代码第③处使用 players.entrySet( ) 方法获取键值对的集合（Entry Set），然后使用增强 for 循环遍历键值对的集合。在循环中，变量 entry 依次表示集合中的每个键值对。通过 entry.getKey( ) 方法获取键（即球员编号），通过 entry.getValue( ) 方法获取值（即球员姓名）。

这样，通过不同的遍历方式，可以方便地获取 Map 集合中的键、值或键值对，并进行相应的操作。

9.4.3 训练营 3：掌握 Map 集合

在本训练营中，我们将掌握 Map 集合的常用方法和遍历方式。Map 集合是一种用于存储键值对的数据结构，它允许我们使用键来快速查找对应的值。Map 集合在 Java 中有多种实现，常见的有 HashMap、TreeMap 和 LinkedHashMap 等。

我们将学习 Map 集合的以下常用方法。

- put(K key,V value)：向 Map 中添加键值对。
- get(Object key)：根据键获取对应的值。
- containsKey(Object key)：判断 Map 中是否包含指定的键。
- containsValue(Object value)：判断 Map 中是否包含指定的值。
- remove(Object key)：根据键删除对应的键值对。
- size()：获取 Map 中键值对的数量。

同时，我们还会学习如何遍历 Map 集合，常用的遍历方式如下。

- 遍历键的集合：使用 keySet()方法获取所有的键，然后使用增强 for 循环遍历键，再根据键获取对应的值。
- 遍历值的集合：使用 values()方法获取所有的值，然后使用增强 for 循环遍历值。
- 同时遍历键值对：使用 entrySet()方法获取所有的键值对，然后使用增强 for 循环遍历键值对，分别获取键和值。

通过掌握这些方法和遍历方式，我们可以灵活地使用 Map 集合来存储和操作键值对数据，实现更复杂的功能和逻辑。

参考代码如下：

```
package demo9_4_3;

import java.util.HashMap;
import java.util.Map;

public class Main {
  public static void main(String[] args) {
      // 创建一个 Map 集合,用于存储学生姓名和对应的成绩
      Map<String, Integer> scores = new HashMap<>();

      // 向集合中添加学生信息
      scores.put("Alice", 85);
      scores.put("Bob", 90);
      scores.put("Charlie", 78);
      scores.put("David", 95);

      // 根据学生姓名查找对应的成绩
      String studentName = "Bob";
      if (scores.containsKey(studentName)) {
          int score = scores.get(studentName);
          System.out.println(studentName + "的成绩是:" + score);
      } else {
          System.out.println("找不到学生:" + studentName);
      }

      // 遍历集合,输出所有学生的成绩
```

```
        System.out.println("\n所有学生的成绩:");
        for (String name : scores.keySet()) {
            int score = scores.get(name);
            System.out.println(name + "的成绩是:" + score);
        }
    }
}
```

程序的运行结果如下：

```
Bob 的成绩是:90

所有学生的成绩:
Bob 的成绩是:90
Alice 的成绩是:85
Charlie 的成绩是:78
David 的成绩是:95
```

9.5 总结与扩展

本章总结

本章介绍了 Java 中的集合框架，包括 List 集合、Set 集合以及 Map 集合。集合是 Java 中用于存储和操作多个对象的重要工具，能够更方便、高效地管理数据。

在本章中，我们首先概述了集合的基本概念和作用。接着，详细讲解了 List 集合，它允许存储重复元素，并且按照元素的插入顺序来维护元素。我们了解了 List 接口的常用实现类，如 ArrayList 和 LinkedList，并学习了它们的常用方法和遍历方式。同时，我们引入了泛型的概念，使得 List 集合能够更加类型安全地存储数据。

接下来，我们学习了 Set 集合，它不允许存储重复元素，并且没有固定的元素顺序。我们了解了 Set 接口的常用方法，并掌握了遍历 Set 集合的方式。

最后，我们深入研究了 Map 集合，它用于存储键值对，可以通过键来快速查找对应的值。我们学习了 Map 接口的常用方法，以及如何遍历 Map 集合中的键值对。

扩展学习

1）更多集合框架中的接口和实现类，如 Queue、Deque 等。

2）学习集合框架中的工具类，如 Collections 类，它提供了许多有用的方法来操作集合。

3）深入研究集合框架的底层实现原理，了解不同集合类之间的差异和适用场景。

4）探索 Java 8 及以上版本中新增的集合框架改进和增强，例如 Stream API 等。

9.6 同步练习

【练习 9-1】在一个公司中有多个部门，每个部门有多名员工。使用 Set 集合存储部门对象，每个部门对象包含部门名称和员工集合属性。实现以下功能：

- 添加部门信息到 Set 集合中。
- 给指定部门添加员工。
- 查询指定部门的所有员工。
- 删除指定部门的信息以及对应的所有员工信息。

【练习 9-2】在一个图书馆中，需要管理图书的借阅情况。使用 Map 集合存储图书信息，每本图书对应一个唯一的书号，每个书号与借阅者姓名对应。实现以下功能：

- 添加图书信息到 Map 集合中。
- 根据书号查询对应的借阅者姓名。
- 借阅图书时，将书号与借阅者姓名添加到 Map 集合中。
- 归还图书时，根据书号删除对应的借阅者信息。

第 10 章 哎呀，疼疼疼！——异常处理

老师，我在学习编程时，发现有些程序很不健壮，一旦出现一点小问题就直接崩溃了。怎样才能提高程序的健壮性呢？

你提出了一个很好的问题。要使程序健壮，就需要使用异常处理机制。

什么是异常处理机制呢？它如何提高程序健壮性的？

异常处理可以让程序在执行过程中遇到错误时不会完全停止，而是可以捕获这些错误并进行处理，让程序继续运行。

原来如此，异常处理机制可以让程序捕获错误并修复，而不是直接崩溃。这确实能大大提高健壮性。它是如何工作的呢？

异常处理主要通过 try、catch、finally 这几个代码块来实现的……

10.1 异常类继承层次

在 Java 中，异常类存在一个继承层次，如图 10-1 所示。

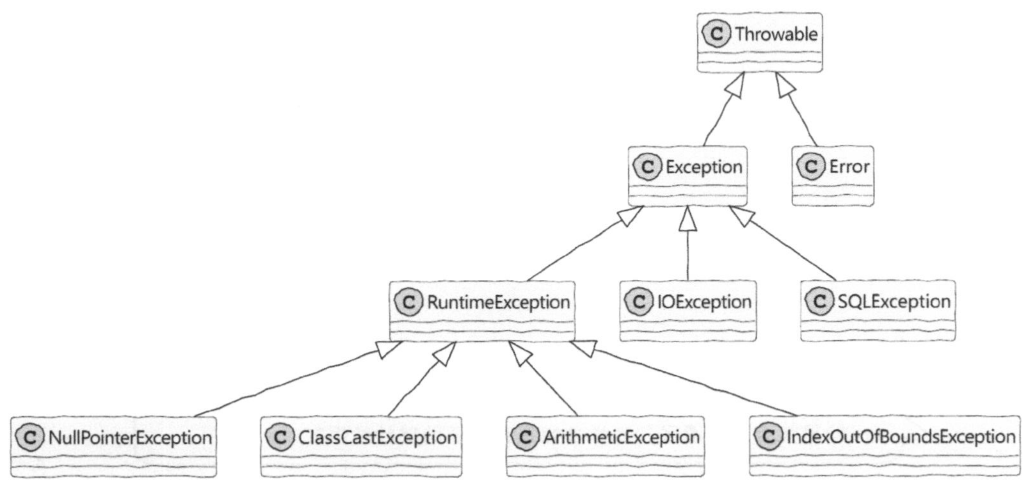

图 10-1　异常类继承层次

对图 10-1 所示的异常类继承层次说明如下：

- Throwable 是所有的异常类的根基类，它有两个主要子类 Exception 和 Error。

- Exception 表示可以被程序处理的异常，Error 表示系统错误。
- Exception 的子类分为 RuntimeException 和其他 Exception。
- RuntimeException 是可以不强制捕获的异常，其他 Exception 需要强制捕获处理。
- NullPointerException、ClassCastException、ArithmeticException、IndexOutOfBoundsException 都是 RuntimeException 的子类。
- IOException 和 SQLException 都是 Exception 的子类，需要捕获处理。
- 继承关系从上至下，子类会继承父类的方法和属性。

在 Throwable 类中有几个非常重要的方法。

- String getMessage()：获得发生异常的详细消息。
- void printStackTrace()：打印异常堆栈跟踪信息。
- String toString()：获得异常对象的描述。

10.2 捕获异常

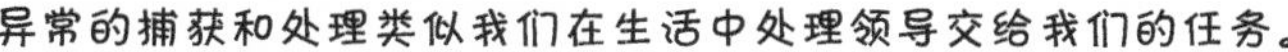

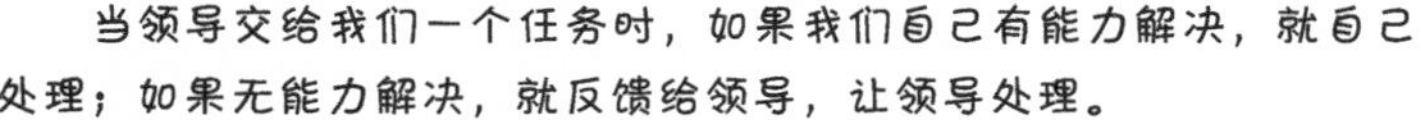

通过和生活任务的类比，我对异常的捕获和处理流程有了更直观的理解。打个比方真的能帮助理解编程概念！

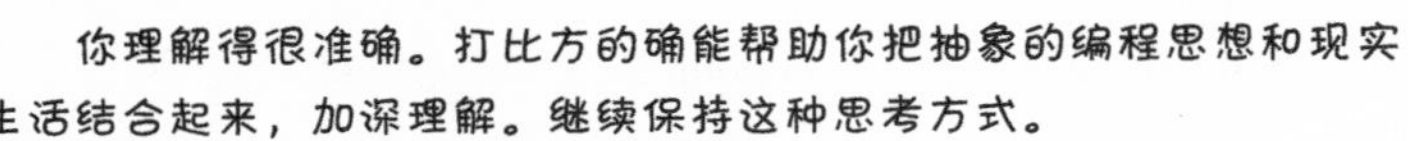

10.2.1 try-catch 语句

捕获异常是通过 try-catch 语句实现的，最基本的 try-catch 语句语法如下：

```
try{
    //可能会发生异常的语句
}catch(Throwable e){
    //处理异常 e
}
```

1. try 代码块

try 代码块中应该包含执行过程中可能会发生异常的语句。一条语句是否有可能发生异常，要看语句中调用的方法。例如，日期格式化类 DateFormat 的日期解析方法 parse( )，其完整定义如下：

```
public Date parse(String source) throws ParseException
```

方法后面的 throws ParseException 说明：当调用 parse( )方法时有可能产生 ParseException 异常。

类方法、实例方法和构造方法都可以声明抛出异常，凡是抛出异常的方法都可以通过 try-catch 进行捕获，当然，运行时异常可以不捕获。一个方法声明抛出什么样的异常需要查询 API 文档。

2. catch 代码块

每个 try 代码块可以伴随一个或多个 catch 代码块，用于处理 try 代码块中可能发生的多种异常。catch(Throwable e) 语句中的 e 是异常对象，e 必须是 Throwable 的子类，异常对象 e 的作用域在该 catch 代码块中。

下面看一个 try-catch 示例：

```
package demo10_2_1;

import java.util.Scanner;
```

```
public class ExceptionExample {
  public static void main(String[] args) {
①      Scanner scanner = new Scanner(System.in);

        System.out.print("请输入一个整数:");
②      String input = scanner.nextLine();

③      try {
④          int number = Integer.parseInt(input);
            System.out.println("输入的整数是:" + number);
⑤      } catch (NumberFormatException e) {
            System.out.println("输入的不是有效的整数。");
        }
        //关闭 Scanner
⑥      scanner.close();
  }
}
```

在上面的示例中，使用 Scanner 获取用户输入的字符串，并尝试将其转换为整数。如果用户输入的字符串无法转换为整数，就会抛出 NumberFormatException 异常。

在 try 代码块中，尝试将字符串转换为整数，并打印输入的整数。如果用户输入的字符串无法转换为整数，则会跳转到 catch 代码块，捕获并处理 NumberFormatException 异常，并提示用户输入的不是有效的整数。

在 catch 代码块中处理了异常，并打印相应的错误信息。

无论是否发生异常，最后都会关闭 Scanner 资源，以确保程序在结束时正确释放资源。

如果在程序运行过程中输入的是非整数，则引发异常并打印“输入的不是有效的整数。”，如图 10-2 所示；如果输入的是有效的整数，则正常执行并打印“输入的整数是：×××”，如图 10-3 所示。

图 10-2 引发异常

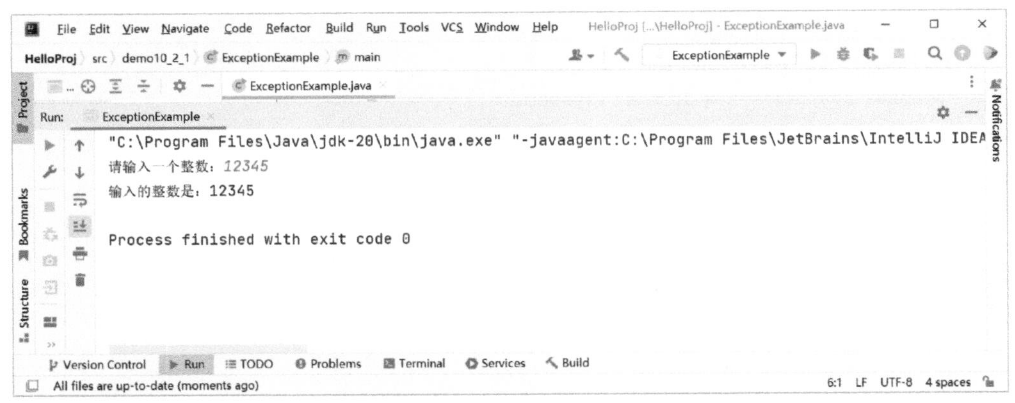

图 10-3　正常执行

代码解释如下：

代码第①处创建了一个名为 scanner 的 Scanner 对象，用于从标准输入流（键盘）读取用户输入。将这个对象与 System.in 关联，以便从控制台接收输入。

代码第②处的 String input = scanner.nextLine()方法从用户输入中读取一行文本，并将其存储在名为 input 的字符串变量中。用户在控制台输入的内容会被保存在 input 变量中。

代码第③处开始一个 try 代码块，用于包含可能会引发异常的代码。在这个例子中，尝试将用户输入的字符串转换为整数。

代码第④处用 Integer.parseInt()方法将 input 字符串转换为整数。如果 input 字符串无法转换为整数，就会抛出 NumberFormatException 异常。

代码第⑤处使用 catch 块捕获 NumberFormatException 异常，这是在 try 代码块中发生转换错误时会抛出的异常。

代码第⑥处的 scanner.close()方法关闭 Scanner 对象。通过关闭 Scanner 对象，释放底层资源，即标准输入流（键盘），以确保在程序结束时正确释放资源。

10.2.2 使用多 catch 代码块

如果 try 代码块中有很多语句会发生异常，而且发生的异常种类又很多，那么可以在 try 后面跟多个 catch 代码块。多 catch 代码块的语法如下：

```
try{
    //可能会发生异常的语句
}catch(Throwable e1){
    //处理异常 e1
}catch(Throwable e2){
```

```
    //处理异常 e2
}catch(Throwable e3){
    //处理异常 e3
    ...
}
```

在有多个 catch 代码块的情况下，当一个 catch 代码块捕获到一个异常时，其他的 catch 代码块就不再进行匹配。当捕获的多个异常类之间存在父子关系时，捕获异常顺序与 catch 代码块的顺序有关。一般先捕获子类，后捕获父类，否则捕获不到子类。

示例代码如下：

```
package demo10_2_2;

import java.util.Scanner;

class ExceptionExample {
  public static void main(String[] args) {
      Scanner scanner = new Scanner(System.in);

      try {
          System.out.print("请输入一个整数:");
          String input = scanner.nextLine();
          int number = Integer.parseInt(input);
          System.out.println("输入的整数是:" + number);

          int dividend = 100;
          int result = dividend / number; // 尝试除以零的算术运算,引发 ArithmeticException 异常
          System.out.println("结果:" + result);
      } catch (NumberFormatException e) {
          System.out.println("输入的不是有效的整数。");
      } catch (ArithmeticException e) {
          System.out.println("发生了算术异常:" + e.getMessage());
      } catch (Exception e) {
          System.out.println("发生了其他异常。");
      }
      scanner.close();
  }
}
```

上述程序代码使用 Scanner 对象获取用户输入的整数，它尝试将输入解析为整数，使用 Integer.parseInt(input)。如果输入不是有效的整数，这一行可能会抛出 NumberFormatException 异常。

如果解析成功，程序将继续执行算术运算，即将 100 除以输入的数。如果输入的数是零（尝

试除以零），这一行可能会抛出 ArithmeticException 异常。

程序使用多个 catch 代码块来处理不同类型的异常：

1）如果在解析过程中发生 NumberFormatException 异常，程序会捕获它并打印“输入的不是有效的整数。”。

2）如果在算术运算中发生 ArithmeticException 异常（如除 0 异常），程序会捕获它并打印“发生了算术异常：”，后面跟着异常的信息。

3）如果发生其他任何异常，而这些异常没有被上面的特定 catch 代码块捕获，它们会被通用的 Exception 块所捕获，程序会打印“发生了其他异常。”。

如果程序运行过程中输入的是 0，则引发除 0 异常，如图 10-4 所示，其他的异常情况不再测试。

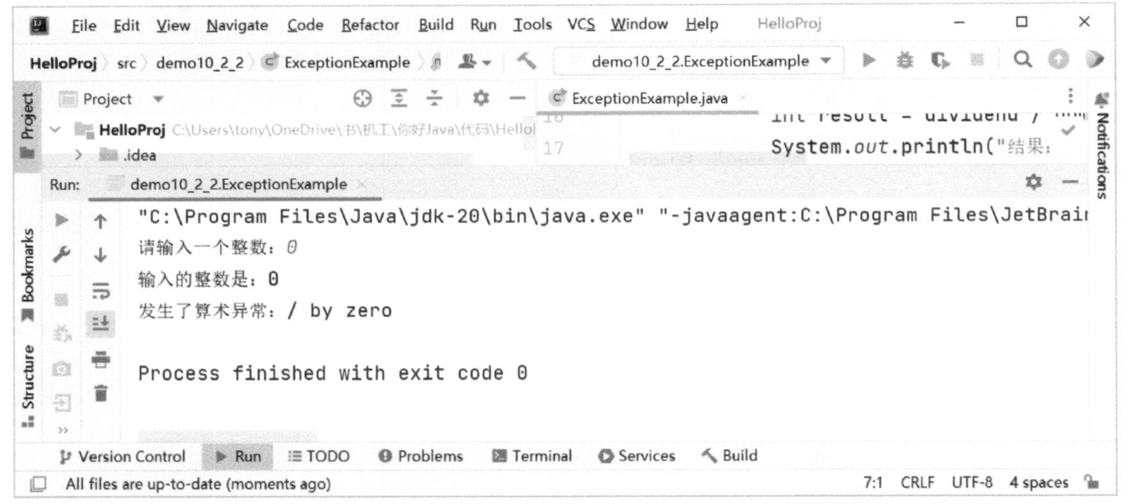

图 10-4 引发除 0 异常

10.2.3 训练营 1：熟悉异常捕获

在本训练营中，我们将熟悉异常捕获的概念和用法。异常捕获是 Java 编程中处理错误和异常情况的重要机制，可以帮助我们优雅地处理潜在的问题，保证程序的稳定性。

在训练营中，我们将学习以下内容。

- 异常的基本概念：了解异常是什么，以及它们在程序中的作用。
- Java 中的异常类：了解 Java 中的异常类层次结构，并学习预定义异常类的常见使用情况。
- try-catch 代码块：学习如何使用 try-catch 代码块捕获异常，以及如何处理不同类型的异常。

- 使用多 catch 代码块：学习如何使用多个 catch 代码块来捕获不同类型的异常，以及异常处理的顺序问题。
- finally 代码块：了解 finally 代码块的作用，以及它在异常处理中的使用。
- 自定义异常：学习如何创建和使用自定义异常类，以便更好地处理特定的异常情况。

通过训练营的学习，我们将掌握异常捕获的基本知识，并能够编写更稳健和可靠的 Java 程序。异常处理是 Java 编程中必不可少的一部分，它帮助我们在面对各种情况时能够更好地控制程序的执行流程。

参考代码如下：

```
package demo10_2_3;

public class ExceptionExample {
  public static void main(String[] args) {
      try {
          int[] numbers = {1, 2, 3};
          int result = numbers[3]; // 尝试访问数组中不存在的索引,引发 ArrayIndexOutOfBoundsException 异常
          System.out.println("结果:" + result);
      } catch (ArrayIndexOutOfBoundsException e) {
          System.out.println("捕获到数组越界异常:" + e.getMessage());
      }
  }
}
```

上述程序的运行结果如下：

```
捕获到数组越界异常:Index 3 out of bounds for length 3
```

10.3 释放资源

老师，我发现有些代码在 try 代码块里打开了文件或网络连接，但没有显式关闭，会不会有问题啊？

你发现了很关键的问题！这些外部资源确实需要手动释放，不然会造成资源泄漏。

那怎么确保资源被释放呢？要在什么地方写关闭代码呢？

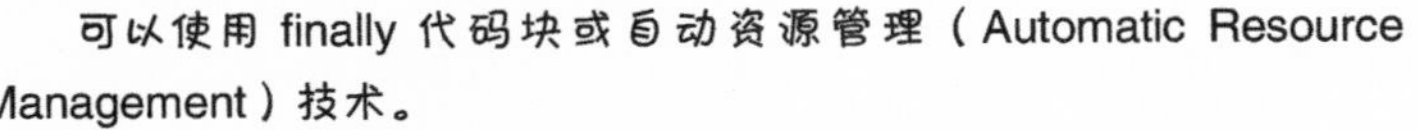

10.3.1 finally 代码块

try-catch 语句后面还可以跟有一个 finally 代码块，无论 try 代码块正常结束还是 catch 代码块异常结束都会执行 finally 代码块，如图 10-5 所示。

```
try{
   //可能会生成异常语句
} catch(Throwable e1){
   //处理异常e1
} catch(Throwable e2){
   //处理异常e2
   ...
} catch(Throwable eN){
   //处理异常eN
} finally{
   //释放资源
}
```

图 10-5 finally 代码块

使用 finally 代码块的示例代码如下：

```
package demo10_3_1;

import java.util.Scanner;

public class ExceptionExample {
  public static void main(String[ ] args) {
      Scanner scanner = null;
      try {
          scanner = new Scanner(System.in);

          System.out.print("请输入一个整数:");
```

```
            String input = scanner.nextLine();
            int number = Integer.parseInt(input);
            System.out.println("输入的整数是:" + number);

            int dividend = 100;
            int result = dividend / number; // 尝试除以零的算术运算,引发 ArithmeticException 异常
            System.out.println("结果:" + result);
        } catch (NumberFormatException e) {
            System.out.println("输入的不是有效的整数。");
        } catch (ArithmeticException e) {
            System.out.println("发生了算术异常:" + e.getMessage());
        } catch (Exception e) {
            System.out.println("发生了其他异常。");
        } finally {
            if (scanner != null) {
                // 确保无论发生什么情况,都关闭 Scanner 资源
                scanner.close();
                System.out.printf("资源已释放。");
            }
        }
    }
}
```

程序运行过程如图 10-6 所示，无论是否发生了异常，都保证执行了 finally 代码块。

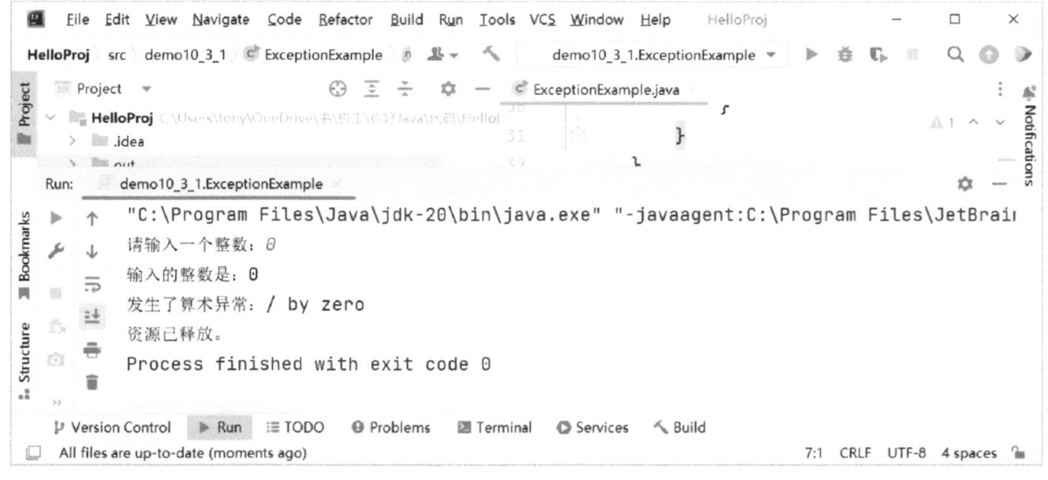

图 10-6　执行 finally 代码块

10.3.2 自动资源管理

使用 finally 代码块释放资源会导致程序代码大量增加，一个 finally 代码块往往比正常执行的程序还要多。在 Java 7 之后提供的自动资源管理技术可以替代 finally 代码块，优化代码结构，提高程序可读性。

自动资源管理是在 try 语句上的扩展，语法如下：

```
try (声明或初始化资源语句) {
    //可能会生成异常语句
}catch(Throwable e1){
    //处理异常 e1
}catch(Throwable e2){
    //处理异常 e2
    ...
}catch(Throwable eN){
    //处理异常 eN
}
```

在 try 语句后面添加一对小括号“( )”，其中是声明或初始化资源语句，可以有多条语句，语句之间用分号“;”分隔。

示例代码如下：

```
package demo10_3_2;

import java.util.Scanner;

public class ExceptionExample {
  public static void main(String[] args) {
      try (Scanner scanner = new Scanner(System.in)) {
          System.out.print("请输入一个整数:");
          String input = scanner.nextLine();
          int number = Integer.parseInt(input);
          System.out.println("输入的整数是:" + number);

          int dividend = 100;
          int result = dividend / number; // 尝试除以零的算术运算,引发 ArithmeticException 异常
          System.out.println("结果:" + result);
      } catch (NumberFormatException e) {
          System.out.println("输入的不是有效的整数。");
      } catch (ArithmeticException e) {
          System.out.println("发生了算术异常:" + e.getMessage());
```

```
        } catch (Exception e) {
            System.out.println("发生了其他异常。");
        }
    }
}
```

在这个改进后的代码中，我们使用了自动资源管理 Scanner 对象。Scanner 类实现了 AutoCloseable 接口，因此在 try 代码块运行结束时会自动调用 scanner.close( ) 方法来关闭资源。无论代码是否发生异常，Scanner 对象都会被正确释放。这样的写法使代码更简洁，同时确保了资源的可靠释放。

10.3.3 训练营 2：熟悉资源释放

在该训练营中，我们将熟悉资源释放的概念和技巧。资源释放是指在程序中正确地管理和释放系统资源，如文件、数据库连接、网络连接等。良好的资源释放实践可以确保程序高效运行，避免资源泄漏和不必要的开销。

在训练营中，我们将学习以下内容。

- 资源管理的重要性：了解资源管理的重要性，以及不正确释放资源可能导致的问题。
- finally 代码块：学习使用 finally 代码块来确保资源在任何情况下都会被释放，无论是否发生异常。
- 自动资源管理：在代码块结束后自动释放资源。
- 常见资源的释放：学习如何释放常见资源，包括文件、数据库连接、网络连接等。

通过训练营的学习，我们将掌握资源释放的技巧和最佳实践，以确保 Java 程序更加健壮、高效，并避免资源泄漏等问题。正确的资源管理对于长时间运行的应用程序尤其重要，这样可以避免耗尽系统资源，并提供更好的用户体验。

参考代码如下：

```
package demo10_3_3;

import java.io.BufferedReader;
import java.io.FileReader;
import java.io.IOException;

public class FileReaderExample {
  public static void main(String[ ] args) {
      // 定义文件路径
      String filePath = "data/build.txt";

      try (FileReader fileReader = new FileReader(filePath);
```

```
          BufferedReader bufferedReader = new BufferedReader(fileReader)) {

        String line;
        // 逐行读取文件内容并输出到控制台
        while ((line = bufferedReader.readLine()) != null) {
            System.out.println(line);
        }
    } catch (IOException e) {
        // 处理异常
        e.printStackTrace();
    }
  }
}
```

上述代码成功地从“data/build.txt”文件中读取文本，并打印到控制台，运行结果如下：

```
Hello World.
世界,您好!
```

10.4 throws与声明方法抛出异常

在Java中，方法可以声明可能会抛出的异常，或者使用throws关键字来指明方法可能会抛出哪些异常。这样做的目的是让调用者知道该方法可能会引发哪些异常，并强制调用者在调用该方法时对这些异常进行处理。

当一个方法使用throws声明了一个或多个异常时，调用该方法的代码必须采取以下两种方式之一。

- 使用try-catch语句处理异常：在调用方法的地方使用try-catch语句来捕获和处理可能抛出的异常。
- 继续将异常抛出：在调用方法的地方使用throws关键字继续将异常传递给上层调用者，让上层调用者负责处理这些异常。

语法结构如下：

```
返回类型 方法名(参数列表) throws 异常类型1, 异常类型2, ...{
    // 方法的代码逻辑
    // 可能会抛出声明的异常
}
```

代码如下:

```
package demo10_4;

import java.io.FileNotFoundException;
import java.io.IOException;

① class MyFileReader {
    // 方法声明可能会抛出 FileNotFoundException 和 IOException 两种异常
②  public void readFile(String fileName) throws FileNotFoundException, IOException {
        java.io.FileReader fileReader = null;
③       try {
            fileReader = new java.io.FileReader(fileName);
            int data;
④           while ((data = fileReader.read()) != -1) {
                System.out.print((char) data);
            }
        } finally {
            if (fileReader != null) {
                fileReader.close();
            }
        }
    }
}

public class Main {
    public static void main(String[] args) {
⑤       MyFileReader myFileReader = new MyFileReader();
⑥       String fileName = "data/build.txt";

        try {
            // 调用 readFile() 方法,因为该方法声明了可能抛出异常,所以需要使用 try-catch 语句处理
            myFileReader.readFile(fileName);
        } catch (FileNotFoundException e) {
            System.out.println("文件未找到:" + fileName);
        } catch (IOException e) {
            System.out.println("读取文件时发生 IO 异常:" + e.getMessage());
        }
    }
}
```

上述代码成功地从“data/build.txt”文件中读取文本,并打印到控制台,运行结果如下。

```
Hello World.
世界，您好！
```

如果使用的 IntelliJ IDEA 开发工具，"data/build.txt"文件在 IntelliJ IDEA 工程根目录下的 data 目录中，如图 10-7 所示。

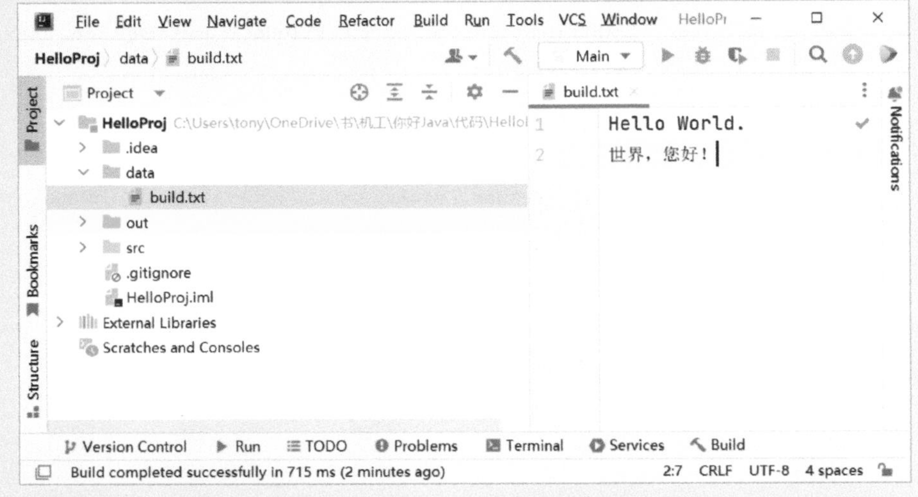

图 10-7 build.txt 文件位置

代码解释如下：

代码第①处定义了名为 MyFileReader 的类，这个类将用于读取文件。它包含了一个 readFile 方法，该方法声明了可能会抛出 FileNotFoundException 和 IOException 两种异常，见代码第②处。

在 readFile 方法中，首先声明了一个 java.io.FileReader 对象 fileReader 并初始化为 null，见代码第③处。

在 try 代码块中，通过 new java.io.FileReader(fileName) 实例化 fileReader 对象，打开指定文件 fileName 进行读取。

代码第④处使用 while 循环从文件中逐个字符读取数据，并将其转换成字符形式后输出到控制台。

在 finally 代码块中，关闭 fileReader 对象以确保资源得到释放。无论是否发生异常，finally 代码块中的代码都会被执行。

代码第⑤处创建一个 MyFileReader 对象 myFileReader。

代码第⑥处指定要读取的文件名为"data/build.txt"。

10.5 自定义异常类

老师，我看 Java 里面已经有很多内置的异常类了，为什么还要自定义异常类呢？

自定义异常类可以让我们更精确地描述特定的异常情况。

什么意思呢？内置的异常类不够用吗？

内置的异常类较为通用，而实际应用中，我们通常需要更具体的异常描述。

举个例子呢。

比如用户验证失败，不仅需要知道是异常，还需要区分是用户名错还是密码错，这就需要自定义的 AuthenticationException。

原来是需要更明确地描述异常的业务语义。

没错，自定义异常类可以包含业务相关的属性和方法。

明白了，自定义异常类可以让异常处理更贴合实际业务需求。

实现自定义异常类的示例代码如下：

```
   package demo10_5;
①  public class AuthenticationException extends Exception {
②    private String errorCode;
③    public AuthenticationException(String message, String errorCode) {
④        super(message);
⑤        this.errorCode = errorCode;
     }
⑥    public String getErrorCode() {
         return errorCode;
     }
   }
```

代码解释如下：

代码第①处自定义异常类 AuthenticationException，该类继承自 Exception 类。

代码第②处在自定义异常类中添加了一个私有属性 errorCode，用于存储异常的错误码。

代码第③处为自定义异常类提供了一个带有两个参数的构造函数 AuthenticationException (String message,String errorCode)，这个构造函数接收两个参数，第一个参数 message 用于设置异常消息，第二个参数 errorCode 用于设置异常的错误码。

代码第④处在构造函数内部，首先调用父类 Exception 的构造函数，将异常消息 message 传递给父类，以设置异常消息。

代码第⑤处将传入的错误码 errorCode 赋值给自定义异常类的 errorCode 属性。

代码第⑥处添加了一个公有的方法 getErrorCode()，用于获取异常的错误码。这样外部代码可以通过调用此方法来获取异常的错误码，以进一步处理异常情况。

使用自定义异常类时，可以根据需要在代码中抛出该异常，并在捕获该异常的代码块中使用 getErrorCode() 方法来获取异常的错误码，并执行相应的处理逻辑。这样可以提供更多关于异常的信息，使代码更加灵活和健壮。

10.6 throw 与显式抛出异常

在 Java 中，throw 关键字用于显式抛出异常。通过使用 throw 关键字，我们可以在代码中主动抛出异常，以便在特定情况下引发异常，并在调用方进行处理。

要使用 throw 抛出异常，需要按照以下步骤进行：

1）创建一个异常对象，可以是现有的预定义异常类对象（如 NullPointerException、IllegalArgumentException 等），也可以是自定义的异常类对象。

2）throw 关键字后跟要抛出的异常对象。

下面是一个示例代码，演示如何使用 throw 显式抛出异常：

```
package demo10_6;

class AuthenticationException extends Exception {
  ...
}

public class Example {
  // 示例方法,演示如何显式抛出自定义的 AuthenticationException 异常
  public void login(String username, String password) throws AuthenticationException {
      // 假设这里是进行用户登录验证的逻辑
      if (username == null ||password == null) {
          throw new AuthenticationException("用户名或密码不能为空", "ERROR001");
      }

      // 其他验证逻辑...
  }

  public static void main(String[] args) {
      Example example = new Example();
      String username = null;
      String password = "secret";
      try {
          // 调用 login() 方法,如果用户名或密码为空,将会显式抛出 AuthenticationException 异常
          example.login(username, password);
      } catch (AuthenticationException e) {
          System.out.println("捕获到自定义异常:" + e.getMessage());
          System.out.println("错误码:" + e.getErrorCode());
      }
  }
}
```

上述程序的运行结果如下：

```
捕获到自定义异常:用户名或密码不能为空
错误码:ERROR001
```

在上述示例中，定义了一个名为 login 的方法，该方法用于用户登录验证。在这个方法中，首先检查用户名和密码是否为空，如果为空，就使用 throw 关键字显式抛出一个 AuthenticationException 异常，并提供异常消息：“用户名或密码不能为空”和错误码“ERROR001”。

在 main 方法中，调用 login 方法，并传入用户名为 null 的情况。因为用户名为空，所以在 login 方法内部会显式抛出 AuthenticationException 异常。在 catch 代码块中，捕获并处理这个异常，并输出异常消息和错误码。

10.7 训练营 3：了解自定义异常和显示抛出异常

在本训练营中，我们还将进一步探讨自定义异常和显示抛出异常的内容。这两个主题是 Java 编程中异常处理的重要组成部分，能够让我们更加灵活地处理不同类型的错误和异常情况。

在本训练营例中，我们将创建一个简单的银行账户类 BankAccount，它有一个方法 withdraw 用于取款。在取款过程中，我们需要处理两种异常情况：余额不足和非法取款金额。我们将分别定义自定义异常类 InsufficientBalanceException 和 InvalidWithdrawalAmountException，并在 withdraw 方法中进行异常处理。

参考代码如下：

```
package demo10_7;

// 自定义余额不足异常
class InsufficientBalanceException extends Exception {
  public InsufficientBalanceException(String message) {
      super(message);
  }
}

// 自定义非法取款金额异常
class InvalidWithdrawalAmountException extends Exception {
  public InvalidWithdrawalAmountException(String message) {
      super(message);
  }
}

// 银行账户类
class BankAccount {
  private double balance;

  public BankAccount(double balance) {
      this.balance = balance;
  }

  // 取款方法
   public void withdraw (double amount) throws InsufficientBalanceException, InvalidWith
drawalAmountException {
      if (amount <= 0) {
          throw new InvalidWithdrawalAmountException("取款金额必须大于 0");
      }

      if (amount > balance) {
```

```
            throw new InsufficientBalanceException("余额不足");
        }

        balance -= amount;
        System.out.println("成功取款:" + amount + ",当前余额:" + balance);
    }

    public double getBalance() {
        return balance;
    }
}

public class Main {
    public static void main(String[] args) {
        BankAccount account = new BankAccount(1000);

        try {
            // 正常取款
            account.withdraw(500);
            // 余额不足异常
            account.withdraw(700);
            // 非法取款金额异常
            account.withdraw(-200);
        } catch (InsufficientBalanceException | InvalidWithdrawalAmountException e) {
            System.err.println("取款失败:" + e.getMessage());
        }
    }
}
```

上述程序的运行结果如下：

```
成功取款:500.0,当前余额:500.0
取款失败:余额不足
```

在上述代码中，首先定义了两个自定义异常类 InsufficientBalanceException 和 InvalidWithdrawalAmountException，它们分别表示余额不足和非法取款金额的异常情况。

然后，在 BankAccount 类的 withdraw 方法中，使用 if-else 条件语句来判断是否满足取款的条件。如果取款金额小于等于 0，会抛出 InvalidWithdrawalAmountException 异常；如果取款金额大于账户余额，会抛出 InsufficientBalanceException 异常。在取款过程中，如果出现了异常，会将异常信息打印出来。

在 Main 类的 main 方法中，实例化一个银行账户对象 account，并尝试进行多次取款操作，包括正常取款、余额不足的取款和非法取款金额的取款。通过捕获并处理自定义异常，能够优雅地处理潜在的问题，保证程序的稳定性。

10.8 总结与扩展

本章总结

本章主要介绍了 Java 中的异常处理机制。异常是程序在执行过程中遇到的问题或错误，通过异常处理，可以使程序更加健壮和稳定。

在本章中，我们了解了异常类的继承层次结构，Java 中的异常类都继承自 Throwable 类。异常分为两类：编译时异常和运行时异常。编译时异常需要在代码中进行处理，而运行时异常则可以选择捕获或者让程序崩溃。

我们学习了如何捕获异常，通过 try-catch 语句可以捕获并处理异常，从而防止程序意外崩溃。可以使用多个 catch 代码块来处理不同类型的异常。

在处理异常的过程中，有时候需要确保资源被正确释放，我们介绍了使用 finally 代码块来实现资源的释放。另外，Java 7 及以上版本引入了自动资源管理的特性，可以更方便地管理资源。

了解了 throws 关键字和声明方法抛出异常的方式，它们用于在方法签名中标识该方法可能抛出的异常，让调用者知道需要处理异常情况。

此外，我们学习了如何自定义异常类，通过继承 Exception 类或其子类，可以创建符合特定需求的自定义异常。

扩展学习

1）深入了解 Java 中异常处理的原理和机制，包括异常栈轨迹、异常处理链等。

2）学习其他编程语言中的异常处理机制，了解它们之间的差异和共通之处。

10.9 同步练习

【练习 10-1】使用 try-catch 语句。

请编写一个 Java 程序，模拟一个简单的除法计算。要求用户输入两个数字，然后计算它们的商并输出结果。在计算过程中，需要使用 try-catch 语句来捕获可能出现的异常，并在出现异常时输出错误信息。

【练习 10-2】使用自定义异常类。

请编写一个 Java 程序，模拟一个购物车的结算过程。要求用户输入购买的商品价格和购买数量，然后计算总价并输出结果。在计算过程中，如果购买数量为负数或商品价格为负数，应该抛出自定义的异常 InvalidQuantityException 和 InvalidPriceException，并在出现异常时输出错误信息。

第 11 章 文件系统深度探险——I/O 流

老师，之前我们的程序多次用到读写一些文件，不知道 Java 是如何处理文件的呢？

Java 中提供了非常丰富的文件操作和 I/O 处理功能，学习了这方面的知识就可以轻松实现文件读写了。

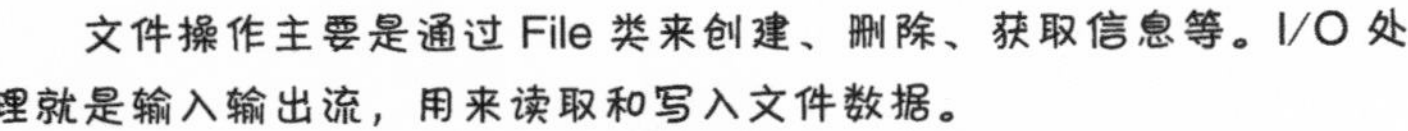

11.1 文件管理

Java 语言使用 File 类对文件和目录进行操作，查找文件时需要实现 FilenameFilter 或 FileFilter 接口。另外，读写文件内容可以通过 FileInputStream、FileOutputStream、FileReader 和 FileWriter

类实现，它们属于 I/O 流。11.2 节会详细介绍 I/O 流。这些类和接口全部来源于 java.io 包。

11.1.1 File 类

File 类表示一个与平台无关的文件或目录。File 类名很有欺骗性，初学者会误认为 File 对象只是一个文件，其实它也可能是一个目录。

File 类中的常用方法如下。

1. 构造方法

- File(String path)：如果 path 是实际存在的路径，则该 File 对象表示的是目录；如果 path 是文件名，则该 File 对象表示的是文件。
- File(String path,String name)：path 是路径名，name 是文件名。
- File(File dir,String name)：dir 是路径对象，name 是文件名。

2. 获得文件名

- String getName()：获得文件的名称，不包括路径。
- String getPath()：获得文件的路径。
- String getAbsolutePath()：获得文件的绝对路径。
- String getParent()：获得文件的上一级目录名。

3. 文件属性测试

- boolean exists()：测试当前 File 对象所表示的文件是否存在。
- boolean canWrite()：测试当前文件是否可写。
- boolean canRead()：测试当前文件是否可读。
- boolean isFile()：测试当前文件是否是文件。
- boolean isDirectory()：测试当前文件是否是目录。

4. 文件操作

- long lastModified()：获得文件最近一次修改的时间。
- long length()：获得文件的长度，以字节为单位。
- boolean delete()：删除当前文件。如果成功，返回 true，否则返回 false。
- boolean renameTo(File dest)：将重新命名当前 File 对象所表示的文件。如果成功，返回 true，否则返回 false。
- boolean createNewFile()：新建一个空文件。该方法返回一个布尔值，表示文件是否成功创建。如果文件已经存在，则不会创建新文件，并且该方法将返回 false。

5. 目录操作

- boolean mkdir()：创建当前 File 对象指定的目录。
- String[] list()：返回当前目录下的文件和目录，返回值是字符串数组。
- File[]listFiles()：返回当前目录下的文件和目录，返回值是 File 数组。

11.1.2 训练营 1：常见文件管理操作

在本训练营中，我们将深入探讨文件和目录的管理，包括创建目录、创建文件、删除文件、查看文件属性以及列出目录中的所有文件和子目录名。这些技能对于文件系统的管理和应用程序开发至关重要。

训练营任务：

1）创建目录和文件：学习如何使用 Java 编程语言创建目录和文件。我们将使用 File 类来执行这些操作。

2）删除文件：探讨如何使用 Java 来删除文件。我们将了解删除文件时需要考虑的一些因素。

3）查看文件属性：学习如何获取文件的属性，例如文件大小、最后修改时间等。我们将使用 File 类和相关类来获取这些信息。

4）列出目录内容：演示如何列出目录中的所有文件和子目录名。我们将使用递归方法来实现这个操作。

1. 创建目录

示例代码如下：

```
public static void createDirectoryExample() {
  // 在当前工程根目录下创建 data 目录
① File dir = new File("data");
② if (! dir.exists()) {  // 如果 data 目录不存在,则创建。
③     if (dir.mkdir()) {
          System.out.println("目录创建成功");
      } else {
          System.out.println("目录创建失败");
      }
  }
```

上述代码第①处创建一个 File 对象 dir，表示要创建的目录。注意，这里的路径是相对路径，相对于当前工程的根目录。

代码第②处使用 exists( ) 方法检查目录是否已经存在。如果 data 目录不存在，则进入 if 语句块执行目录创建操作。

代码第③处使用 mkdir( ) 方法创建目录。mkdir( ) 方法用于创建单级目录。如果成功创建了目录，进入 if 语句块输出“目录创建成功”，否则输出“目录创建失败”。

总结：

这段代码首先创建了一个 File 对象表示要创建的目录“data”，然后检查该目录是否已经存在［通过 exists( ) 方法］。如果目录不存在，则使用 mkdir( ) 方法创建该目录。最后根据创建结果输出相应的提示信息。

2. 创建文件

示例代码如下：

```
    public static void createFileExample() {
①     File file = new File("data/file.txt");
       try {
②         if (file.createNewFile()) {
               System.out.println("文件创建成功");
           } else {
               System.out.println("文件已存在");
           }
       } catch (IOException e) {
           System.err.println("文件创建失败:" + e.getMessage());
       }
    }
```

这段代码的功能是在当前工程根目录的 data 目录下创建一个名为“file.txt”的文件。

其中代码第①处创建一个 File 对象 file，表示要创建的文件。注意，这里的路径是相对路径，相对于当前工程的根目录。

代码第②处使用 createNewFile( )方法创建文件。该方法返回一个布尔值，表示文件是否成功创建。如果文件成功创建，进入 if 语句块，输出“文件创建成功”，否则输出“文件已存在”。

3. 删除文件

示例代码如下：

```
    public static void deleteFileExample() {
       File file = new File("data/file.txt");
①     if (file.delete()) {
           System.out.println("文件删除成功");
       } else {
           System.out.println("文件删除失败");
       }
    }
```

这段代码的功能是删除当前工程根目录下的 data 目录中名为 file.txt 的文件。其中代码 File file = new File("data/file.txt")创建一个 File 对象 file，表示要删除的文件。注意，这里的路径是相对路径，相对于当前工程的根目录。

其中代码第①处使用 file.delete( )方法删除文件。该方法返回一个布尔值，表示文件是否成功删除。如果文件成功删除，进入 if 语句块，输出“文件删除成功”，否则输出“文件删除失败”。

4. 查看文件属性

示例代码如下：

```
public static void viewFileAttributesExample() {
  File file = new File("data/build.txt");
  System.out.println("文件名:" + file.getName());
  System.out.println("文件路径:" + file.getPath());
  System.out.println("文件绝对路径:" + file.getAbsolutePath());
  System.out.println("文件大小:" + file.length() + " 字节");
  System.out.println("是否为文件:" + file.isFile());
  System.out.println("是否为目录:" + file.isDirectory());
  System.out.println("最后修改时间:" + new Date(file.lastModified()));
}
```

5. 列出目录中的所有文件和子目录的名

示例代码如下：

```
    public static void listDirectoryExample() {
①     File dir = new File("data/");
②     String[] filesAndDirs = dir.list();
      System.out.println("目录下的文件和子目录:");
③     for (String name : filesAndDirs) {
          System.out.println(name);
      }

④     File[] filesAndDirsArr = dir.listFiles();
      System.out.println("目录下的文件和子目录的绝对路径:");
⑤     for (File file : filesAndDirsArr) {
⑥         System.out.println(file.getAbsolutePath());
      }
    }
```

代码解释如下：

代码第①处创建一个 File 对象 dir。

代码第②处使用 dir.list( )方法获取目录 dir 下的所有文件和子目录的名称，并将它们存储在一个 String 数组 filesAndDirs 中。

代码第③处遍历 filesAndDirs 数组，将每个文件和子目录的名称取出并赋值给 name 变量。

代码第④处使用 listFiles( )方法获取目录 dir 下的所有文件和子目录的 File 对象，并将它们存储在一个 File 数组 filesAndDirsArr 中。

代码第⑤处遍历 filesAndDirsArr 数组，将每个文件和子目录的 File 对象取出并赋值给 file 变量。

代码第⑥处输出每个文件和子目录的绝对路径，其中 file.getAbsolutePath( ) 方法返回一个字符串，表示文件或子目录的绝对路径。

路径中会用到路径分隔符，路径分隔符在不同平台上是有区别的，UNIX、Linux 和 macOS 中使用正斜杠“/”，而 Windows 中使用反斜杠“\”。Java 支持两种写法，但是反斜杠“\”属于特殊字符，前面需要加转义字符。例如，C:\Users\a.java 在程序代码中应该使用 C:\\Users\\a.java 表示，或表示为 C:/Users/a.java。

11.2 I/O 流概述

在 Java 中，I/O 流（输入/输出流）是用于进行数据输入和输出的机制。I/O 流是 Java 程序与外部设备（如文件、网络、控制台等）进行数据交互的重要方式。通过 I/O 流，我们可以从外部设备读取数据到程序中，也可以将程序中的数据输出到外部设备。

Java 中的 I/O 流主要分为两种类型：输入流（InputStream）和输出流（OutputStream）。

- 输入流：输入流用于从外部设备（如文件、网络、键盘等）读取数据到 Java 程序中。Java 提供了多种输入流，例如 FileInputStream 用于读取文件数据，SocketInputStream 用于读取网络数据，System.in 用于从控制台输入数据等。
- 输出流：输出流用于将 Java 程序中的数据输出到外部设备（如文件、网络、控制台等）。Java 提供了多种输出流，例如 FileOutputStream 用于写入数据到文件，SocketOutputStream 用于写入数据到网络连接，System.out 用于将数据输出到控制台等。

11.2.1 字节流和字符流

Java 的 I/O 流以字节流和字符流两种方式进行数据的传输。

- 字节流：字节流以字节为单位进行数据传输，用于处理二进制数据或字节数据，适用于处理图片、音频、视频等文件。字节流主要由 InputStream 类和 OutputStream 类及其子类组成。
- 字符流：字符流以字符为单位进行数据传输，用于处理文本数据，适用于读写文本文件。字符流主要由 Reader 类和 Writer 类及其子类组成。

I/O 流提供了非常灵活的方式来进行数据读写操作，并且它们可以与其他 Java 类和 API 无缝集成，使得 Java 程序可以与各种外部数据源交互，处理数据输入输出。在 I/O 流的使用过程中，需要注意进行适当的异常处理和资源关闭，以确保程序的稳定性和资源的释放。

11.2.2 流类继承层次

Java 的 I/O 流有 4 个顶级抽象类：两个字节流抽象类——InputStream 和 OutputStream；两个字符流抽象类——Reader 和 Writer。

1. 字节输入流

字节输入流的根类是 InputStream，如图 11-1 所示。它有很多子类，这些类的说明如表 11-1 所示。

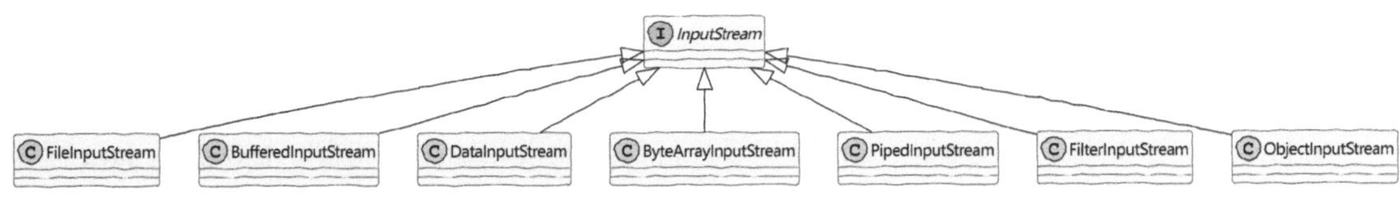

图 11-1 字节输入流类的继承层次

表 11-1 主要的字节输入流

类	描 述
FileInputStream	文件输入流
ByteArrayInputStream	面向字节数组的输入流
PipedInputStream	管道输入流，用于两个线程之间的数据传递
FilterInputStream	过滤输入流，它是一个装饰器，用于扩展其他输入流
BufferedInputStream	缓冲区输入流，它是 FilterInputStream 的子类
DataInputStream	面向基本数据类型的输入流

2. 字节输出流

字节输出流的根类是 OutputStream，如图 11-2 所示。它有很多子类，这些类的说明如表 11-2 所示。

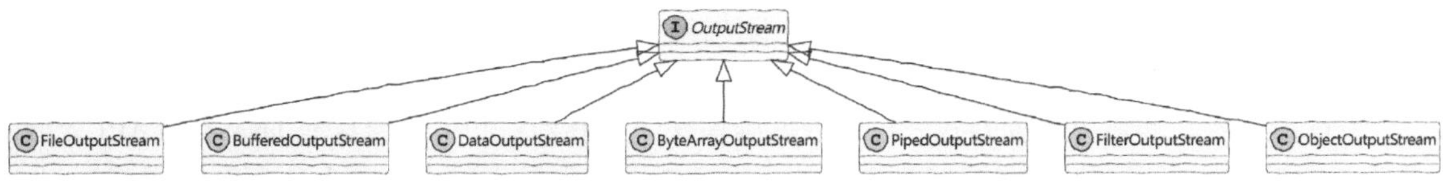

图 11-2 字节输出流类的继承层次

表 11-2　主要的字节输出流

类	描　　述
FileOutputStream	文件输出流
ByteArrayOutputStream	面向字节数组的输出流
PipedOutputStream	管道输出流，用于两个线程之间的数据传递
FilterOutputStream	过滤输出流，它是一个装饰器，用于扩展其他输出流
BufferedOutputStream	缓冲区输出流，它是 FilterOutputStream 的子类
DataOutputStream	面向基本数据类型的输出流

3. 字符输入流

字符输入流的根类是 Reader，这类流以 16 位的 Unicode 编码表示的字符为基本处理单位，如图 11-3 所示。它有很多子类，这些类的说明如表 11-3 所示。

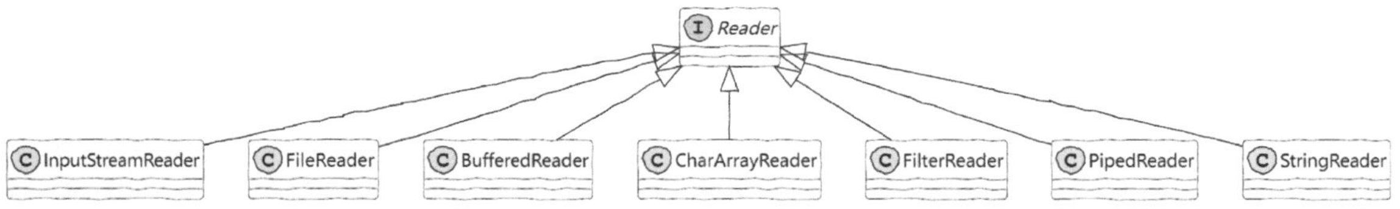

图 11-3　字符输入流类的继承层次

表 11-3　主要的字符输入流

类	描　　述
FileReader	文件输入流
CharArrayReader	面向字符数组的输入流
PipedReader	管道输入流，用于两个线程之间的数据传递
FilterReader	过滤输入流，它是一个装饰器，用于扩展其他输入流
BufferedReader	缓冲区输入流，它也是装饰器，它不是 FilterReader 的子类
InputStreamReader	把字节流转换为字符流，它也是一个装饰器，是 FileReader 的父类

4. 字符输出流

字符输出流的根类是 Writer，这类流以 16 位的 Unicode 编码表示的字符为基本处理单位，如图 11-4 所示。它有很多子类，这些类的说明如表 11-4 所示。

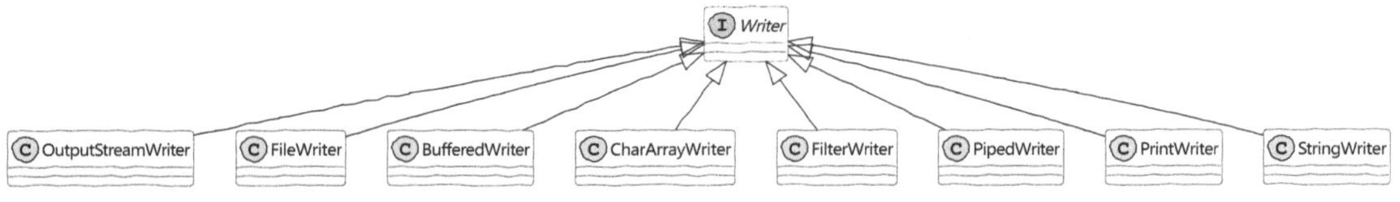

图 11-4　字符输出流类的继承层次

表 11-4　主要的字符输出流

类	描　　述
FileWriter	文件输出流
CharArrayWriter	面向字符数组的输出流
PipedWriter	管道输出流，用于两个线程之间的数据传递
FilterWriter	过滤输出流，它是一个装饰器，用于扩展其他输出流
BufferedWriter	缓冲区输出流，它也是装饰器，它不是 FilterWriter 的子类
OutputStreamWriter	把字节流转换为字符流，它也是一个装饰器，是 FileWriter 的父类

11.3　字节流

11.2 节总体概述了 Java 中的 I/O 流层次结构技术，本节详细介绍字节流的 API。掌握字节流的 API 先要熟悉它的两个抽象类：InputStream 和 OutputStream，了解它们有哪些主要的方法。

11.3.1　InputStream 抽象类

InputStream 是字节输入流的根类，它定义了很多方法，影响着字节输入流的行为。

InputStream 的主要方法如下。

- int read()：读取一个字节，返回 0~255 范围内的 int 字节值。如果已经到达流末尾，而且没有可用的字节，则返回值-1。
- int read(byte b[])：读取多个字节，并将数据放到字节数组 b 中，返回值为实际读取的字节的数量。如果已经到达流末尾，而且没有可用的字节，则返回值-1。
- int read(byte b[ ],int off,int len)：最多读取 len 个字节，数据放到以索引 off 开始的字节数组 b 中，将读取的第一个字节存储在元素 b[off]中，下一个存储在 b[off+1]中，依次类推。返回值为实际读取的字节的数量。如果已经到达流末尾，而且没有可用的字节，则返回值-1。
- void close()：流操作完毕后必须关闭。

上述所有方法都可能会抛出 IOException，因此使用时要注意处理异常。

11.3.2　OutputStream 抽象类

OutputStream 是字节输出流的根类，它定义了很多方法，影响着字节输出流的行为。

OutputStream 的主要方法如下。

- void write(int b)：将 b 写入到输出流，b 是 int 类型，占有 32 位，写入过程是写入 b 的 8 个低位，b 的 24 个高位将被忽略。
- void write(byte b[])：将 b.length 个字节从指定字节数组 b 写入到输出流。

- void write(byte b[ ],int off,int len)：把字节数组 b 中从下标 off 开始，长度为 len 的字节写入到输出流。
- void flush()：刷空输出流，并输出所有被缓存的字节。由于某些流支持缓存功能，该方法将把缓存中的所有内容都强制输出到流中。
- void close()：流操作完毕后必须关闭。

上述所有方法都声明了抛出异常 IOException，因此使用时要注意处理异常。

流（包括输入流和输出流）所占用的资源不能通过 Java 虚拟机的垃圾收集器回收，需要程序员自己释放。一种方法是可以在 finally 代码块中调用 close()方法关闭流，释放流所占用的资源。另一种方法是通过自动资源管理技术管理这些流，流（包括输入流和输出流）都实现了 AutoCloseable 接口，可以使用自动资源管理技术。

11.3.3 训练营 2：复制二进制文件

在本训练营中，我们将学习如何复制二进制文件。复制二进制文件是一种常见的文件操作，它可以将一个二进制文件的内容完全复制到另一个文件中，包括图片、音频、视频等二进制格式的文件。

在复制文件时，数据源是文件，所以会用到文件输入流 FileInputStream；数据目的地也是文件，所以会用到文件输出流 FileOutputStream。

FileInputStream 和 FileOutputStream 中的主要方法都继承自 InputStream 和 OutputStream，这在前面两节已经详细介绍，这里不再赘述。下面重点介绍 FileInputStream 和 FileOutputStream 的构造方法。

1. FileInputStream 的构造方法

- FileInputStream(String name)：创建 FileInputStream 对象，name 是文件名。如果文件不存在，则抛出 FileNotFoundException 异常。
- FileInputStream(File file)：通过 File 对象创建 FileInputStream 对象。如果文件不存在，则抛出 FileNotFoundException 异常。

2. FileOutputStream 的构造方法

- FileOutputStream(String name)：通过指定文件名 name 创建 FileOutputStream 对象。如果 name 文件存在，但如果是一个目录或文件无法打开，则抛出 FileNotFoundException 异常。
- FileOutputStream(String name,boolean append)：通过指定文件名 name 创建 FileOutputStream 对象，如果 append 参数为 true，则将字节写入文件末尾处，而不是写入文件开始处。如果 name 文件存在，但是一个目录或文件无法打开，则抛出 FileNotFoundException 异常。
- FileOutputStream(File file)：通过 File 对象创建 FileOutputStream 对象。如果 file 文件存在，但是一个目录或文件无法打开，则抛出 FileNotFoundException 异常。

- FileOutputStream(File file,boolean append)：通过 File 对象创建 FileOutputStream 对象，如果 append 参数为 true，则将字节写入文件末尾处，而不是写入文件开始处。如果 file 文件存在，但是一个目录或文件无法打开，则抛出 FileNotFoundException 异常。

那么，本训练营实现将当前项目的 data 目录下的“漫画 Java.png”文件内容复制为“漫画 Java - 副本.png”。

参考代码如下：

```
package demo11_3_3;

import java.io.FileInputStream;
import java.io.FileNotFoundException;
import java.io.FileOutputStream;
import java.io.IOException;

//Main 类
public class BinaryFileCopier {

  public static void main(String args[]) {
      try (FileInputStream in = new FileInputStream("data/漫画 Java.png");
①          FileOutputStream out = new FileOutputStream("data/漫画 Java - 副本.png")) {
          // 准备一个缓冲区
②        byte[] buffer = new byte[1024];
          // 首先读取一次
③        int len = in.read(buffer);
④        while (len != -1) {
              // 开始写入数据
⑤            out.write(buffer, 0, len);
              // 再读取一次
⑥            len = in.read(buffer);
          }

      } catch (FileNotFoundException e) {
          System.out.println("复制失败！文件没有发现！");
      } catch (IOException e) {
          System.out.println("复制失败！");
      }
      System.out.println("复制完成。");
  }
}
```

若这段代码成功运行，会实现文件复制，下面解释一下代码：

上述代码第①处创建 FileInputStream 和 FileOutputStream 对象，这是自动资源管理的写法，不需要自己关闭流。

代码第②处是准备一个缓冲区，它是字节数组，读取输入流的数据并保存到缓冲区中，然后将缓冲区中的数据再写入到输出流中。

代码第③处是第一次从输入流中读取数据，数据保存到 buffer 中，len 是实际读取的字节数。

代码第④处判断读取的流是否到文件尾部。

代码第⑤处是将 buffer 中数据写入缓存区。

代码第⑥处再次读取数据，然后回到 while（len ！= -1）语句再判断是否读取到文件尾部。

11.4 字符流

11.3 节介绍了字节流，本节详细介绍字符流的 API。掌握字符流的 API，先要熟悉它的两个抽象类：Reader 和 Writer，了解它们的主要方法。

11.4.1 Reader 抽象类

Reader 是字符输入流的根类，它定义了很多方法，影响着字符输入流的行为。

Reader 类的主要方法如下。

- int read()：读取一个字符，返回值在 0~65535(0x00~0xffff) 之间。如果已经到达流末尾，则返回值-1。
- int read(char[ ]cbuf)：将字符读入到数组 cbuf 中，返回值为实际读取的字符的数量。如果已经到达流末尾，则返回值-1。
- int read(char[ ]cbuf,int off,int len)：最多读取 len 个字符，数据放到以索引 off 开始的字符数组 cbuf 中，将读取的第一个字符存储在元素 cbuf[off]中，下一个存储在元素 cbuf[off+1]中，依次类推。返回值为实际读取的字符的数量。如果已经到达流末尾，则返回值-1。
- void close()：流操作完毕后必须关闭。

上述所有方法都可能会抛出 IOException，因此使用时要注意处理异常。

11.4.2 Writer 抽象类

Writer 是字符输出流的根类，它定义了很多方法，影响着字符输出流的行为。

Writer 类的主要方法如下。

- void write(int c)：将整数值为 c 的字符写入到输出流，c 是 int 类型，占有 32 位，写入时只写入 c 的 16 个低位，c 的 16 个高位将被忽略。
- void write(char[ ]cbuf)：将字符数组 cbuf 写入到输出流。
- void write(char[ ]cbuf,int off,int len)：把字符数组 cbuf 中从索引 off 开始、长度为 len 的字符写入到输出流。

- void write(String str)：将字符串 str 中的字符写入输出流。
- void write(String str,int off,int len)：将字符串 str 中从索引 off 开始的 len 个字符写入输出流。
- void flush()：刷空输出流，并输出所有被缓存的字符。由于某些流支持缓存功能，该方法将把缓存中的所有内容强制输出到流中。
- void close()：流操作完毕后必须关闭。

上述所有方法都声明了抛出 IOException，因此使用时要注意处理异常。

Reader 和 Writer 都实现了 AutoCloseable 接口，可以使用自动资源管理技术自动关闭它们。

11.4.3 训练营 3：复制文本文件

在本训练营中，我们将学习如何复制文本文件。复制文本文件是一种常见的文件操作，它可以将一个文本文件的内容完全复制到另一个文件中。

复制文件时，数据源是文件，所以会用到文件输入流 FileReader；数据目的地也是文件，所以会用到文件输出流 FileWriter。

FileReader 和 FileWriter 的主要方法都继承自 Reader 和 Writer，这在前面两节已经详细介绍，这里不再赘述。下面介绍它们的构造方法。

FileReader 构造方法主要有：

- FileReader(String fileName)：创建 FileReader 对象，fileName 是文件名。如果文件不存在，则抛出 FileNotFoundException 异常。
- FileReader(File file)：通过 File 对象创建 FileReader 对象。如果文件不存在，则抛出 FileNotFoundException 异常。

FileWriter 构造方法主要有：

- FileWriter(String fileName)：通过指定文件名 fileName 创建 FileWriter 对象。如果 fileName 文件存在，但是一个目录或文件无法打开，则抛出 FileNotFoundException 异常。
- FileWriter(String fileName,boolean append)：通过指定文件名 fileName 创建 FileWriter 对象，如果 append 参数为 true，则将字符写入文件末尾处，而不是写入文件开始处。如果 fileName 文件存在，但是一个目录或文件无法打开，则抛出 FileNotFoundException 异常。
- FileWriter(File file)：通过 File 对象创建 FileWriter 对象。如果 file 文件存在，但是一个目录或文件无法打开，则抛出 FileNotFoundException 异常。
- FileWriter(File file,boolean append)：通过 File 对象创建 FileWriter 对象，如果 append 参数为 true，则将字符写入文件末尾处，而不是写入文件开始处。如果 file 文件存在，但是一个目录或文件无法打开，则抛出 FileNotFoundException 异常。

那么，本训练营实现将当前项目的 data 目录下的“build.txt”文件内容复制为“build - 副本.txt”。

参考代码如下：

```
package demo11_4_3;

import java.io.FileReader;
import java.io.FileWriter;
import java.io.IOException;

public class CopyTextFileExample {

  public static void main(String[] args) {

      try (FileReader in = new FileReader("data/build.txt");
            FileWriter out = new FileWriter("data/build - 副本.txt")) {

          // 准备一个缓冲区
          char[] buffer = new char[10];
          // 首先读取一次
          int len = in.read(buffer);

          while (len != -1) {
              // 开始写入数据
              out.write(buffer, 0, len);
              // 再读取一次
              len = in.read(buffer);
          }

      } catch (IOException e) {
          e.printStackTrace();
          System.out.println("复制失败！");
      }
      System.out.println("复制完成。");
  }
}
```

11.5 总结与扩展

本章总结

本章介绍了 Java 中的文件管理和 I/O 流处理。文件管理是指在 Java 程序中对文件进行操作和管理，而 I/O 流是用于处理输入和输出的数据流。

我们学习了 File 类，它提供了一系列方法来操作文件和目录。通过 File 类，可以创建文件、删除文件、重命名文件、查询文件信息等。

在介绍 I/O 流之前，我们先了解了字节流和字符流的概念。字节流用于处理二进制数据，而字符流用于处理文本数据，它们分别对应着字节输入流、字节输出流、字符输入流和字符输出流。

接着，我们学习了字节流和字符流的继承层次结构，了解了各个类的特点和用途。字节流包括 InputStream 和 OutputStream 抽象类，而字符流包括 Reader 和 Writer 抽象类。

在实际应用中，我们可以根据不同的需求选择合适的流来进行输入和输出操作。字节流适合处理图片、音频、视频等二进制数据，字符流适合处理文本数据。

扩展学习

1）学习常用的文件操作技巧，如复制文件、移动文件、遍历目录等。

2）了解 Java NIO（New I/O）包，它提供了更高效的非阻塞 I/O 操作，适用于处理大量并发连接的场景。

3）掌握字符编码和字符集的知识，确保在字符流处理中正确地处理不同字符编码的文本数据。

4）学习如何处理对象的序列化和反序列化，实现对象的持久化存储和传输。

11.6 同步练习

【练习 11-1】文本文件单词统计。

创建一个名为 WordCounter 的 Java 类，实现以下功能：

- 从文本文件中读取内容。
- 统计文本文件中单词的个数。
- 输出统计结果，显示文本文件中单词的总数。

可以使用 BufferedReader 类来读取文本文件内容，使用 String 的 split 方法将内容拆分为单词，并使用一个计数器统计单词个数。

【练习 11-2】文件合并。

创建一个名为 FileMerger 的 Java 类，实现以下功能：

- 接收一个目标文件路径和多个源文件路径作为参数。

- 将多个源文件中的内容合并到目标文件中。
- 输出合并完成的提示信息。

可以使用 BufferedReader 和 BufferedWriter 来读取源文件和写入目标文件内容。

第 12 章 美轮美奂的界面开发——GUI 编程

老师，我最近在学习 Java 编程，听说在 Java 中可以创建漂亮的图形用户界面，让用户能够通过单击和输入与程序交互，这听起来很有趣！

是的，没错！Java 的 GUI 编程就是用来创建图形用户界面的。你可以使用 Swing 库来实现这些界面，它提供了丰富的组件和布局管理器，让界面设计变得非常简单，设计出来的界面也十分美观。

老师，您能告诉我本章的内容是什么吗？

当然！在本章中，我们将深入学习 Java 的 GUI 编程，主要使用 Swing 库。首先，我们会介绍 Swing 的特点和为什么它成为 Java 中最常用的 GUI 库。然后，我们会学习如何创建第一个简单的 Swing 程序，了解 Swing 的基本组件和容器。

听起来很有趣！我能学到如何与用户进行交互吗？

当然！我们将在本章学习如何进行事件处理，这样用户就可以通过单击按钮、输入文本等方式与界面进行交互。还有布局管理，使得你的界面元素能够以合理的方式排列和布局。

真是太棒了！我也想学习如何添加常见的组件，比如文本输入框、按钮等。

完全没问题！在本章的最后，我们将学习常用的 Swing 组件，如文本输入组件、收音机按钮、复选框和列表等，让你能够灵活运用它们来丰富你的界面。

太好了！我已经迫不及待想开始学习了。谢谢您的帮助！

12.1 Java 图形用户界面技术概述

Java 的主要图形用户界面技术有：AWT、Swing 和 JavaFX。

12.1.1 AWT

AWT（Abstract Window Toolkit，抽象窗口工具包）是Java程序提供的建立图形用户界面最基础的工具集。AWT支持图形用户界面编程的功能，包括用户界面组件（组件）、事件处理模型、图形图像处理（形状和颜色）、字体、布局管理器和本地平台的剪贴板来进行剪切和粘贴等。AWT是Applet和Swing技术的基础。

AWT在实际的运行过程中是调用所在平台的图形系统，因此同样一段AWT程序在不同的操作系统平台下运行所看到的样式是不同的。例如在Windows下运行，显示的窗口是Windows风格的，如图12-1所示，而在MacOS下运行时，显示的是MacOS风格的窗口，如图12-2所示。

图12-1　Windows风格的AWT窗口

图12-2　MacOS风格的AWT窗口

12.1.2 Swing

Swing是Java主要的图形用户界面技术，Swing提供跨平台的界面风格，用户可以自定义Swing的界面风格。Swing提供了比AWT更完整的组件，引入了许多新的特性。Swing API是围绕着实现AWT各个部分的API构筑的。Swing是由纯Java实现的，Swing组件没有本地代码，不依赖操作系统的支持，这是它与AWT组件的最大区别。本章重点介绍Swing技术。

12.1.3 JavaFX

JavaFX是开发丰富互联网应用程序（Rich Internet Application，RIA）的图形用户界面技术，

JavaFX 期望能够在桌面应用的开发领域与 Adobe 公司的 AIR、微软公司的 Silverlight 相竞争。传统的互联网应用程序是基于 Web 的，客户端是浏览器。而丰富互联网应用程序试图打造自己的客户端，以替代浏览器。

12.2 Swing 技术基础

AWT 是 Swing 的基础，Swing 事件处理和布局管理都是依赖于 AWT，AWT 内容来自 java.awt 包，Swing 内容来自 javax.swing 包。AWT 和 Swing 作为图形用户界面技术涉及 4 个主要的概念：组件（Component）、容器（Container）、事件处理和布局管理器（LayoutManager）。下面将围绕这些概念展开。

12.2.1 Swing 中容器类的层次结构

容器和组件构成了 Swing 的主要内容，下面分别介绍 Swing 中容器类和组件类的层次结构。

图 12-3 所示是 Swing 容器类层次结构。Swing 容器类主要有 JWindow、JFrame 和 JDialog，其他不以“J”开头的类都是 AWT 提供的，Swing 中的大部分类都以“J”开头。

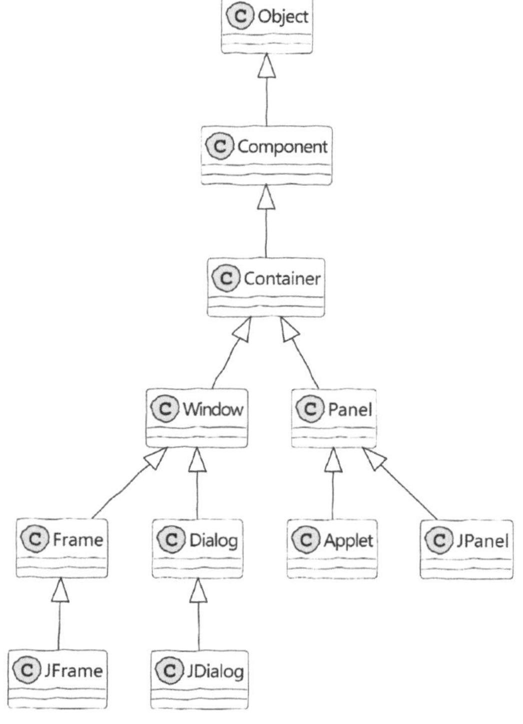

图 12-3 Swing 容器类层次结构

12.2.2 Swing 中组件类的层次结构

图 12-4 所示是主要的 Swing 组件类层次结构。Swing 所有组件继承自 JComponent，JComponent 又间接继承自 AWT 的 java.awt.Component 类。Swing 组件很多，这里不一一解释，在后面的学习过程中会重点介绍组件。

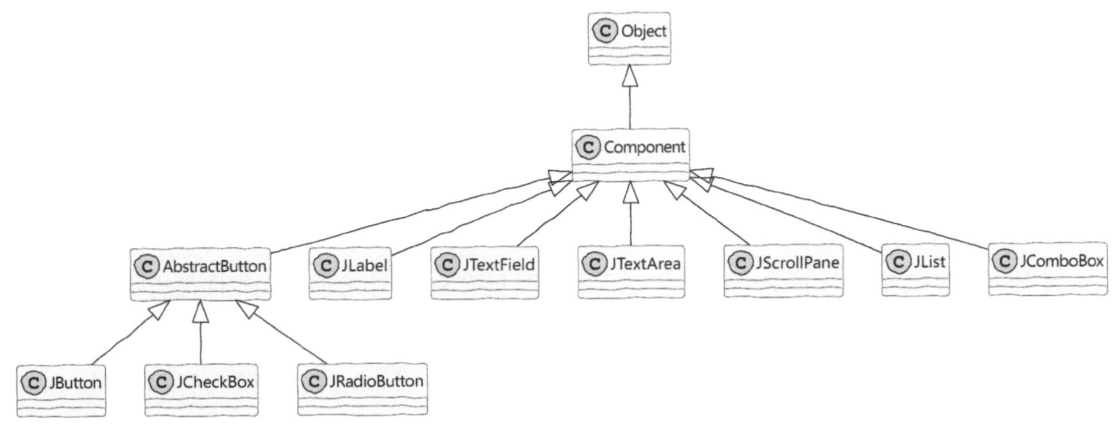

图 12-4　Swing 组件类层次结构

12.3 第一个 Swing 程序

图形用户界面主要由窗口及窗口中的组件构成，编写 Swing 程序主要就是创建窗口和添加组件的过程。Swing 中的窗口主要是使用 JFrame，很少使用 JWindow。JFrame 有标题栏、边框、菜单、大小和窗口管理按钮等窗口要素，而 JWindow 没有标题栏和窗口管理按钮。

构建 Swing 程序主要有两种方式。

- 创建 JFrame 对象：这种方式是直接创建一个 JFrame 对象作为顶级容器（窗口），然后向其中添加其他 Swing 组件（如标签、按钮等）。这种方式适用于简单的界面或者没有复杂逻辑的情况。
- 继承 JFrame：这种方式是创建一个继承自 JFrame 的自定义类，在自定义类中可以重写 JFrame 的方法，定制化界面和添加各种组件。这种方式适用于需要复杂逻辑和自定义界面的情况。

下面通过一个示例介绍这两种方式如何实现。该示例运行效果如图 12-5 所示，一个窗口中包含一个标签，标签上显示“欢迎来到 Swing 世界!”的文本。

图 12-5　示例运行效果

1. 创建 JFrame 方式

创建 JFrame 方式就是直接实例化 JFrame 对象，然后设置 JFrame 属性，添加窗口所需要的组件。

示例代码如下：

```
   package demo12_3;       // 声明包

   import javax.swing.*;

   public class MyFirstSwing1 {
     public static void main(String[] args) {
         // 创建一个顶级容器,即窗口
①        JFrame frame = new JFrame("我的第一个 Swing 程序");
         // 创建一个标签
②        JLabel label = new JLabel("欢迎来到 Swing 世界!");
         // 将标签添加到窗口的内容面板中
③        frame.getContentPane().add(label);
         // 设置窗口的大小
④        frame.setSize(350, 200);
         // 设置窗口关闭时的默认操作
⑤        frame.setDefaultCloseOperation(JFrame.EXIT_ON_CLOSE);
         // 显示窗口
⑥        frame.setVisible(true);
     }
   }
```

上述代码解释如下：

代码第①处创建一个 JFrame 对象，表示一个顶级容器（窗口），并设置窗口的标题为“我的第一个 Swing 程序”。

代码第②处创建一个 JLabel 对象，表示一个标签，并设置标签上的显示文本为“欢迎来到

Swing 世界!"。

代码第③处将标签添加到窗口的内容面板中。JFrame 的内容面板可以通过 getContentPane( ) 方法获取，然后使用 add( ) 方法将组件添加到内容面板中。

代码第④处设置窗口的大小为 350×200 像素，即宽度为 350 像素，高度为 200 像素。

代码第⑤处设置窗口关闭时的默认操作为 JFrame.EXIT_ON_CLOSE，即关闭窗口时结束程序运行。

代码第⑥处通过调用 setVisible(true) 方法，将窗口设置为可见状态，这样窗口将会显示出来。

在 Swing 编程中，内容面板（Content Pane）起到了容器的作用，它充当了其他 Swing 组件的容器。当将组件添加到 JFrame 对象中时，实际上是将它们添加到 JFrame 的内容面板中，这是 Swing 绘制系统所要求的。内容面板如图 12-6 所示。内容面板是 JFrame 的一个子容器。

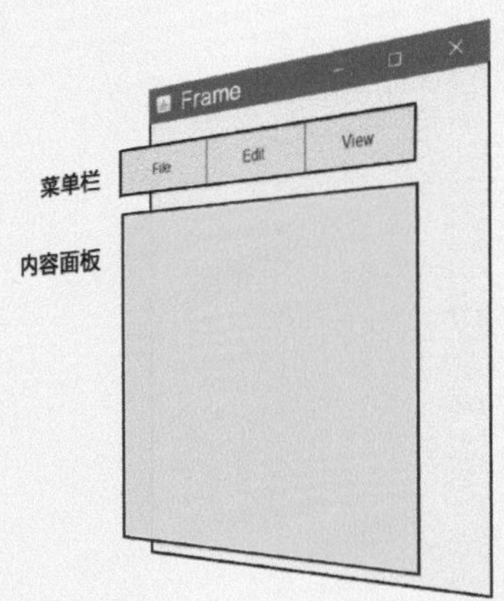

图 12-6　JFrame 的内容面板

2. 继承 JFrame 方式

继承 JFrame 方式就是编写一个继承 JFrame 的子类，在构造方法中初始化窗口，添加窗口所需要的组件。

示例代码如下：

```
package demo12_3;        // 声明包
import javax.swing.*;
① public class MyFirstSwing2 extends JFrame {
    public MyFirstSwing2() {
```

```
        // 调用父类 JFrame 构造函数
        super("我的第一个 Swing 程序");
        // 创建一个标签
        JLabel label = new JLabel("欢迎来到 Swing 世界!");
        // 将标签添加到内容面板
        getContentPane().add(label);
        // 设置窗口大小
        setSize(350, 200);
        // 设置默认关闭操作
        setDefaultCloseOperation(JFrame.EXIT_ON_CLOSE);
    }

    public static void main(String[] args) {
        // 运行程序
②      MyFirstSwing2 app = new MyFirstSwing2();
③      app.setVisible(true);
    }
}
```

上述代码解释如下:

代码第①处定义了一个名为 MyFirstSwing2 的类，并继承了 JFrame 类。

代码第②处创建一个 MyFirstSwing2 对象，即创建一个窗口对象，并将其赋值给名为 app 的变量。

代码第③处 app.setVisible(true) 将窗口设置为可见状态，即显示窗口。默认情况下，窗口是不可见的，需要显式调用 setVisible(true) 来显示窗口。

12.4 事件处理

嗨，老师！今天我们来学习 Swing 中的事件处理吧！

嗯，是的，事件处理在 Swing 编程中非常重要。通过事件处理，我们可以响应用户的操作，比如单击按钮、输入文本等，从而实现交互式的图形用户界面。

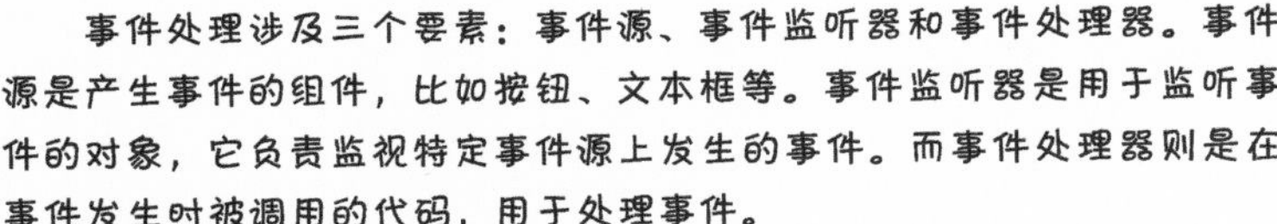

12.4.1 命名内部类事件监听器

内部类分为命名内部类和匿名内部类，它们都能够方便访问窗口中的组件。

下面通过一个示例介绍采用命名内部类实现的事件处理。在如图 12-7 所示的示例中，当单击“单击我！”按钮时，弹出如图 12-8 所示的信息对话框。

示例代码如下：

图 12-7　示例运行效果

图 12-8　信息对话框

```
package demo12_4_1;

import javax.swing.*;
import java.awt.event.ActionEvent;
import java.awt.event.ActionListener;

public class InnerClassExample extends JFrame {

  public InnerClassExample() {
      super("内部类事件监听器示例");

①     JButton button = new JButton("单击我!");
②     button.addActionListener(new ButtonClickListener());

      getContentPane().add(button);
      setSize(300, 200);
      setDefaultCloseOperation(JFrame.EXIT_ON_CLOSE);
      setVisible(true);
  }

  // 定义一个内部类作为事件监听器
③ static class ButtonClickListener implements ActionListener {
      @Override
④     public void actionPerformed(ActionEvent e) {
⑤         JOptionPane.showMessageDialog(null, "你单击了按钮!");
      }
  }

  public static void main(String[] args) {
      InnerClassExample app = new InnerClassExample();
      app.setVisible(true);
  }
}
```

上述代码解释如下：

代码第①处创建一个 JButton 按钮对象，并设置按钮上显示的文本为“单击我!”。

代码第②处为按钮添加事件监听器，将 ButtonClickListener 作为按钮的事件监听器，当按钮被单击时，ButtonClickListener 内部类的 actionPerformed 方法会被调用。

代码第③处定义一个内部类 ButtonClickListener，它实现了 ActionListener 接口，用于监听按钮的单击事件。

代码第④处在 ButtonClickListener 内部类的 actionPerformed 方法中，定义按钮单击事件的处理逻辑。

代码第⑤处是在按钮单击事件处理逻辑中，调用 JOptionPane.showMessageDialog 方法显示一个信息对话框，提示用户按钮被单击了。

12.4.2 匿名内部类事件监听器

下面仍通过 12.4.1 节的示例介绍采用匿名内部类实现的事件处理。

示例代码如下：

```
package demo12_4_2;

import javax.swing.*;
import java.awt.event.ActionEvent;
import java.awt.event.ActionListener;

public class AnonymousInnerClassExample {

    public static void main(String[] args) {
        JFrame frame = new JFrame("匿名内部类事件监听器示例");

        JButton button = new JButton("单击我!");
①       button.addActionListener(new ActionListener() {
            @Override
②           public void actionPerformed(ActionEvent e) {
③               JOptionPane.showMessageDialog(frame, "你单击了按钮!");
            }
        });

        frame.getContentPane().add(button);
        frame.setSize(300, 200);
        frame.setDefaultCloseOperation(JFrame.EXIT_ON_CLOSE);
        frame.setVisible(true);
    }
}
```

上述代码解释如下：

代码第①处为按钮添加匿名内部类作为事件监听器。在这里，直接在 addActionListener 方法的参数中定义了一个匿名内部类，该匿名内部类实现了 ActionListener 接口，用于监听按钮的单击事件。

代码第②处在匿名内部类中重写了 actionPerformed 方法，定义按钮单击事件的处理逻辑。

代码第③处在匿名内部类的 actionPerformed 方法中，调用 JOptionPane.showMessageDialog 方法显示一个简单的对话框，提示用户按钮被单击了。

12.4.3 Lambda 表达式事件监听器

如果一个事件监听器接口只有一个抽象方法，则可以使用 Lambda 表达式实现事件处理，这些接口主要有 ActionListener、AdjustmentListener、ItemListener、MouseWheelListener、TextListener 和 WindowStateListener 等。

Lambda 表达式是 Java 8 引入的一种函数式编程特性。它可以被认为是一种匿名函数，它可以作为一种更加简洁、便捷的方式来表示可传递的行为。Lambda 表达式可以替代匿名内部类的写法，并且更加紧凑和易读。

下面将 12.4.1 节的示例采用 Lambda 表达式事件监听器，实现代码如下：

```
package demo12_4_3;

import javax.swing.*;

public class LambdaExpressionExample extends JFrame {

  public LambdaExpressionExample() {
      super("Lambda 表达式事件监听器示例");

      JButton button = new JButton("单击我!");
①     button.addActionListener(e -> {

          JOptionPane.showMessageDialog(this, "你单击了按钮!");
②     });

      getContentPane().add(button);
      setSize(300, 200);
      setDefaultCloseOperation(JFrame.EXIT_ON_CLOSE);
      setVisible(true);
  }

  public static void main(String[] args) {
      LambdaExpressionExample app = new LambdaExpressionExample();
```

```
        app.setVisible(true);
    }
}
```

上述代码第①处和第②处之间的代码行是采用 Lambda 表达式实现事件监听器，可见代码非常简单。

12.4.4 训练营 1：掌握事件处理

本训练营主要帮助我们掌握以下内容。

- 事件模型和事件监听器：学习 Swing 的事件模型，了解事件是如何在 Swing 应用程序中传播的。同时，会学习如何创建和注册事件监听器，以便在特定事件发生时执行相应的操作。
- 常见事件类型：学习处理一些常见的 Swing 事件，如按钮单击事件、鼠标单击事件、键盘事件等。了解这些事件的处理方式是构建交互式 GUI 应用程序的基础。
- 匿名内部类：学习如何使用匿名内部类来简化事件监听器的创建和注册过程。通过匿名内部类，可以在事件监听器中直接实现必要的方法，而不必为每个事件类型单独创建一个监听器类。

掌握这些内容后，我们将能够构建更加动态和交互式的 Swing 应用程序，响应用户的操作，并进行相应的处理。同时，我们还将学会如何简化事件监听器的创建和注册过程，提高代码的可读性和维护性。

该训练营要求如下：

制作一个简单的计算器程序实现加法运算，在窗口中有一个文本框用于显示数字和结果，以及一个“+”按钮，初始界面如图 12-9 所示。当单击“+”按钮时，会弹出如图 12-10 所示的“输入”对话框，输入数字后，单击“确定”按钮，执行加法操作，并将结果显示在文本框中，如图 12-11 所示。

图 12-9 简单计算器初始界面

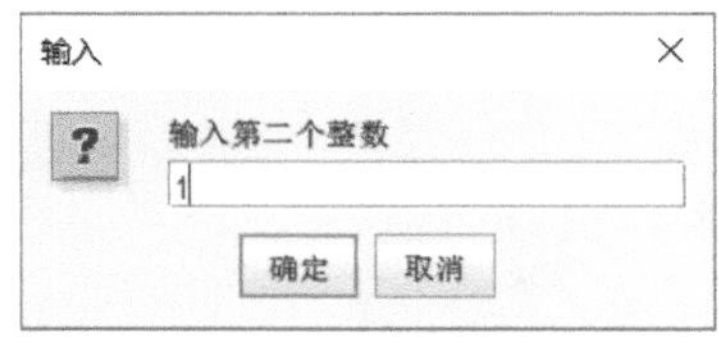

图 12-10 “输入”对话框

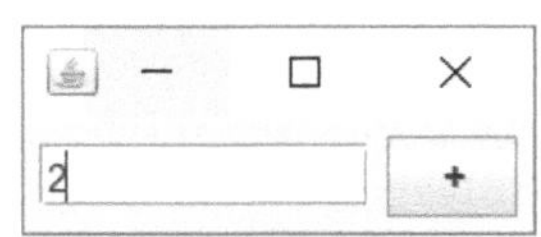

图 12-11 显示计算结果

训练营参考代码如下：

```
package demo12_4_4;

import javax.swing.*;
import java.awt.event.ActionEvent;
import java.awt.event.ActionListener;

public class Calculator {

  JFrame frame;
  JTextField display;

  public Calculator() {

      frame = new JFrame("简单计算器");

      JPanel panel = new JPanel();
      display = new JTextField(10);
      panel.add(display);

      JButton addButton = new JButton("+");
      addButton.addActionListener(new AddListener());
      panel.add(addButton);

      // 创建其他运算按钮并注册监听器

      frame.add(panel);
      frame.setDefaultCloseOperation(JFrame.EXIT_ON_CLOSE);
      frame.pack();
      frame.setVisible(true);

  }

  class AddListener implements ActionListener {
      public void actionPerformed(ActionEvent e) {
          int num1 = Integer.parseInt(display.getText());
          display.setText("");
          int num2 = Integer.parseInt(JOptionPane.showInputDialog("输入第二个整数"));
          display.setText(num1 + num2 + "");
      }
  }

  // 其他监听器类

  public static void main(String[] args) {
      new Calculator();
  }
}
```

12.5 布局管理

老师，我有一个问题。如果我需要在一个窗口中添加多个组件，应该如何管理它们的布局呢？

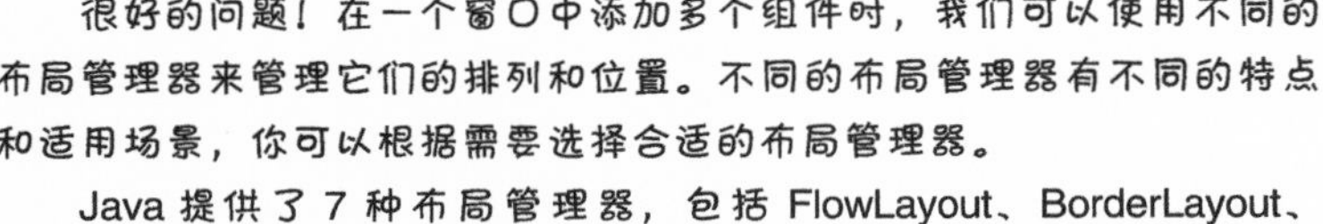

很好的问题！在一个窗口中添加多个组件时，我们可以使用不同的布局管理器来管理它们的排列和位置。不同的布局管理器有不同的特点和适用场景，你可以根据需要选择合适的布局管理器。

Java 提供了 7 种布局管理器，包括 FlowLayout、BorderLayout、GridLayout、BoxLayout、CardLayout、SpringLayout 和 GridBagLayout，其中最基础的是 FlowLayout、BorderLayout、GridLayout 和 BoxLayout 布局管理器。下面重点介绍这四种布局。

12.5.1 FlowLayout 布局

FlowLayout 布局摆放组件的规律是：从左到右、从上到下进行摆放，如果容器足够宽，第一个组件先添加到容器中第一行的最左边，后续的组件依次添加到上一个组件的右边，如果当前行中摆放不下该组件，则摆放到下一行的最左边。

FlowLayout 的主要构造方法如下。

- FlowLayout(int align,int hgap,int vgap)：创建一个 FlowLayout 对象，它具有指定的对齐方式以及指定的水平间隙和垂直间隙，hgap 参数是组件之间的水平间隙，vgap 参数是组件之间的垂直间隙，单位是像素。
- FlowLayout(int align)：创建一个 FlowLayout 对象，align 参数表示对齐方式，默认的水平间隙和垂直间隙都是 5 个单位。
- FlowLayout：创建一个 FlowLayout 对象，它是居中对齐的，默认的水平间隙和垂直间隙都是 5 个单位。

上述参数 align 是对齐方式，它是通过 FlowLayout 的常量指定的。这些常量说明如下。

- FlowLayout.CENTER：指示每一行组件都应该是居中的。
- FlowLayout.LEADING：指示每一行组件都应该与容器方向的开始边对齐，例如，对于从左到右的方向，则与左边对齐。
- FlowLayout.LEFT：指示每一行组件都应该是左对齐的。
- FlowLayout.RIGHT：指示每一行组件都应该是右对齐的。

- FlowLayout.TRAILING：指示每行组件都应该与容器方向的结束边对齐，例如，对于从左到右的方向，则与右边对齐。

示例代码如下：

```
package demo12_5_1;

import javax.swing.*;
import java.awt.*;

public class FlowLayoutExample extends JFrame {

  public FlowLayoutExample() {
      // 调用父类 JFrame 构造函数
      super("流式布局示例");
      // 创建标签组件
      JLabel label1 = new JLabel("标签 1");
      JLabel label2 = new JLabel("标签 2");
      JLabel label3 = new JLabel("标签 3");
      JLabel label4 = new JLabel("标签 4");

      // 设置流式布局管理器
①     setLayout(new FlowLayout(FlowLayout.LEFT, 20, 20));

      // 将标签添加到内容面板

      getContentPane().add(label1);
      getContentPane().add(label2);
      getContentPane().add(label3);
      getContentPane().add(label4);

      // 设置窗口大小
      setSize(300, 200);
      // 设置默认关闭操作
      setDefaultCloseOperation(JFrame.EXIT_ON_CLOSE);
  }

  public static void main(String[] args) {
      // 运行程序
      FlowLayoutExample app = new FlowLayoutExample();
      app.setVisible(true);
  }
}
```

上述代码第①处设置当前窗口的布局是 FlowLayout 布局，采用 FlowLayout(int align,int hgap, int vgap) 构造方法。一旦设置了 FlowLayout 布局，就可以通过 add()方法添加组件到窗口。

运行结果如图 12-12a 所示。采用 FlowLayout 布局时，如果水平空间比较小，组件会垂直摆放，拖曳窗口的边缘使窗口变窄，效果如图 12-12b 所示。

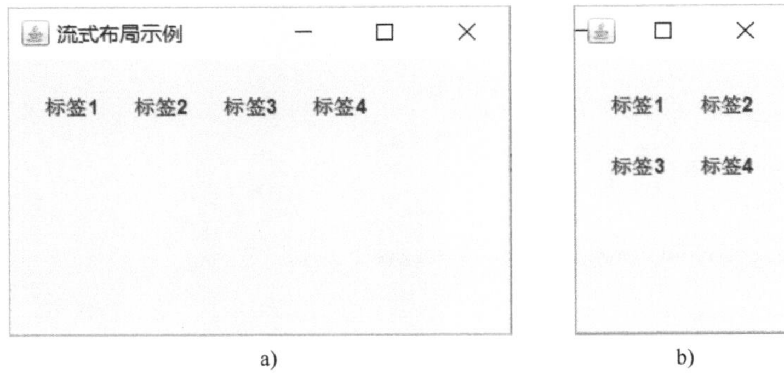

图 12-12　示例运行效果

12.5.2 BorderLayout 布局

BorderLayout 布局是窗口的默认布局管理器，BorderLayout 是 JWindow、JFrame 和 JDialog 的默认布局管理器。BorderLayout 布局管理器把容器分成 5 个区域：北、南、西、中、东，如图 12-13 所示，每个区域只能放置一个组件。

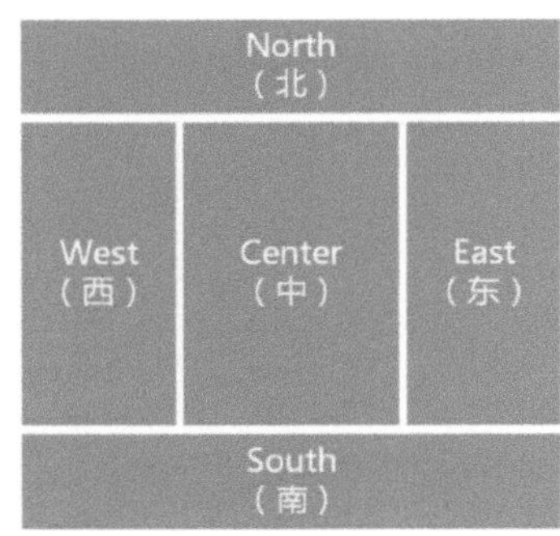

图 12-13　BorderLayout 布局

BorderLayout 的主要构造方法如下。

- BorderLayout(int hgap,int vgap)：创建一个 BorderLayout 对象，指定水平间隙和垂直间隙，hgap 参数是组件之间的水平间隙，vgap 参数是组件之间的垂直间隙，单位是像素。
- BorderLayout()：创建一个 BorderLayout 对象，组件之间没有间隙。

BorderLayout 布局有 5 个区域，为此，BorderLayout 中定义了 5 个约束常量，说明如下。

- BorderLayout.CENTER：中间区域的布局约束（容器中央）。
- BorderLayout.EAST：东区域的布局约束（容器右边）。

- BorderLayout.NORTH：北区域的布局约束（容器顶部）。
- BorderLayout.SOUTH：南区域的布局约束（容器底部）。
- BorderLayout.WEST：西区域的布局约束（容器左边）。

示例代码如下：

```
package demo12_5_2;        //声明包

import javax.swing.*;
import java.awt.*;

public class BorderLayoutExample extends JFrame {

  public BorderLayoutExample() {
      //调用父类 JFrame 构造函数
      super("BorderLayout 布局示例");
      //设置窗口大小
      setSize(400, 300);
      //设置默认关闭操作
      setDefaultCloseOperation(JFrame.EXIT_ON_CLOSE);

      //创建按钮组件
      JButton button1 = new JButton("北");
      JButton button2 = new JButton("南");
      JButton button3 = new JButton("西");
      JButton button4 = new JButton("东");
      JButton button5 = new JButton("中");

      //设置 BorderLayout 布局管理器,并将按钮添加到不同的位置
①     setLayout(new BorderLayout(10, 10));
      add(button1, BorderLayout.NORTH);
      add(button2, BorderLayout.SOUTH);
      add(button3, BorderLayout.WEST);
      add(button4, BorderLayout.EAST);
      add(button5, BorderLayout.CENTER);
  }

  public static void main(String[] args) {
      //运行程序
      BorderLayoutExample app = new BorderLayoutExample();
      app.setVisible(true);
  }
}
```

上述代码第①处设置窗口布局为 BorderLayout 布局，组件之间的间隙是 10 像素，如图 12-14 所示，添加组件使用的是 add(Component comp, Object constraints) 方法，其中第二个参数

constraints 是指定约束。

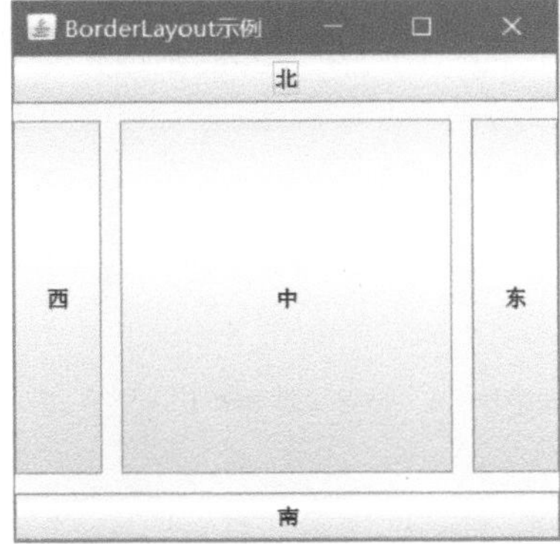

图 12-14　BorderLayout 布局示例运行结果

12.5.3 GridLayout 布局

GridLayout 布局以网格形式对组件进行摆放，容器被分成大小相等的矩形，一个矩形中放置一个组件。

GridLayout 布局的主要构造方法如下。

- GridLayout( )：创建具有默认值的 GridLayout 对象，即每个组件占据一行一列。
- GridLayout(int rows,int cols)：创建具有指定行数和列数的 GridLayout 对象。
- GridLayout(int rows,int cols,int hgap,int vgap)：创建具有指定行数和列数的 GridLayout 对象，并指定水平间隙和垂直间隙。

示例代码如下：

```
package demo12_5_3;      // 声明包

import javax.swing.*;
import java.awt.*;

public class GridLayoutExample extends JFrame {

  public GridLayoutExample() {
      // 调用父类 JFrame 构造函数
      super("GridLayout 布局示例");
      // 设置窗口大小
      setSize(400, 300);
      // 设置默认关闭操作
```

```
        setDefaultCloseOperation(JFrame.EXIT_ON_CLOSE);

        // 创建按钮组件
        JButton button1 = new JButton("按钮 1");
        JButton button2 = new JButton("按钮 2");
        JButton button3 = new JButton("按钮 3");
        JButton button4 = new JButton("按钮 4");
        JButton button5 = new JButton("按钮 5");
        JButton button6 = new JButton("按钮 6");

        // 设置 GridLayout 布局管理器,并将按钮添加到网格中
①       setLayout(new GridLayout(2, 3)); // 创建 2 行 3 列的网格布局
        add(button1);
        add(button2);
        add(button3);
        add(button4);
        add(button5);
        add(button6);
    }

    public static void main(String[] args) {
        // 运行程序
        GridLayoutExample app = new GridLayoutExample();
        app.setVisible(true);
    }
}
```

上述代码第①处设置当前窗口布局采用 2 行 3 列的 GridLayout 布局，它有 6 个区域，从左到右、从上到下摆放，添加了 6 个 JButton。运行结果如图 12-15 所示。

图 12-15　GridLayout 布局示例运行结果

12.5.4 BoxLayout 布局

BoxLayout 布局是 Java Swing 中的布局管理器之一，它允许在容器中按照水平或垂直的方向排列组件。

BoxLayout 的构造方法有两种。

- BoxLayout（Container target，int axis）：创建一个 BoxLayout，指定布局方向（水平或垂直），其中 target 参数表示要应用布局的容器；axis 参数表示布局的方向，可以是 BoxLayout. X_AXIS（水平方向）或 BoxLayout. Y_AXIS（垂直方向）。
- BoxLayout（Container target，int axis，int alignment）：创建一个 BoxLayout，指定布局方向和对齐方式，其中 target 参数表示要应用布局的容器；axis 参数表示布局的方向，可以是 BoxLayout. X_AXIS 或 BoxLayout. Y_AXIS；alignment 参数表示对齐方式，可以是 BoxLayout. LEFT、BoxLayout. RIGHT、BoxLayout. CENTER、BoxLayout. TOP 或 BoxLayout. BOTTOM。

示例代码如下：

```
package demo12_5_4;

import javax.swing.* ;

public class BoxLayoutExample extends JFrame{

    public BoxLayoutExample() {
        super ("BoxLayout Example");

        // 创建一个垂直方向的 BoxLayout
①         setLayout(new BoxLayout(getContentPane(), BoxLayout.Y_AXIS));

        // 向布局中添加组件
        add(new JButton("Button 1"));
②       add(Box.createVerticalStrut(10)); // 添加垂直空白间隔
        add(new JButton("Button 2"));
        add(Box.createVerticalStrut(10));
        add(new JButton("Button 3"));

        setDefaultCloseOperation(JFrame.EXIT_ON_CLOSE);
        setSize(200, 200);
        setLocationRelativeTo(null);
    }

    public static void main(String[] args) {
        BoxLayoutExample example = new BoxLayoutExample();
        example.setVisible(true);
    }
}
```

代码第①处创建垂直方向的 BoxLayout 布局对象，并将其设置为内容面板的布局管理器。

代码第②处创建一个垂直方向的空白间隔，其高度为 10 像素。createVerticalStrut 是 Box 类的静态方法，用于创建垂直间隔组件。

示例运行结果如图 12-16 所示。

图 12-16　BoxLayout 布局示例运行结果

12.5.5 训练营 2：掌握布局管理

该训练营中，我们将学习布局管理器的使用，这是 Java Swing 中非常重要的一部分。布局管理器负责安排和组织 Swing 组件，使它们能够自动适应不同的窗口大小和屏幕分辨率。这有助于确保你的 GUI 在不同平台和设备上都能良好地显示。

该训练营要求：

创建一个学生成绩计算器程序。将学生姓名、学号、数学成绩、英语成绩和“计算”按钮添加到窗口中。当单击“计算”按钮时，程序会计算学生的总分和平均分，并将结果显示在窗口上，如图 12-17 所示。如果用户输入了无效的成绩（非数字），则会弹出错误提示框，如图 12-18 所示。

图 12-17　学生成绩计算器

图 12-18　错误提示框

训练营参考代码如下：

```
package demo12_5_4;

import javax.swing.*;
import java.awt.*;

public class ScoreCalculator extends JFrame {

  private JTextField nameField;
  private JTextField idField;
  private JTextField mathField;
  private JTextField englishField;
  private JLabel totalLabel;
  private JLabel averageLabel;

  public ScoreCalculator() {
      super("学生成绩计算器");

      // 创建文本框和标签
      nameField = new JTextField(10);
      idField = new JTextField(10);
      mathField = new JTextField(10);
      englishField = new JTextField(10);
      totalLabel = new JLabel("总分:");
      averageLabel = new JLabel("平均分:");

      // 创建计算按钮
      JButton calculateButton = new JButton("计算");
      // 使用 GridLayout 布局管理器
      setLayout(new GridLayout(6, 2, 5, 5));

      // 添加组件到窗口
      add(new JLabel("姓名:"));
      add(nameField);

      add(new JLabel("学号:"));
      add(idField);

      add(new JLabel("数学成绩:"));
      add(mathField);

      add(new JLabel("英语成绩:"));
      add(englishField);

      add(calculateButton);

      add(totalLabel);
```

```
        add(averageLabel);

        // 设置窗口大小
        setSize(300, 280);
        setDefaultCloseOperation(JFrame.EXIT_ON_CLOSE);
        setLocationRelativeTo(null); // 居中显示

        // 使用匿名内部类创建计算按钮的监听器
        calculateButton.addActionListener(e -> {
            try {
                double mathScore = Double.parseDouble(mathField.getText());
                double englishScore = Double.parseDouble(englishField.getText());
                double totalScore = mathScore + englishScore;
                double averageScore = totalScore / 2;

                totalLabel.setText("总分:" + totalScore);
                averageLabel.setText("平均分:" + averageScore);
            } catch (NumberFormatException ex) {
                JOptionPane.showMessageDialog(ScoreCalculator.this, "请输入有效的成绩!", "错误",
JOptionPane.ERROR_MESSAGE);
            }
        });
    }

    public static void main(String[] args) {
        // 运行程序
        ScoreCalculator app = new ScoreCalculator();
        app.setVisible(true);
    }
}
```

12.6 Swing 组件

所有 Swing 组件都继承自 JComponent，下面重点介绍标签（JLabel）、按钮（JButton）、文本框（JTextField）、密码框（JPasswordField）、单选按钮（JRadioButton）、复选框（JCheckBox）、列表（JList）、下拉列表框（JComboBox）和表格（JTable）。

12.6.1 标签

标签在前面示例中已经用到了，本节再深入地介绍一下它们。

Swing 中的标签类是 JLabel，它不仅可以显示文本还可以显示图标。JLabel 的构造方法如下。

- JLabel( )：创建一个无图标、无标题的标签对象。
- JLabel(Icon image)：创建一个具有图标的标签对象。
- JLabel(Icon image, int horizontalAlignment)：通过指定图标和水平对齐方式创建标签对象。
- JLabel(String text)：创建一个标签对象，并指定显示的文本。
- JLabel(String text, Icon icon, int horizontalAlignment)：通过指定显示的文本、图标和水平对齐方式创建标签对象。
- JLabel(String text, int horizontalAlignment)：通过指定显示的文本和水平对齐方式创建标签对象。

上述构造方法中，horizontalAlignment 参数是水平对齐方式，它的取值是 SwingConstants 中定义的以下常量之一：LEFT、CENTER、RIGHT、LEADING 或 TRAILING。

12.6.2 按钮

Swing 中的按钮类是 JButton，JButton 不仅可以显示文本还可以显示图标。JButton 常用的构造方法如下。

- JButton( )：创建不带文本或图标的按钮对象。
- JButton(Icon icon)：创建一个带图标的按钮对象。
- JButton(String text)：创建一个带文本的按钮对象。
- JButton(String text, Icon icon)：创建一个带初始文本和图标的按钮对象。

下面通过示例介绍在标签和按钮中使用图标。如图 12-19 所示，界面中有一个图标，它是通过标签组件显示的。

图 12-19 示例运行效果

示例代码如下：

```
package demo12_6_2;

import javax.swing.*;
import java.awt.*;

public class ImageLabelExample extends JFrame {
  public ImageLabelExample() {
      super("带图标的标签示例");
①      ImageIcon icon = new ImageIcon("data/dogs.jpg");
②      Image originalImage = icon.getImage();
      // 缩放因子
③      var scaleFactor = 0.1f;
      // 计算缩小后的宽度和高度
④      var newWidth = (int) (originalImage.getWidth(null) * scaleFactor);
⑤      var newHeight = (int) (originalImage.getHeight(null) * scaleFactor);

      // 按比例缩小图片
⑥      Image resizedImage = originalImage.getScaledInstance(newWidth, newHeight, Image.
SCALE_SMOOTH);
⑦      ImageIcon resizedIcon = new ImageIcon(resizedImage);
⑧      JLabel label = new JLabel(resizedIcon);
⑨      add(label);
⑩      pack();
  }

  public static void main(String[] args) {
      ImageLabelExample app = new ImageLabelExample();
      app.setVisible(true);
  }
}
```

在这个例子中，代码使用缩放因子 scaleFactor 将图片按比例缩小为原来的十分之一，然后将缩小后的图片显示在带图标的标签中，并在窗口中显示出来。

代码解释如下：

代码第①处创建一个 ImageIcon 对象icon，用于加载名为“dogs.jpg”的图片文件。这个图片文件应该位于程序工作目录下的 data 文件夹内。

代码第②处通过 icon 获取原始图片对象 originalImage。getImage( )方法用于获取 ImageIcon 中的图片。

代码第③处定义一个缩放因子 scaleFactor，它是浮点数类型，并表示将原始图片的尺寸缩小为原来的十分之一。这个缩放因子决定了图片缩小的程度。

代码第④处计算缩小后的宽度 newWidth，将原始图片的宽度乘以缩放因子。

代码第⑤处计算缩小后的高度 newHeight，将原始图片的高度乘以缩放因子。

代码第⑥处使用 originalImage 调用 getScaledInstance( )方法，按比例缩小图片。该方法返回一个新的 Image 对象 resizedImage，它是缩小后的图片。

代码第⑦处创建一个新的 ImageIcon 对象 resizedIcon，用于加载缩小后的图片。

代码第⑧处创建一个 JLabel 标签 label，将缩小后的图片显示在标签中。

代码第⑨处将标签 label 添加到窗口的内容面板中。

代码第⑩处调用 pack( )方法，根据组件的大小调整窗口的大小，确保整个图片能够显示完整。

为了测试按钮，读者可以通过如下代码添加带有图片的按钮。

```
JButton button=new JButton(resizedIcon);
add(button);
```

12.6.3 文本输入组件

文本输入组件主要有文本框（JTextField），密码框（JPasswordField）和文本区（JTextArea）。

文本框和密码框都只能输入和显示单行文本，当按下回车键时，可以触发 ActionEvent 事件。文本区可用于输入和显示多行文本。

文本框（JTextField）常用的构造方法如下。

- JTextField( )：创建一个空的文本框对象。
- JTextField(int columns)：指定列数，创建一个空的文本框对象，列数是文本框显示的宽度，列数主要用于 FlowLayout 布局。
- JTextField(String text)：创建文本框对象，并指定初始化文本。
- JTextField(String text, int columns)：创建文本框对象，并指定初始化文本和列数。

由于 JPasswordField 继承自 JTextField，因此构造方法也类似，这里不再赘述。

文本区（JTextArea）常用的构造方法如下。

- JTextArea( )：创建一个空的文本区对象。
- JTextArea(int rows, int columns)：创建文本区对象，并指定行数和列数。
- JTextArea(String text)：创建文本区对象，并指定初始化文本。
- JTextArea(String text, int rows, int columns)：创建文本区对象，并指定初始化文本、行数和列数。

下面通过示例介绍文本输入组件。如图 12-20 所示，窗口中有一个文本框、一个密码框和一个文本区，在文本区中输入多行文本，如果超过 10 行，则会出现垂直滚动条。

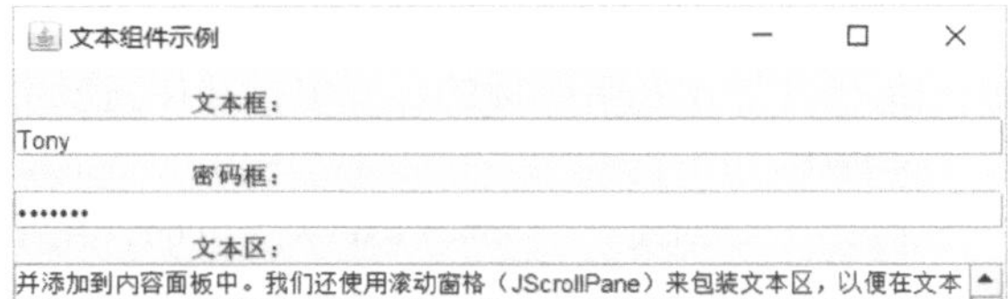

图 12-20　示例运行效果

示例代码如下：

```
package demo12_6_3;

import javax.swing.*;
import java.awt.*;
public class TextComponentsExample extends JFrame {

    public TextComponentsExample() {
        super("文本组件示例");
        // 创建文本框
①      JTextField textField = new JTextField(20);
        // 创建密码框
②      JPasswordField passwordField = new JPasswordField(20);
        // 创建文本区
③      JTextArea textArea = new JTextArea(10, 20);
④      textArea.setLineWrap(true); // 自动换行
        // 设置布局为垂直布局
⑤      setLayout(new BoxLayout(getContentPane(), BoxLayout.Y_AXIS));
        // 添加文本框、密码框和文本区到内容面板
        add(Box.createVerticalStrut(10)); // 添加一些垂直空白间隔
        add(createLabel("文本框:"));
        add(textField);
        add(createLabel("密码框:"));
        add(passwordField);
        add(createLabel("文本区:"));
⑥      add(new JScrollPane(textArea)); // 使用滚动窗格包装文本区
        setDefaultCloseOperation(JFrame.EXIT_ON_CLOSE);

        // 设置窗口大小
        setSize(400, 300);
⑦      setLocationRelativeTo(null); // 居中显示
    }

    private JLabel createLabel(String text) {
        JLabel label = new JLabel(text);
⑧      label.setAlignmentX(Component.LEFT_ALIGNMENT);
        return label;
    }

    public static void main(String[] args) {
        TextComponentsExample app = new TextComponentsExample();
        app.setVisible(true);
    }
}
```

代码解释：

代码第①处创建一个 20 个字符宽度的文本框对象。

代码第②处创建一个 20 个字符宽度的密码框对象。

代码第③处创建一个 10 字符行高 20 字符行宽的文本区对象。

代码第④处设置文本区自动换行。

代码第⑤处设置内容面板的布局为垂直布局。

代码第⑥处使用滚动窗格包装文本区，以支持滚动查看文本。

代码第⑦处将窗口居中显示在屏幕上。

代码第⑧处创建一个标签，并设置其左对齐。这个方法用于给文本框、密码框和文本区添加说明标签。

12.6.4 单选按钮

Swing 中的单选组件是单选按钮 JRadioButton，同一组的多个单选按钮应该具有互斥特性，这也是为什么单选按钮也叫作收音机按钮（RadioButton），就是当一个按钮按下时，其他按钮就会抬起。同一组的多个单选按钮应该放到同一个 ButtonGroup 对象中，ButtonGroup 对象不属于容器，它会创建一个互斥作用范围。

下面通过示例介绍单选按钮的使用，如图 12-21 所示，在此示例窗口中有两个不同的 Button-Group，分别为编程语言和口语语言创建了两个单选按钮组。这样，当用户在一个组中选择一个选项时，该组中的其他选项会被取消选择，以保证在每个组中只能选择其中一个选项。

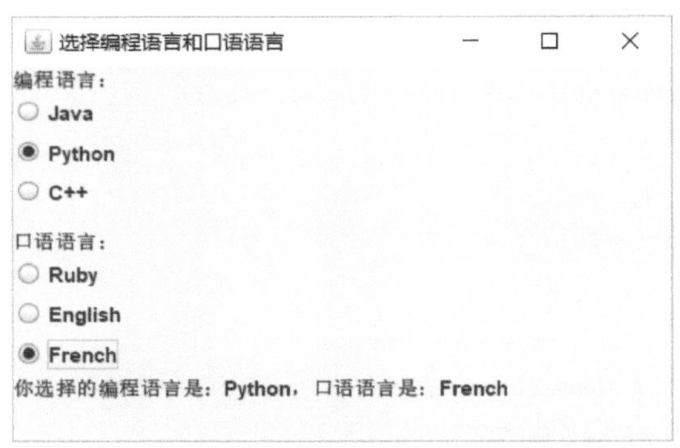

图 12-21　示例运行效果

示例代码如下：

```
package demo12_6_4;

import javax.swing.*;
```

```
import java.awt.*;
import java.awt.event.ActionEvent;
import java.awt.event.ActionListener;

import javax.swing.*;
import java.awt.*;
import java.awt.event.ActionEvent;
import java.awt.event.ActionListener;

public class MultipleButtonGroupsExample extends JFrame {
  private JRadioButton javaButton;
  private JRadioButton pythonButton;
  private JRadioButton cppButton;
  private JRadioButton deutschButton;
  private JRadioButton englishButton;
  private JRadioButton frenchButton;
  private ButtonGroup languageGroup;
  private ButtonGroup spokenLanguageGroup;
  private JLabel resultLabel;

  public MultipleButtonGroupsExample() {
      super("选择编程语言和口语语言");

①     javaButton = new JRadioButton("Java");
      pythonButton = new JRadioButton("Python");
      cppButton = new JRadioButton("C++");

      deutschButton = new JRadioButton("Deutsch");
      englishButton = new JRadioButton("English");
②     frenchButton = new JRadioButton("French");

      // 创建两个按钮组,确保在每个组中只能选择其中一个选项
③     languageGroup = new ButtonGroup();
④     languageGroup.add(javaButton);
      languageGroup.add(pythonButton);
      languageGroup.add(cppButton);

⑤     spokenLanguageGroup = new ButtonGroup();
⑥     spokenLanguageGroup.add(deutschButton);
      spokenLanguageGroup.add(englishButton);
      spokenLanguageGroup.add(frenchButton);

      // 创建标签用于显示选择结果
      resultLabel = new JLabel("你选择的编程语言是:");
```

```
        // 添加单选按钮和标签到内容面板
        JPanel panel = new JPanel();
        panel.setLayout(new BoxLayout(panel, BoxLayout.Y_AXIS));
        panel.add(createLabel("编程语言:"));
        panel.add(javaButton);
        panel.add(pythonButton);
        panel.add(cppButton);
        panel.add(Box.createVerticalStrut(10)); // 添加一些垂直空白间隔
        panel.add(createLabel("口语语言:"));
        panel.add(deutschButton);
        panel.add(englishButton);
        panel.add(frenchButton);
        panel.add(resultLabel);

        // 添加事件监听器
⑦       ActionListener radioListener = new RadioButtonListener();
        javaButton.addActionListener(radioListener);
        pythonButton.addActionListener(radioListener);
        cppButton.addActionListener(radioListener);
        deutschButton.addActionListener(radioListener);
        englishButton.addActionListener(radioListener);
        frenchButton.addActionListener(radioListener);
        // 设置布局
        setLayout(new BorderLayout());
        add(panel, BorderLayout.CENTER);

        setDefaultCloseOperation(JFrame.EXIT_ON_CLOSE);
        // 设置窗口大小
        setSize(400, 300);
        setLocationRelativeTo(null); // 居中显示
    }

    // 单选按钮的事件监听器
⑧   private class RadioButtonListener implements ActionListener {
        @Override
        public void actionPerformed(ActionEvent e) {
            String languageChoice = "";
            String spokenLanguageChoice = "";

            // 获取编程语言的选择
⑨           if (javaButton.isSelected()) {
                languageChoice = "Java";
            } else if (pythonButton.isSelected()) {
```

```
                languageChoice = "Python";
            } else if (cppButton.isSelected()) {
                languageChoice = "C++";
            }

            // 获取口语语言的选择
            if (deutschButton.isSelected()) {
                spokenLanguageChoice = "Deutsch";
            } else if (englishButton.isSelected()) {
                spokenLanguageChoice = "English";
            } else if (frenchButton.isSelected()) {
                spokenLanguageChoice = "French";
            }

            // 更新标签,显示选择结果
            resultLabel.setText("你选择的编程语言是:" + languageChoice + ",口语语言是:" + spoken
LanguageChoice);
        }
    }

    private JLabel createLabel(String text) {
        JLabel label = new JLabel(text);
        label.setAlignmentX(Component.LEFT_ALIGNMENT);
        return label;
    }

    public static void main(String[] args) {
        MultipleButtonGroupsExample app = new MultipleButtonGroupsExample();
        app.setVisible(true);
    }
}
```

在此示例中创建了两个单选按钮组：languageGroup 和 spokenLanguageGroup，并确保在每个组中只能选择其中一个选项。用户可以在编程语言组中选择 Java、Python 或 C++，在口语语言组中选择 Deutsch、English 或 French。每当用户进行选择时，标签 resultLabel 将更新显示用户的选择结果。

代码解释如下：

代码第①处和第②处之间的代码创建 6 个单选按钮。

代码第③处创建名为 languageGroup 的按钮组，用于选择编程语言。

代码第④处将 javaButton 添加到 languageGroup 按钮组中，确保在这个组中只能选择一个选项。

代码第⑤处创建名为 spokenLanguageGroup 的按钮组，用于选择口语语言。

代码第⑥处将 rubyButton 添加到 spokenLanguageGroup 按钮组中，确保在这个组中只能选择一个选项。

代码第⑦处创建一个名为 RadioButtonListener 的事件监听器类，用于处理单选按钮的选择事件。

代码第⑧处的 RadioButtonListener 类实现了 ActionListener 接口，用于监听单选按钮的事件。

代码第⑨处在事件监听器中，使用 isSelected( ) 方法检查 javaButton 是否被选中，如果被选中，则将 languageChoice 设置为 Java。对于其他编程语言单选按钮，使用相似的方式获取用户的选择。

12.6.5 复选框

Swing 中的多选组件是复选框（JCheckBox），复选框能提供开和关两种状态，有时也单独使用。

下面通过示例介绍复选框，图 12-22 所示是一个窗口应用程序，用户可以选择披萨、汉堡和意大利面中的一个或多个选项。每当用户选择或取消选择一个复选框时，标签将会更新显示他们的选择结果。这个示例展示了复选框的实际用途，帮助用户在多个选项中进行选择。

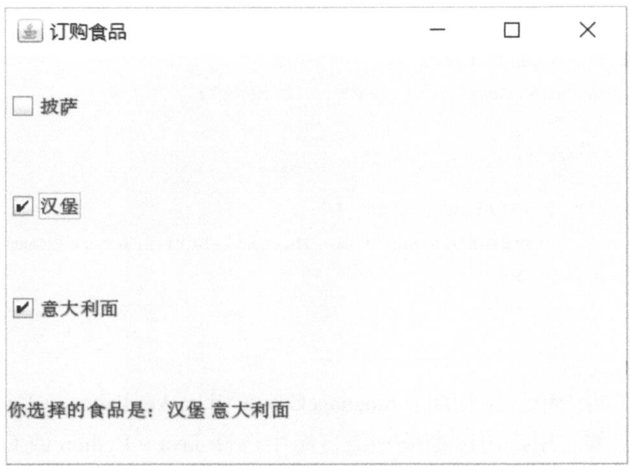

图 12-22　示例运行效果

示例代码如下：

```
package demo12_6_5;

import javax.swing.*;
import java.awt.*;
import java.awt.event.ActionEvent;
```

```
import java.awt.event.ActionListener;

public class FoodOrderApp extends JFrame {
  private JCheckBox pizzaCheckBox;
  private JCheckBox burgerCheckBox;
  private JCheckBox pastaCheckBox;
  private JLabel resultLabel;

  public FoodOrderApp() {
      super("订购食品");

      // 设置窗口大小
      setSize(300, 100);
①     pizzaCheckBox = new JCheckBox("披萨");
      burgerCheckBox = new JCheckBox("汉堡");
②     pastaCheckBox = new JCheckBox("意大利面");
      resultLabel = new JLabel("你选择的食品是:");

      // 添加复选框的选项监听器
③     ActionListener checkBoxListener = new CheckBoxListener();
      pizzaCheckBox.addActionListener(checkBoxListener);
      burgerCheckBox.addActionListener(checkBoxListener);
      pastaCheckBox.addActionListener(checkBoxListener);

      // 设置布局
④     setLayout(new GridLayout(4, 1));
⑤     add(pizzaCheckBox);
      add(burgerCheckBox);
⑥     add(pastaCheckBox);
      add(resultLabel);
      setDefaultCloseOperation(JFrame.EXIT_ON_CLOSE);

      // 设置窗口大小
      setSize(400, 300);
      setLocationRelativeTo(null); // 居中显示
  }

  // 复选框的选项监听器
⑦ private class CheckBoxListener implements ActionListener {
      @ Override
⑧     public void actionPerformed(ActionEvent e) {
          String selectedItems = "";
⑨         if (pizzaCheckBox.isSelected()) {
              selectedItems += pizzaCheckBox.getText() + " ";
```

```
            }
            if (burgerCheckBox.isSelected()) {
                selectedItems += burgerCheckBox.getText() + " ";
            }
            if (pastaCheckBox.isSelected()) {
                selectedItems += pastaCheckBox.getText();
            }
            // 更新标签,显示选择结果
            resultLabel.setText("你选择的食品是:" + selectedItems);
        }
    }

    public static void main(String[] args) {
        FoodOrderApp app = new FoodOrderApp();
        app.setVisible(true);
    }
}
```

代码解释如下：

代码第①处和第②处之间的代码创建三个复选框对象。

代码第③处创建一个名为 checkBoxListener 的复选框选项监听器，然后将复选框的选项监听器 checkBoxListener 添加到每个复选框中，以便在用户选择或取消选择复选框时触发相应的操作。

代码第④处设置内容面板的布局为有 4 行和 1 列的网格布局。

代码第⑤处和第⑥处之间的代码将复选框 pizzaCheckBox、burgerCheckBox 和 pastaCheckBox 添加到内容面板中。根据 GridLayout 的布局，它们将在 4 行中依次排列。

代码第⑦处是一个内部类，实现了复选框的选项监听器。

代码第⑧处的 actionPerformed 方法中，在用户选择或取消选择复选框时执行相应的操作。

代码第⑨处的三个 if 语句中，检查每个复选框是否被选中，如果被选中，则将其文本内容添加到 selectedItems 字符串中。

12.6.6 列表

Swing 中提供了列表（JList）组件，可以单选或多选。

JList 的常用构造方法如下。

- JList()：创建一个列表对象。
- JList(Object[] listData)：创建一个列表对象，listData 用于设置列表中的选项。列表中的选项内容可以是任意类，而不再局限于 String。

下面通过示例介绍列表组件。如图 12-23 所示，窗口中有一个选择水果的列表组件，用户可以通过单击列表中的项目来选择水果，按住〈Ctrl〉键可以进行多选。每当用户进行选择时，ListSelectionListener 监听器将获取用户的选择并将其显示在resultLabel标签中，以便用户可以查看他们选择的水果。

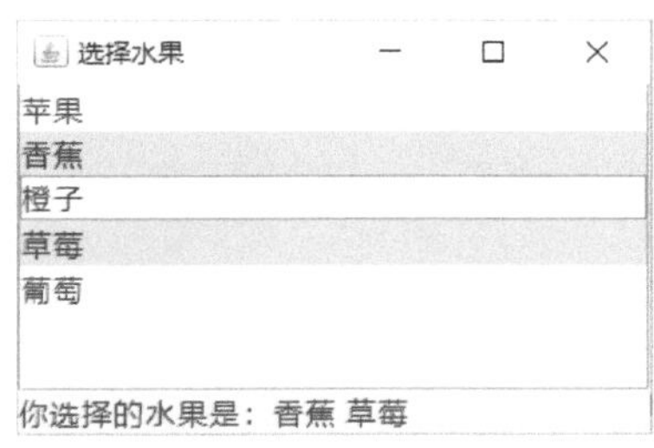

图 12-23　示例运行效果

示例代码如下：

```
package demo12_6_6;

import javax.swing.*;
import java.awt.*;

public class ListExample extends JFrame {
  private JList<String> itemList;
  private JLabel resultLabel;

  public ListExample() {
      super("选择水果");

①     Font font = (new Font("微软雅黑", Font.PLAIN, 14)); // 设置更大的字号

②     String[] fruits = {"苹果", "香蕉", "橙子", "草莓", "葡萄"};

③     itemList = new JList<>(fruits);
④     itemList.setFont(font); // 设置更大的字号
⑤     itemList.setSelectionMode(ListSelectionModel.MULTIPLE_INTERVAL_SELECTION);

      resultLabel = new JLabel("你选择的水果是:");
      resultLabel.setFont(font); // 设置更大的字号

      // 添加列表选择监听器
⑥     ListSelectionListener listSelectionListener = new ListSelectionListener();
⑦     itemList.addListSelectionListener(listSelectionListener);

      // 设置布局
      setLayout(new BorderLayout());
      add(new JScrollPane(itemList), BorderLayout.CENTER);
      add(resultLabel, BorderLayout.SOUTH);
```

```
        setDefaultCloseOperation(JFrame.EXIT_ON_CLOSE);
        setSize(300, 200);
        setLocationRelativeTo(null); // 居中显示
    }

    // 列表选择监听器
⑧   private class ListSelectionListener implements javax.swing.event.ListSelectionListener {
        @ Override
⑨       public void valueChanged(javax.swing.event.ListSelectionEvent e) {
            if (! e.getValueIsAdjusting()) {
⑩              Object[] selectedItems = itemList.getSelectedValues();
                StringBuilder selectedFruits = new StringBuilder();
                for (Object item : selectedItems) {
                    selectedFruits.append(item).append(" ");
                }
                resultLabel.setText("你选择的水果是:" + selectedFruits);
            }
        }
    }

    public static void main(String[] args) {
        // 运行程序
        ListExample app = new ListExample();
        app.setVisible(true);
    }
}
```

代码解释如下：

代码第①处设置更大的字号，在构造函数中，创建一个 Font 对象 font，使用“微软雅黑”字体，设置为普通风格（Font.PLAIN），字号大小为 14。

代码第②处创建一个包含“苹果”“香蕉”“橙子”“草莓”“葡萄”的字符串数组 fruits。

代码第③处使用水果数组 fruits 来初始化 JList 组件 itemList。

代码第④处将之前创建的字体 font 应用于 JList 组件 itemList，以设置列表中的文本显示为更大的字号。

代码第⑤处通过调用 setSelectionMode( )方法，将 JList 组件 itemList 的选择模式设置为 ListSelectionModel.MULTIPLE_INTERVAL_SELECTION，允许多选。

代码第⑥处创建一个内部类 ListSelectionListener，实现 javax.swing.event.ListSelectionListener 接口，用于监听列表的选择事件。

代码第⑦处将创建的列表选择监听器 listSelectionListener 添加到 JList 组件 itemList 上，以便监听用户选择的变化。

代码第⑧处在内部类 ListSelectionListener 中实现了 javax.swing.event.ListSelectionListener 接口，它用于捕获列表选择的事件。

代码第⑨处表示当用户更改列表项时调用 valueChanged( )方法。在这里检查 e.getValueIsAdjusting( )以确保只有在用户完成选择时才处理事件。

代码第⑩处通过 getSelectedValues( )方法获取 JList 组件 itemList 中的选定项，存储在 selectedItems 数组中。然后遍历这个数组，将选定的水果拼接为一个字符串 selectedFruits，并将其显示在 resultLabel标签中，以反映用户的选择。

12.6.7 下拉列表框

Swing 中提供了下拉列表框（JComboBox）组件，每次只能选择其中的一项。JComboBox 的常用构造方法如下。

- JComboBox( )：创建一个下拉列表框对象。
- JComboBox(Object [ ] items)：创建一个下拉列表框对象，items 用于设置下拉列表中的选项。下拉列表中的选项内容可以是任意类，而不再局限于 String。

下面通过示例介绍下拉列表框组件。如图 12-24 所示，界面中有一个下拉列表框组件。

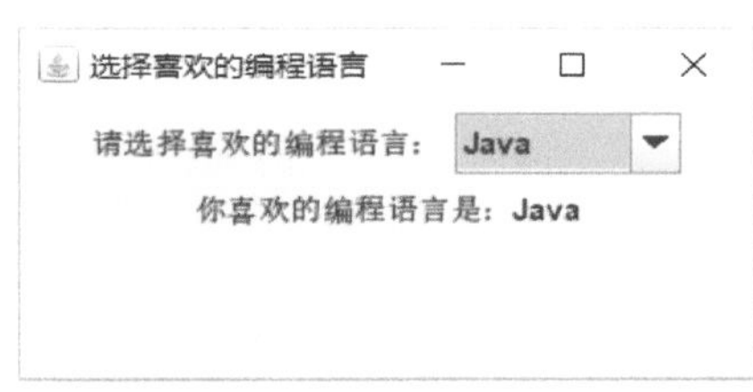

图 12-24　示例运行效果

示例代码如下：

```
package demo12_6_7;

import javax.swing.*;
import java.awt.*;
import java.awt.event.ActionEvent;
import java.awt.event.ActionListener;

public class ComboBoxExample extends JFrame {
  private final JComboBox<String> languageComboBox;
  private JLabel resultLabel;

  public ComboBoxExample() {
      super("选择喜欢的编程语言");
①     String[] languages = {"Java", "Python", "C++", "JavaScript", "Ruby"};
②     languageComboBox = new JComboBox<>(languages);
③     languageComboBox.setSelectedIndex(0); // 设置默认选中项
      resultLabel = new JLabel("你喜欢的编程语言是:" + languages[0]);
```

```
        // 添加下拉列表选择监听器
④       ActionListener comboBoxListener = new ComboBoxListener();
⑤       languageComboBox.addActionListener(comboBoxListener);

        // 设置布局
        setLayout(new FlowLayout());
        add(new JLabel("请选择喜欢的编程语言:"));
        add(languageComboBox);
        add(resultLabel);

        setDefaultCloseOperation(JFrame.EXIT_ON_CLOSE);
        setSize(300, 150);
        setLocationRelativeTo(null); // 居中显示
    }

    // 下拉列表选择监听器
⑥   private class ComboBoxListener implements ActionListener {
        @ Override
⑦       public void actionPerformed(ActionEvent e) {
⑧           String selectedLanguage = (String) languageComboBox.getSelectedItem();
⑨           resultLabel.setText("你喜欢的编程语言是:" + selectedLanguage);
        }
    }

    public static void main(String[] args) {
        // 运行程序
        ComboBoxExample app = new ComboBoxExample();
        app.setVisible(true);
    }
}
```

代码解释如下：

代码第①处创建一个字符串数组 languages，其中包含几种编程语言的名称。

代码第②处创建一个 JComboBox 组件 languageComboBox，并将编程语言数组 languages 传递给它，作为下拉列表选项。

代码第③处设置默认选中项为数组中的第一种编程语言，即将下拉列表选中的索引设置为 0，对应数组中的“Java”。

代码第④处创建一个下拉列表选择监听器 comboBoxListener，这是一个内部类 ComboBoxListener 的实例化对象。

代码第⑤处将下拉列表选择监听器 comboBoxListener 添加到 languageComboBox 组件中，以便在用户选择不同的编程语言时触发监听器。

代码第⑥处创建一个内部类 ComboBoxListener，实现 ActionListener 接口，作为下拉列表选择监听器。

代码第⑦处在 ComboBoxListener 内部类中实现 actionPerformed 方法，以处理用户选择编程语言的事件。

代码第⑧处获取用户选择的编程语言，这里使用类型转换将选择的对象转换为 String 类型，因为编程语言数组中的元素是 String 类型。

代码第⑨处根据用户选择更新 resultLabel 标签的内容，显示用户喜欢的编程语言。在这里，通过 setText 方法将标签的文本更新为选择的编程语言，从而在界面上显示出来。

12.6.8 表格

当有大量数据需要展示时，可以使用二维表格，有时也可以使用表格修改数据。表格是非常重要的组件，Swing 提供了表格组件 JTable 类，但是表格组件比较复杂，它的表现形式与数据是分离的。Swing 的很多组件都是按照 MVC 设计模式进行设计的，JTable 最有代表性。按照 MVC 设计理念，JTable 属于视图，对应的模型是 javax.swing.table.TableModel 接口实现类，用户根据自己的业务逻辑和数据实现 TableModel 接口。由于 TableModel 接口要求实现所有抽象方法，使用起来比较麻烦，如果只是使用很简单的表格，可以使用 AbstractTableModel 抽象类。实际开发时需要继承 AbstractTableModel 抽象类。

JTable 类的常用构造方法如下。

- JTable(TableModel dm)：通过模型创建表格，dm 是模型对象，其中包含了表格要显示的数据。
- JTable(Object[][] rowData,Object[] columnNames)：通过二维数组和指定列名创建一个表格对象，rowData 是表格中的数据，columnNames 是列名。
- JTable(int numRows,int numColumns)：按指定行数和列数创建一个空的表格对象。

图 12-25 所示为一个使用 JTable 的示例将表格放置在一个窗口中。

JTable示例

名称	价格	数量
苹果	5.5	20
香蕉	3.2	30
梨	6.3	15

图 12-25　表格示例

具体代码如下：

```
package demo12_6_8;

import javax.swing.*;
```

```
import java.awt.*;

public class MyTableExample extends JFrame {

  public MyTableExample() {

        // 设置窗口属性
        super("JTable 示例");
        setSize(500, 300);
        setDefaultCloseOperation(JFrame.EXIT_ON_CLOSE);
        // 定义表格数据
        String[] columnNames = {"名称", "价格", "数量"};
        Object[][] data = {
                {"苹果", 5.5, 20},
                {"香蕉", 3.2, 30},
                {"梨", 6.3, 15}
        };

        // 创建 JTable
①       JTable table = new JTable(data, columnNames);
        // 添加到容器
②       this.add(new JScrollPane(table));
    }
    public static void main(String[] args) {
        MyTableExample app = new MyTableExample();
        app.setVisible(true);
    }
}
```

代码解释如下：

代码第①处创建了一个 JTable 组件，数据数组 data 和列名数组 columnNames 作为参数。数据数组 data 存储着表格中的内容，其中每一行是一个 Object[ ]数组，表示一行数据；列名数组 columnNames 存储着表格的列标题，每个元素是一个表示列名称的字符串。

代码第②处将 JTable 添加到窗口容器中。由于 JTable 可能会显示大量数据，为了在需要滚动时能够显示所有内容，我们使用 JScrollPane 包装 JTable。JScrollPane 是一个带滚动条的容器，它可以容纳 JTable 并在需要时显示滚动条，确保所有内容都在可见范围内显示。

12.6.9 训练营 3：掌握表格组件

在本训练营中，我们将学习表格组件（JTable）的使用，这是 Java Swing 中非常重要的一部分。表格组件可以实现在图形用户界面（GUI）中显示和编辑数据表格，如 Excel 表格一样。

在 Java Swing 中，JTable 是用于显示和编辑二维数据的主要组件。它使用布局管理器来自动调整其大小和位置，以适应不同的窗口大小和屏幕分辨率。这使得我们能够创建灵活且适应性强的数据展示界面，使用户在不同的设备和平台上都能够方便地查看和编辑数据。

该训练营要求：

创建一个表格，如图 12-26 所示，在窗口上采用表格显示图书信息。

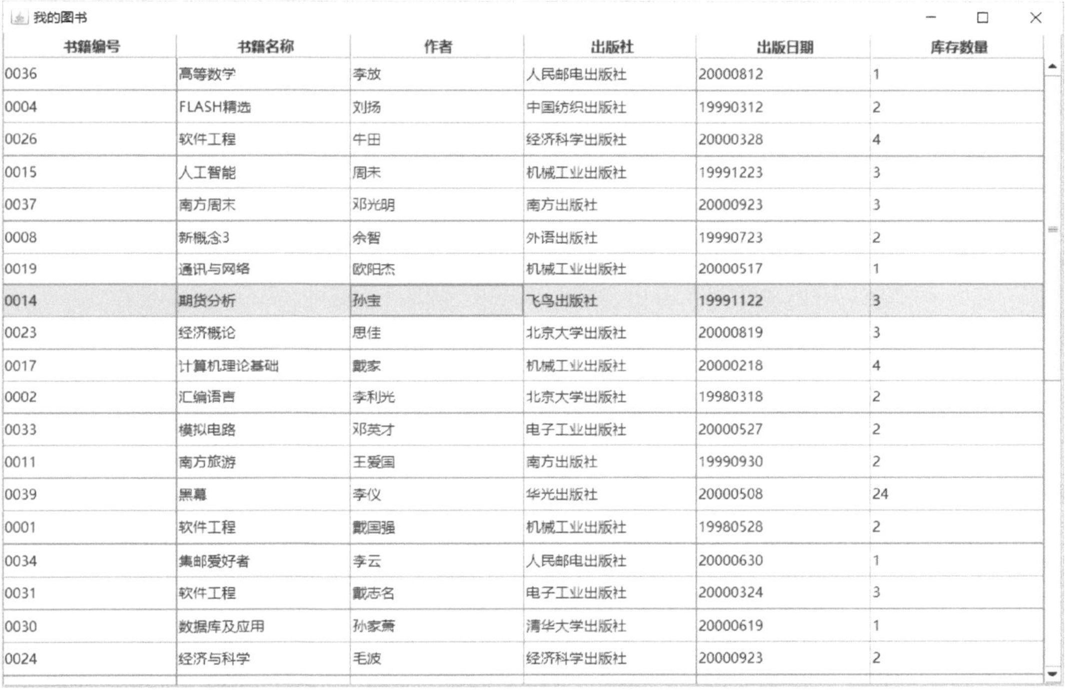

我的图书

书籍编号	书籍名称	作者	出版社	出版日期	库存数量
0036	高等数学	李放	人民邮电出版社	20000812	1
0004	FLASH精选	刘扬	中国纺织出版社	19990312	2
0026	软件工程	牛田	经济科学出版社	20000328	4
0015	人工智能	周末	机械工业出版社	19991223	3
0037	南方周末	邓光明	南方出版社	20000923	3
0008	新概念3	余智	外语出版社	19990723	2
0019	通讯与网络	欧阳杰	机械工业出版社	20000517	1
0014	期货分析	孙宝	飞鸟出版社	19991122	3
0023	经济概论	思佳	北京大学出版社	20000819	3
0017	计算机理论基础	戴家	机械工业出版社	20000218	4
0002	汇编语言	李利光	北京大学出版社	19980318	2
0033	模拟电路	邓英才	电子工业出版社	20000527	2
0011	南方旅游	王爱国	南方出版社	19990930	2
0039	黑幕	李仪	华光出版社	20000508	24
0001	软件工程	戴国强	机械工业出版社	19980528	2
0034	集邮爱好者	李云	人民邮电出版社	20000630	1
0031	软件工程	戴志名	电子工业出版社	20000324	3
0030	数据库及应用	孙家萧	清华大学出版社	20000619	1
0024	经济与科学	毛波	经济科学出版社	20000923	2

图 12-26　图书信息

训练营参考代码如下：

```
package demo12_6_9;

import demo12_5.GridLayoutExample;

import javax.swing.*;
import java.awt.*;

public class BookTable extends JFrame {

  // 获得当前屏幕的宽高
private double screenWidth
  // 声明表格成员变量
```

```
    private JTable table;

    public BookTable() {
        super("我的图书");
①       table = new JTable(rowData, columnNames);
        // 设置表中内容字体
        table.setFont(new Font("微软雅黑", Font.PLAIN, 13));
        // 设置表列标题字体
        table.getTableHeader().setFont(new Font("微软雅黑", Font.BOLD, 13));
        // 设置表行高
②       table.setRowHeight(30);
        // 设置为单行选中模式
③       table.setSelectionMode(javax.swing.ListSelectionModel.SINGLE_SELECTION);
        // 返回表格选择器
④       ListSelectionModel selectionModel = table.getSelectionModel();
        // 注册监听器,选中行发生更改时触发
⑤       selectionModel.addListSelectionListener(e -> {
            //鼠标按下
⑥           if (e.getValueIsAdjusting()) {
                // 从事件源中获得表格选择器
⑦               ListSelectionModel lsm = (ListSelectionModel) e.getSource();
                if (lsm.isSelectionEmpty()) {
                    System.out.println("没有选中行");
                } else {
⑧                   int selectedRow = lsm.getMinSelectionIndex();
                    System.out.println("第" + selectedRow + "行被选中");
                }
            }
        });

        // 滚动条面板
⑨       JScrollPane scrollPane = new JScrollPane();
⑩       scrollPane.setViewportView(table);
        add(scrollPane, BorderLayout.CENTER);

        // 设置窗口大小
        setSize(960, 640);
        // 将窗口相对于屏幕中央显示
        setLocationRelative(null);
        // 设置窗口可见
        setVisible(true);
    }
```

```
    // 表格列标题
    String[] columnNames = {"书籍编号", "书籍名称", "作者", "出版社", "出版日期", "库存数量"};
    // 表格数据
    Object[][] rowData = {{"0036", "高等数学", "李放", "人民邮电出版社", "20000812", 1},
...
{"0016", "数据库系统概念", "吴红", "机械工业出版社", "20000328", 3}, {"0005", "java 基础", "王一", "电子工业出版社", "19990528", 3}, {"0032", "SQL 使用手册", "贺民", "电子工业出版社", "19990425", 2}};

    public static void main(String[] args) {
        // 运行程序
        BookTable app = new BookTable();
        app.setVisible(true);
    }
}
```

代码解释如下：

代码第①处创建一个 JTable 实例，并将 rowData 和 columnNames 作为参数传入，从而初始化表格的数据和列标题。

代码第②处设置表格的行高为 30 像素。

代码第③处设置表格为单行选中模式，意味着用户只能选择表格中的一行数据。

代码第④处获取表格的选择模型（ListSelectionModel），用于监听用户的行选择事件。

代码第⑤处使用 Lambda 表达式为选择模型添加监听器，监听器会在用户选择行时触发。

代码第⑥处通过 e.getValueIsAdjusting( ) 判断是否是鼠标按下事件。

代码第⑦处从事件源中获得表格选择器，并检查是否有选中行。

代码第⑧处获取选中的行号，并输出到控制台。

代码第⑨处创建一个 JScrollPane（滚动条面板），将 JTable 添加到其中，并使用 BorderLayout 将滚动条面板添加到主窗口的中间位置。这是为了在表格数据过多时，可以通过滚动条来浏览表格内容。

代码第⑩处设置窗口大小和居中显示：通过 setSize( ) 设置窗口大小为 960×640 像素，然后通过计算使窗口位于屏幕中心，使用 setLocation( ) 方法实现。

12.7 总结与扩展

本章总结

本章介绍了 Java 图形用户界面（GUI）技术，主要包括 AWT、Swing 和 JavaFX。 GUI 技术允许用户通过图形界面与用户进行交互，提供了更友好、更直观的应用程序界面。

我们首先了解了 AWT（Abstract Window Toolkit），它是 Java 最早提供的 GUI 库，使用本地平台的图形库来渲染界面。 然而，由于 AWT 的组件受限且不美观，Swing 应运而生。

接着，我们学习了 Swing，它是 Java 提供的一个强大的 GUI 库，用于创建更丰富、更灵活的用户界面。Swing 的组件类层次结构清晰，提供了丰富的组件和布局管理器，使界面开发变得更加便捷。

在 Swing 中，我们学习了事件处理机制，了解了不同类型的事件监听器的实现方式，包括命名内部类事件监听器、匿名内部类事件监听器和 Lambda 表达式事件监听器。

另外，我们探讨了布局管理器的使用，介绍了 FlowLayout、BorderLayout、GridLayout 和 BoxLayout 四种常用的布局管理器，帮助我们实现界面组件的合理布局和显示。

最后，我们介绍了 Swing 中的一些常用组件，如标签、文本输入组件、单选按钮、复选框、列表、下拉列表框和表格组件等，这些组件使得我们能够构建更加丰富的图形界面。

扩展学习

1）学习 JavaFX 技术，它是 Java 平台上新一代的 GUI 库，提供了更现代化、更强大的图形界面功能。

2）掌握更复杂的布局管理器，如 GridBagLayout 和 SpringLayout，以实现更灵活的组件布局。

3）学习自定义组件和皮肤，实现个性化的界面设计。

4）研究图形界面与后端逻辑的交互，包括事件处理、数据传递等。

12.8 同步练习

【练习】参考图 12-27 编写一个简单的计算器。

图 12-27 简单的计算器

第 13 章 网上冲浪大冒险
——网络编程

老师，我在学 Java 编程，听说网络编程也很重要，它是用来做什么的呢？

网络编程是让程序可以通过网络来通信和交换数据的技术。就像人们通过电话交流信息一样，程序也可以通过网络与其他设备进行通信。

那程序怎么在网络上通信呢？

主要是通过 TCP/IP 协议栈建立连接。TCP/IP 提供了一套标准，规定了数据传输的格式和流程。程序按照这些协议组织数据并交换，就实现了网络通信。

听起来很复杂呢。通信需要遵循的规定真多。

是的，不过我们不需要全都了解，Java 已经封装了很好的网络编程接口。我们主要需要学习 Socket 和 HTTP 相关的类，就可以进行网络交互了。

原来 Java 已经帮我们做了很多工作啦。那我们需要学习哪些网络编程的知识呢？

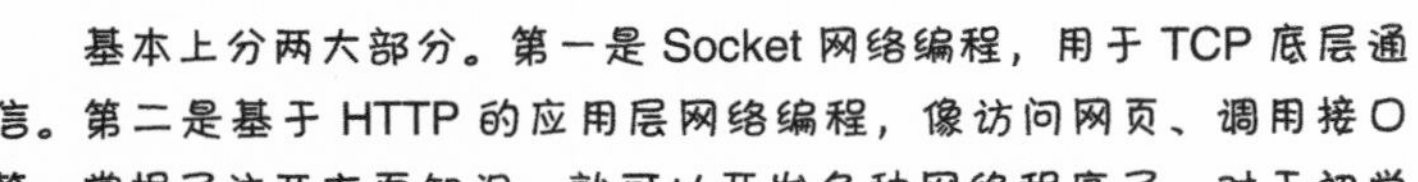

基本上分两大部分。第一是 Socket 网络编程，用于 TCP 底层通信。第二是基于 HTTP 的应用层网络编程，像访问网页、调用接口等。掌握了这两方面知识，就可以开发各种网络程序了。对于初学者，我推荐你先学习基于 HTTP 的应用层网络编程。

明白了，这节网络编程课我一定要学好！

13.1 网络基础

网络编程需要程序员掌握一些基础的网络知识，这一节先介绍一些网络基础知识。

13.1.1 TCP/IP

网络通信会用到协议，其中 TCP/IP 是非常重要的协议。TCP/IP 是由 IP 和 TCP 两个协议构成的。IP（Internet Protocol，互联网协议）是一种低级的路由协议，它将数据拆分成许多小的数据包，并通过网络将它们发送到某一特定地址，但无法保证所有包都抵达目的地，也不能保证包的顺序。由于 IP 传输数据的不安全性，网络通信时还需要 TCP。

TCP（Transmission Control Protocol，传输控制协议）是一种高层次的协议，面向连接的可靠数据传输协议，有些数据包没有收到会重发，并对数据包内容的准确性进行检查以保证数据包顺序，所以该协议保证数据包能够按照发送时顺序安全地送达目的地。

13.1.2 IP 地址

为实现网络中不同计算机之间的通信，每台计算机都必须有一个与众不同的标识，这就是 IP 地址，TCP/IP 使用 IP 地址来标识源地址和目的地址。最初所有的 IP 地址都是 32 位的数字，由 4 个 8 位的二进制数组成，每 8 位之间用圆点隔开，如 192.168.1.1，这种类型的地址通过 IPv4 指定。而现在有一种新的地址模式称为 IPv6，IPv6 使用 128 位数字表示一个地址，分为 8 个 16 位块。尽管 IPv6 比 IPv4 有很多优势，但是由于习惯的问题，很多设备还是采用 IPv4。不过，Java 语言同时支持 IPv4 和 IPv6。

在 IPv4 地址模式中，IP 地址分为 A、B、C、D 和 E 共 5 类。

- A 类地址用于大型网络，地址范围为 1.0.0.1~126.155.255.254。
- B 类地址用于中型网络，地址范围为 128.0.0.1~191.255.255.254。
- C 类地址用于小规模网络，地址范围为 192.0.0.1~223.255.255.254。
- D 类地址用于多目的地信息的传输和备用。
- E 类地址保留，仅做试验和开发用。

另外，有时还会用到一个特殊的 IP 地址 127.0.0.1，该地址称为回送地址，指本机。127.0.0.1 主要用于网络软件测试以及本机进程间通信，使用回送地址发送数据，不进行任何网络传输，只在本机进程间通信。

13.1.3 HTTP/HTTPS 协议

互联网访问大多都基于 HTTP/HTTPS 协议。下面将介绍 HTTP/HTTPS 协议。

1. HTTP

HTTP（HyperText Transfer Protocol，超文本传输协议）属于应用层的面向对象的协议，其简捷、快速的方式适用于分布式超文本信息的传输。它于 1990 年提出，经过多年的使用与发展，得到不断完善和扩展。HTTP 支持 C/S 网络结构，是无连接协议，即每一次请求时建立连接，服务器处理完客户端的请求后，给客户端应答然后断开连接，不会一直占用网络资源。

HTTP/1.1 共定义了 8 种请求方法：OPTIONS、HEAD、GET、POST、PUT、DELETE、TRACE 和 CONNECT。在 HTTP 访问中，一般使用 GET 和 POST 方法。

- GET 方法：向指定的资源发出请求，发送的信息“显式”地跟在 URL 后面，GET 方法只用来读取数据，例如静态图片等。GET 方法像使用明信片给别人写信，“信内容”写在外面，接触到的人都可以看到，因此是不安全的。
- POST 方法：向指定资源提交数据，请求服务器进行处理，例如提交表单或者上传文件等。数据被包含在请求体中。POST 方法像是把“信内容”装入信封，接触到的人都看不到，因此是安全的。

2. HTTPS 协议

HTTPS（HyperText Transfer Protocol Secure，超文本传输安全）协议是 HTTP 和 SSL（Secure Socket Layer，安全套接字层）的组合，用以提供加密通信及对网络服务器身份的鉴定。

简单地说，HTTPS 是 HTTP 的升级版，HTTPS 与 HTTP 的区别是，HTTPS 使用 https://代替 http://，HTTPS 使用端口 443 来与 TCP/IP 进行通信，而 HTTP 使用端口 80。SSL 使用 40 位关键字作为 RC4 流加密算法，这对于商业信息的加密是合适的。HTTPS 和 SSL 支持使用 X.509 数字认证，如果需要的话，用户可以确认发送者是谁。

13.1.4 端口

一个 IP 地址标识一台计算机，每一台计算机又有很多网络通信程序在运行，提供网络服务或进行通信，这就需要不同的端口进行通信。如果把 IP 地址比作电话号码，那么端口就是分机号码，进行网络通信时不仅要指定 IP 地址，还要指定端口号。

TCP/IP 系统中的端口号是一个 16 位的数字，它的范围是 0~65 535。小于 1024 的端口号保留给预定义的服务，如 HTTP 是 80，FTP 是 21，Telnet 是 23，Email 是 25 等，除非要和那些服务进行通信，否则不应该使用小于 1024 的端口。

13.1.5 URL

互联网资源是通过统一资源定位器（Uniform Resource Locator，URL）来标识、定位和访问的。URL 是一种标准化的地址格式，通常由协议（例如 HTTP 或 HTTPS）、域名或 IP 地址、端口号（可选），以及资源路径等组成。它提供了一种独特的方式，使我们能够准确定位并访问互联网上的各种资源，包括网页、图像、文件、视频等。通过输入合适的 URL，用户可以在浏览器或其他应用程序中轻松地访问所需的互联网资源。URL 的格式如下：

```
协议名://资源名
```

“协议名”是指获取资源所使用的传输协议，如 http、ftp、gopher 和 file 等，“资源名”则是资源的完整地址，包括主机名、端口号、文件名或文件内部的一个引用。例如：

```
https://www.google.com/
http://www.pythonpoint.com/network.html
http://www.zhijieketang.com:8800/Gamelan/network.html#BOTTOM
```

13.2 Java 访问互联网资源相关类

Java 的 java.net 包中提供了访问互联网资源的相关类，如 URL 和 HttpURLConnection 类等，下面分别介绍。

13.2.1 使用 URL 类

通过 URL 类访问互联网资源时采用的是 HTTP/HTTPS 协议，请求方法是 GET 方法，一般是请求静态的、少量的服务器端数据。由于使用 URL 进行网络编程，不需要对协议本身有太多的了解，相对而言是比较简单的。

URL 类的常用构造方法如下。

- URL(String spec)：根据字符串表示形式创建 URL 对象。
- URL(String protocol,String host,String file)：根据指定的协议名（protocol）、主机名（host）和文件名（file）创建 URL 对象。
- URL(String protocol,String host,int port,String file)：根据指定的协议名（protocol）、主机名（host）、端口号（port）和文件名（file）创建 URL 对象。

URL 类的常用方法如下。

- InputStream openStream()：打开到此 URL 的连接，并返回一个输入流。
- URLConnection openConnection()：打开到此 URL 的新连接，返回一个 URLConnection 对象。

使用过 URL 类访问网络资源的示例代码如下。

```java
package demo13_2_1;

import java.io.BufferedReader;
import java.io.IOException;
import java.io.InputStream;
import java.io.InputStreamReader;
import java.net.MalformedURLException;
import java.net.URL;

public class Main {
  // 定义 URL 网址
```

```
    static String strURL = "http://bang.dangdang.com/books/bestsellers";

    public static void main(String[] args) {

        URL reqURL;
        // 捕获 URL 格式错误
        try {
①           reqURL = new URL(strURL);
        } catch (MalformedURLException e) {
            System.out.println("URL 和格式错误!");
            // 如果发生异常,程序结束
            return;
        }
        // 声明 I/O 流变量
        InputStream is = null;
        InputStreamReader isr;
        BufferedReader br;

        try {
            // 打开网络通信输入流
②           is = reqURL.openStream();
            // 指定字符集 GBK 把字节流转换为字符流,
③           isr = new InputStreamReader(is, "gbk");
            // 创建缓冲输入流对象
④           br = new BufferedReader(isr);
            // 创建 StringBuilder 对象用于存储数据
            StringBuilder sb = new StringBuilder();
            // 首次读取一行数据
⑤           String line = br.readLine();
            while (line != null) {
                // 判断数据是否已经到流的尾部
                sb.append(line).append('\n');  // 追加一个换行符
                // 再次读取一行数据
                line = br.readLine();
            }
            // 关闭缓冲输入流
            br.close();
            // 打印获取的网页内容
            System.out.println(sb.toString());
        } catch (Exception e) {
            e.printStackTrace();
        } finally {
```

```
            try {
                if (is != null) {
⑥                   is.close();
                }
            } catch (IOException e) {
                e.printStackTrace();
            }
        }
    }
}
```

上述代码运行输出结果如下：

```
<! DOCTYPE html PUBLIC "-//W3C//DTD XHTML 1.0 Transitional//EN" "http://www.w3.org/TR/xhtml1/
DTD/xhtml1-transitional.dtd">
<htmlxmlns="http://www.w3.org/1999/xhtml">
<head>
<meta http-equiv="Content-Type" content="text/html; charset=gb2312" />
<meta name="keywords" content="图书畅销榜,畅销书推荐,畅销书排行榜,畅销书排行榜" />
<meta name="description" content="当当最新畅销书排行榜-畅销书推荐,提供真实、权威、可信的图书畅销榜数
据,查看 2014 畅销书排行榜,就上 DangDang.COM。" />
<title>图书畅销榜-近 24 小时畅销书排行榜-当当畅销图书排行榜</title>
    <script type="text/javascript" src="/books/js/jquery-1.4.2.min.js"></script>
    <script type="text/javascript" src="/books/js/common.js"></script>
    <script type="text/javascript" src="/books/js/popwin.js"></script>
    <script type="text/javascript" src="http://static.ddimg.cn/js/login/LoginWindow.js">
</script>
    <link type="text/css" href="/books/css/bang_list.css" rel="stylesheet" />
    <script type="text/javascript" src="/books/js/DD_belatedPNG_0.0.8a.js"></script>
    <script type="text/javascript">
    DD_belatedPNG.fix('.level,.level span');
    </script>
    <script type="text/javascript" src="http://a.dangdang.com/smart.js"></script>
</head>
<body>
...
});
</script>

        </body>
</html>
```

代码解释如下：

代码第①处通过给定的 URL 字符串创建 URL 对象，由于实例化 URL 对象时有可能会引发 MalformedURLException 异常，因此需要捕获或抛出这个异常。

代码第②处打开用于读取 URL 内容的 InputStream。

代码第③处创建 InputStreamReader 对象，而且使用 GBK 编码将字节流转换为字符流。

代码第④处创建 BufferedReader 对象以高效地从 InputStreamReader 读取字符。

代码第⑤处从 BufferedReader 中读取第一行数据。

代码第⑥处关闭 InputStream 流以释放资源。

在给定的示例代码中，选择使用 GBK 编码是因为访问的网页内容使用了 GBK 字符集进行编码。GBK 是简体中文字符集，如果不指定字符集，则默认采用的是 UTF-8 编码。

13.2.2 HttpURLConnection 类

老师，我了解到 Java 中的 URL 类可以发送 GET 请求，但是它的功能似乎有限，只支持 GET 方法。我想做更复杂的网络请求，该怎么办呢？

你观察得非常仔细！要进行更灵活和全面的网络请求，就需要使用 HttpURLConnection 类。

HttpURLConnection 类能帮我们做什么呢？

HttpURLConnection 类提供了一个低级别的 HTTP 请求接口，支持 GET、POST、PUT 等所有请求方法，可以添加请求头，配置各种参数，还可以读取响应信息。就是说，它可以做 URL 类做不了的很多事情。

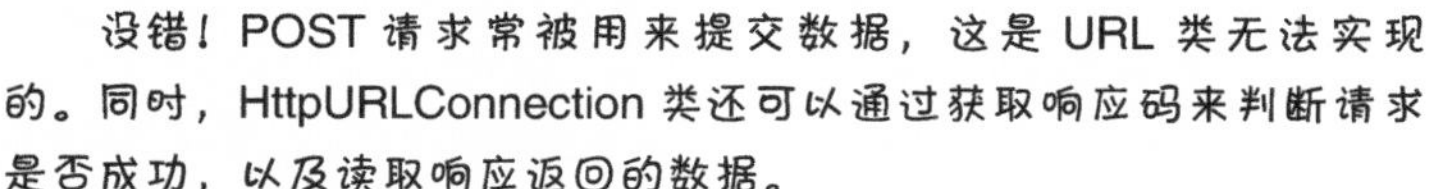

13.2.3 发送 GET 请求

将 13.2.1 节示例修改为使用 GET 请求返回 HTML 数据的示例代码如下：

```java
package demo13_2_3;

import java.io.BufferedReader;
import java.io.IOException;
import java.io.InputStream;
import java.io.InputStreamReader;
import java.net.HttpURLConnection;
import java.net.MalformedURLException;
import java.net.URL;

public class Main {
  // 声明 URL 网址
  static String strURL = "http://bang.dangdang.com/books/bestsellers";

  public static void main(String args[]) {

      URL reqURL;
      // 捕获 URL 格式错误
      try {
          reqURL = new URL(strURL);
      } catch (MalformedURLException e) {
```

```
        System.out.println("URL 和格式错误!");
        // 如果发生异常,程序结束
        return;
    }
    // 声明 I/O 流变量
    InputStream is = null;
    InputStreamReader isr;
    BufferedReader br;
    // HttpURL 连接变量
    HttpURLConnection conn = null;

    try {
        // 建立 URL 连接
①       conn = (HttpURLConnection) reqURL.openConnection();
        // 设置 HTTP 请求 GET 方法
②       conn.setRequestMethod("GET");
        // 打开网络通信输入流
        is = reqURL.openStream();
        // 指定字符集 GBK 把字节流转换为字符流,
        isr = new InputStreamReader(is, "gbk");
        // 创建缓冲输入流对象
        br = new BufferedReader(isr);
        StringBuilder sb = new StringBuilder();
        // 首次读取一行数据
        String line = br.readLine();
        while (line != null) {               // 判断数据是否已经到流的尾部
            sb.append(line).append('\n');    // 追加一个换行符
            // 打印数据
            System.out.println(sb);
            //再次读取一行数据
            line = br.readLine();
        }
    } catch (Exception e) {
        e.printStackTrace();
    } finally {
        try {
            is.close();
        } catch (IOException e) {
            e.printStackTrace();
        }
        // 释放资源
```

```
            if (conn != null) {
                // 断开连接
③               conn.disconnect();
            }
        }
    }
}
```

代码解释如下：

代码第①处建立 URL 连接。

代码第②处设置 HTTP 请求方法为 GET，表示要发送一个 GET 请求。这告诉服务器我们希望从指定的 URL 获取数据，而不是提交或修改数据。

代码第③处断开与服务器的连接，释放资源，确保在获取数据后关闭连接，避免资源泄漏。

13.3 训练营："我的备忘录"

Java 中的 HTTP 通信技术是进行网络通信的重要一环，它允许我们与 Web 服务器进行数据交换、获取网页内容、访问 API 等。本训练营是老师为了教学而开发的 Web 服务，该服务称为"备忘录"。该训练营实现步骤如下：

1. 搭建自己的 Web 服务器

由于很多现成的互联网资源不稳定，而且也没有适合备忘录案例的 Web 服务，因此本小结介绍如何自己搭建一个 Web 服务器，本节选择的 Web 服务器是 Apache Tomcat。

1）配置 Java 运行环境。Apache Tomcat 在运行需要用到 JAVA_HOME 环境变量，因此需要先设置 JAVA_HOME 环境变量。

2）安装 Apache Tomcat 服务器。读者可以从本章配套代码中找到 Apache Tomcat 安装包 apache-tomcat-9.0.13.zip。只须将 apache-tomcat-9.0.13.zip 文件解压即可安装。

3）启动 Apache Tomcat 服务器。在 Apache Tomcat 解压目录的 bin 目录中找到 startup.bat 文件，如图 13-1 所示，双击 startup.bat 即可以启动 Apache Tomcat。

启动 Apache Tomcat 成功后会看到如图 13-2 所示信息，其中默认端口是 8080。

4）测试 Apache Tomcat 服务器。打开浏览器，在地址栏中输入"http://localhost:8080/NoteWebService/"，如图 13-3 所示，该页面介绍了当前的 Web 服务器已经安装的 Web 应用（NoteWebService）的具体使用方法。

打开浏览器，在地址栏中输入"http://localhost:8080/NoteWebService/note.do"，如图 13-4 所示，在打开的页面中可以查询所有数据。

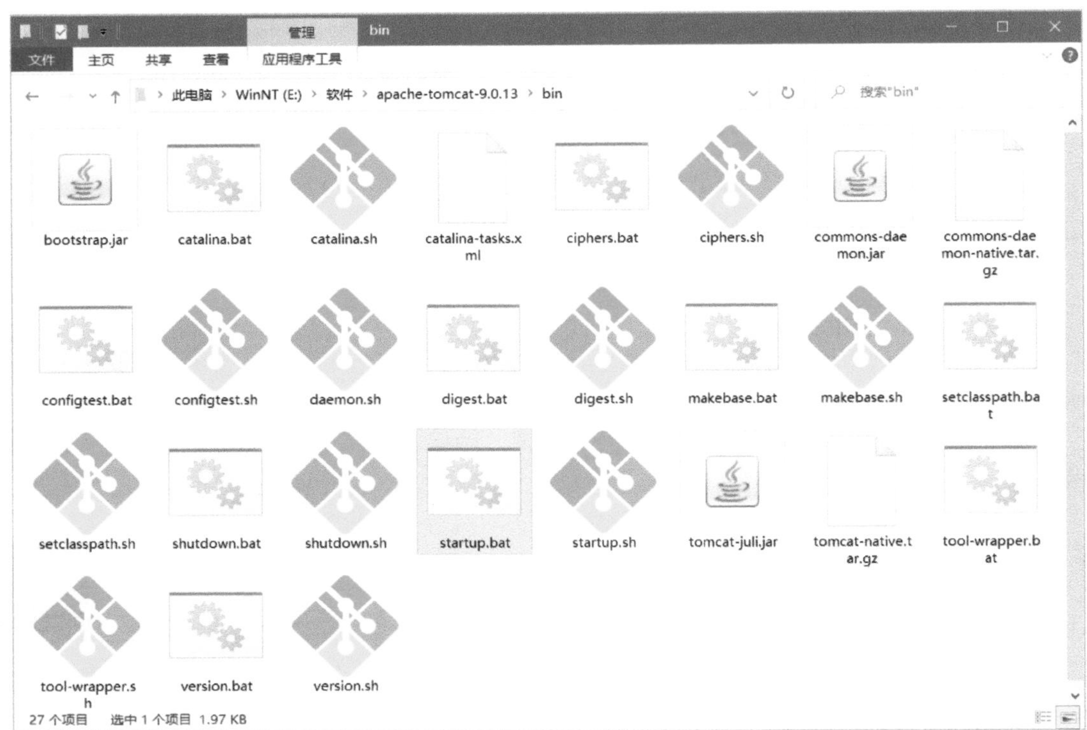

图 13-1　Apache Tomcat 解压目录的 bin 目录

```
Tomcat
r servlet write/read
25-Jul-2023 15:25:58.891 信息 [main] org.apache.catalina.startup.Catalina.load Initialization processed in 405 ms
25-Jul-2023 15:25:58.924 信息 [main] org.apache.catalina.core.StandardService.startInternal Starting service [Catalina]
25-Jul-2023 15:25:58.924 信息 [main] org.apache.catalina.core.StandardEngine.startInternal Starting Servlet Engine: Apache T
omcat/9.0.13
25-Jul-2023 15:25:58.930 信息 [main] org.apache.catalina.startup.HostConfig.deployDirectory Deploying web application direct
ory [E:\software\apache-tomcat-9.0.13\webapps\book.dangdang.com]
25-Jul-2023 15:25:59.113 信息 [main] org.apache.catalina.startup.HostConfig.deployDirectory Deployment of web application di
rectory [E:\software\apache-tomcat-9.0.13\webapps\book.dangdang.com] has finished in [182] ms
25-Jul-2023 15:25:59.113 信息 [main] org.apache.catalina.startup.HostConfig.deployDirectory Deploying web application direct
ory [E:\software\apache-tomcat-9.0.13\webapps\bookssys]
25-Jul-2023 15:25:59.129 信息 [main] org.apache.catalina.startup.HostConfig.deployDirectory Deployment of web application di
rectory [E:\software\apache-tomcat-9.0.13\webapps\bookssys] has finished in [16] ms
25-Jul-2023 15:25:59.130 信息 [main] org.apache.catalina.startup.HostConfig.deployDirectory Deploying web application direct
ory [E:\software\apache-tomcat-9.0.13\webapps\cities_info]
25-Jul-2023 15:25:59.155 信息 [main] org.apache.catalina.startup.HostConfig.deployDirectory Deployment of web application di
rectory [E:\software\apache-tomcat-9.0.13\webapps\cities_info] has finished in [26] ms
25-Jul-2023 15:25:59.155 信息 [main] org.apache.catalina.startup.HostConfig.deployDirectory Deploying web application direct
ory [E:\software\apache-tomcat-9.0.13\webapps\NoteWebService]
25-Jul-2023 15:25:59.197 信息 [main] org.apache.catalina.startup.HostConfig.deployDirectory Deployment of web application di
rectory [E:\software\apache-tomcat-9.0.13\webapps\NoteWebService] has finished in [42] ms
25-Jul-2023 15:25:59.199 信息 [main] org.apache.coyote.AbstractProtocol.start Starting ProtocolHandler ["http-nio-8080"]
25-Jul-2023 15:25:59.208 信息 [main] org.apache.coyote.AbstractProtocol.start Starting ProtocolHandler ["ajp-nio-8009"]
25-Jul-2023 15:25:59.211 信息 [main] org.apache.catalina.startup.Catalina.start Server startup in 318 ms
```

图 13-2　启动 Apache Tomcat

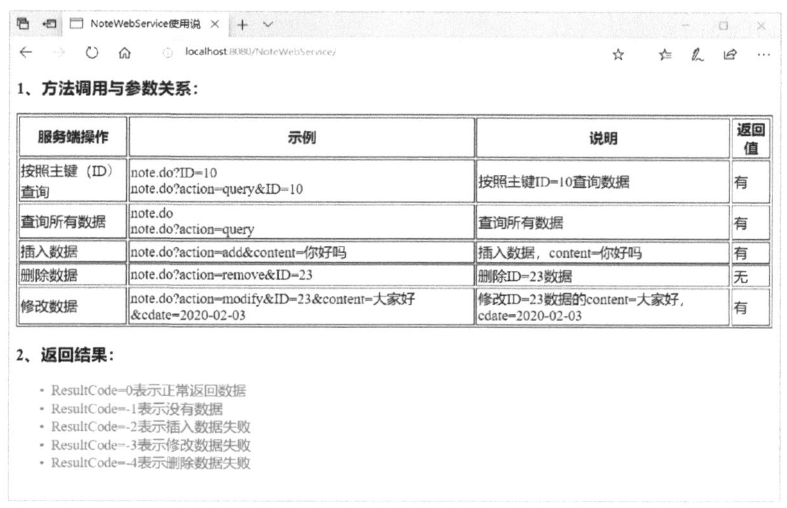

1、方法调用与参数关系：

服务端操作	示例	说明	返回值
按照主键（ID）查询	note.do?ID=10 note.do?action=query&ID=10	按照主键ID=10查询数据	有
查询所有数据	note.do note.do?action=query	查询所有数据	有
插入数据	note.do?action=add&content=你好吗	插入数据，content=你好吗	有
删除数据	note.do?action=remove&ID=23	删除ID=23数据	无
修改数据	note.do?action=modify&ID=23&content=大家好&cdate=2020-02-03	修改ID=23数据的content=大家好，cdate=2020-02-03	有

2、返回结果：

- ResultCode=0表示正常返回数据
- ResultCode=-1表示没有数据
- ResultCode=-2表示插入数据失败
- ResultCode=-3表示修改数据失败
- ResultCode=-4表示删除数据失败

图 13-3　NoteWebService 页面

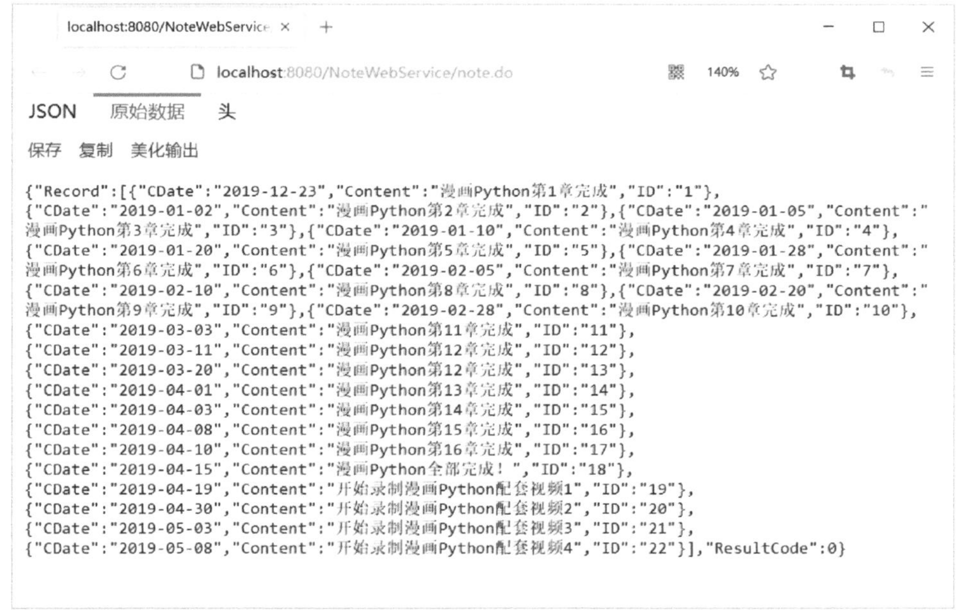

{"Record":[{"CDate":"2019-12-23","Content":"漫画Python第1章完成","ID":"1"},
{"CDate":"2019-01-02","Content":"漫画Python第2章完成","ID":"2"},{"CDate":"2019-01-05","Content":"
漫画Python第3章完成","ID":"3"},{"CDate":"2019-01-10","Content":"漫画Python第4章完成","ID":"4"},
{"CDate":"2019-01-20","Content":"漫画Python第5章完成","ID":"5"},{"CDate":"2019-01-28","Content":"
漫画Python第6章完成","ID":"6"},{"CDate":"2019-02-05","Content":"漫画Python第7章完成","ID":"7"},
{"CDate":"2019-02-10","Content":"漫画Python第8章完成","ID":"8"},{"CDate":"2019-02-20","Content":"
漫画Python第9章完成","ID":"9"},{"CDate":"2019-02-28","Content":"漫画Python第10章完成","ID":"10"},
{"CDate":"2019-03-03","Content":"漫画Python第11章完成","ID":"11"},
{"CDate":"2019-03-11","Content":"漫画Python第12章完成","ID":"12"},
{"CDate":"2019-03-20","Content":"漫画Python第12章完成","ID":"13"},
{"CDate":"2019-04-01","Content":"漫画Python第13章完成","ID":"14"},
{"CDate":"2019-04-03","Content":"漫画Python第14章完成","ID":"15"},
{"CDate":"2019-04-08","Content":"漫画Python第15章完成","ID":"16"},
{"CDate":"2019-04-10","Content":"漫画Python第16章完成","ID":"17"},
{"CDate":"2019-04-15","Content":"漫画Python全部完成！","ID":"18"},
{"CDate":"2019-04-19","Content":"开始录制漫画Python配套视频1","ID":"19"},
{"CDate":"2019-04-30","Content":"开始录制漫画Python配套视频2","ID":"20"},
{"CDate":"2019-05-03","Content":"开始录制漫画Python配套视频3","ID":"21"},
{"CDate":"2019-05-08","Content":"开始录制漫画Python配套视频4","ID":"22"}],"ResultCode":0}

图 13-4　查询所有数据

2. 发送 POST 请求数据

发送 POST 请求的具体代码如下：

```
package demo13_3;

import java.io.*;
import java.net.HttpURLConnection;
import java.net.MalformedURLException;
import java.net.URL;

public class Main {
  // 声明 URL 网址
  static String strURL = "http://localhost:8080/NoteWebService/note.do";

  public static void main(String[] args) {

      URL reqURL;
      // 捕获 URL 格式错误
      try {
          reqURL = new URL(strURL);
      } catch (MalformedURLException e) {
          System.out.println("URL 和格式错误!");
          // 如果发生异常,程序结束
          return;
      }
      // 声明 I/O 流变量
      InputStream is = null;
      InputStreamReader isr;
      BufferedReader br = null;
      // HttpURL 连接变量
      HttpURLConnection conn = null;

      try {
          // 建立 URL 连接
          conn = (HttpURLConnection) reqURL.openConnection();
          // 设置 HTTP 请求 POST 方法
          conn.setRequestMethod("POST");
          // 设置请求过程中可以传递参数给服务器
          conn.setDoOutput(true);
          // 数据包字符串
①         String param = String.format("ID=10&action=query");
          // 设置参数
          DataOutputStream dStream = new DataOutputStream(conn.getOutputStream());
          // 向输出流中写入数据
          dStream.writeBytes(param);
          // 关闭流,并将数据写入到服务器端
```

```
            dStream.close();

            // 打开网络通信输入流
            is = conn.getInputStream();
            // 通过 is 创建 InputStreamReader 对象
            isr = new InputStreamReader(is, "utf-8");
            // 通过 isr 创建 BufferedReader 对象
            br = new BufferedReader(isr);

            StringBuilder sb = new StringBuilder();
            String line = br.readLine();
            while (line != null) {
                sb.append(line);
                line = br.readLine();
            }
            // 日志输出
            System.out.println(sb);

        } catch (Exception e) {
            e.printStackTrace();
        } finally {
            if (conn != null) {
                conn.disconnect();
            }
            if (br != null) {
                try {
                    br.close();
                } catch (IOException e) {
                    e.printStackTrace();
                }
            }
        }
    }
}
```

运行上述示例，控制台输出结果：

```
{"CDate":"2019-02-28","Content":"漫画 Python 第 10 章完成","ID":"10","ResultCode":0}
```

上述代码通过 POST 方法向服务器发送一个数据包，其中包括 ID 和 action 字段，具体内容请参见代码第①处。

13.4 JSON 文档

13.3 节从服务器返回的字符串是一种 JSON 数据，JSON（JavaScript Object Notation）是一种轻量级的数据交换格式。所谓轻量级，是与 XML 文档结构相比而言的。因为描述项目的字符少，所以描述相同数据所需的字符个数要少，那么传输速度就会提高，而流量却会减少。

构成 JSON 文档的两种结构为对象和数组。对象是“名称-值”对集合，它类似于 Java 中的 Map 类型，而数组是一连串元素的集合。

对象是一个无序的“名称-值”对集合，一个对象以“{”（左大括号）开始，“}”（右大括号）结束。每个“名称”后跟一个“:”（冒号），“名称-值”对之间使用“,”（逗号）分隔。JSON 对象的语法表如图 13-5 所示。

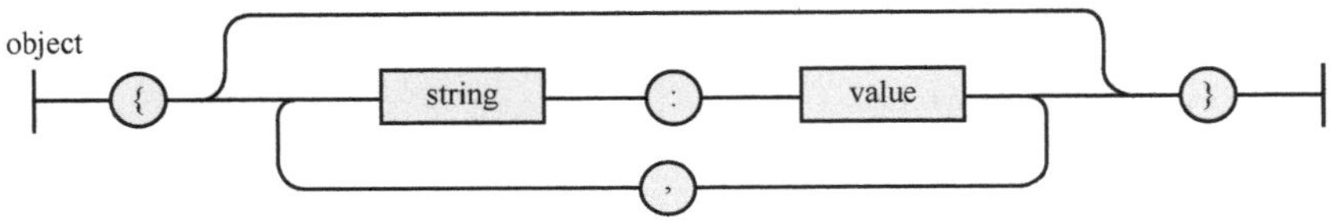

图 13-5　JSON 对象的语法表

下面是一个 JSON 对象的例子：

```
{
  "name":"a.htm",
  "size":345,
  "saved":true
}
```

数组是值的有序集合，以“[”（左中括号）开始，“]”（右中括号）结束，值之间使用“,”（逗号）分隔。JSON 数组的语法表如图 13-6 所示。

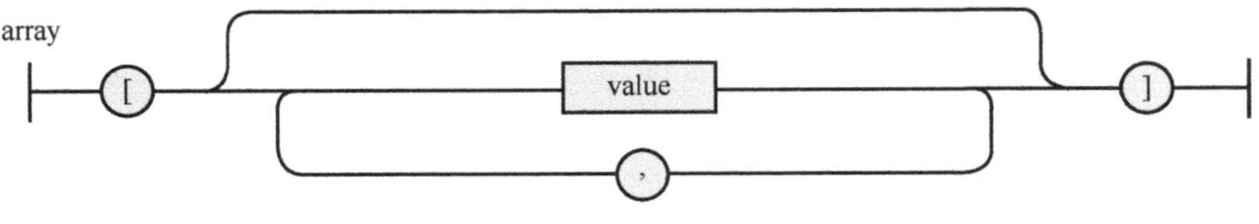

图 13-6　JSON 数组的语法表

下面是一个 JSON 数组的例子：

```
["text","html","css"]
```

在数组中，值可以是双引号括起来的字符串、数值、true、false、null、对象或者数组，而且这些结构可以嵌套。数组中的 JSON 值如图 13-7 所示。

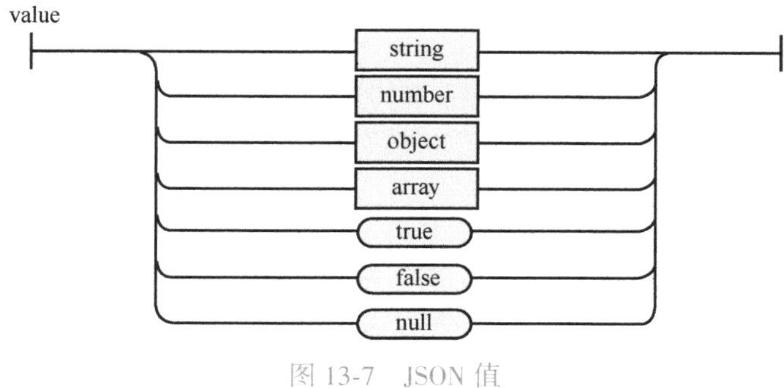

图 13-7 JSON 值

13.4.1 使用第三方 JSON 库

由于目前 Java 官方没有提供 JSON 编码和解码所需要的类库，因此需要使用第三方 JSON 库，这里推荐 JSON-java 库。JSON-java 库提供源代码，最重要的是它不依赖于其他第三方库，不需要再去找其他的库。可以通过网址 https://github.com/stleary/JSON-java 下载源代码。可以访问 API 在线文档 http://stleary.github.io/JSON-java/index.html。

下载 JSON-java 库源代码文件，解压后的文件如图 13-8 所示，其中源代码文件在 src\main\

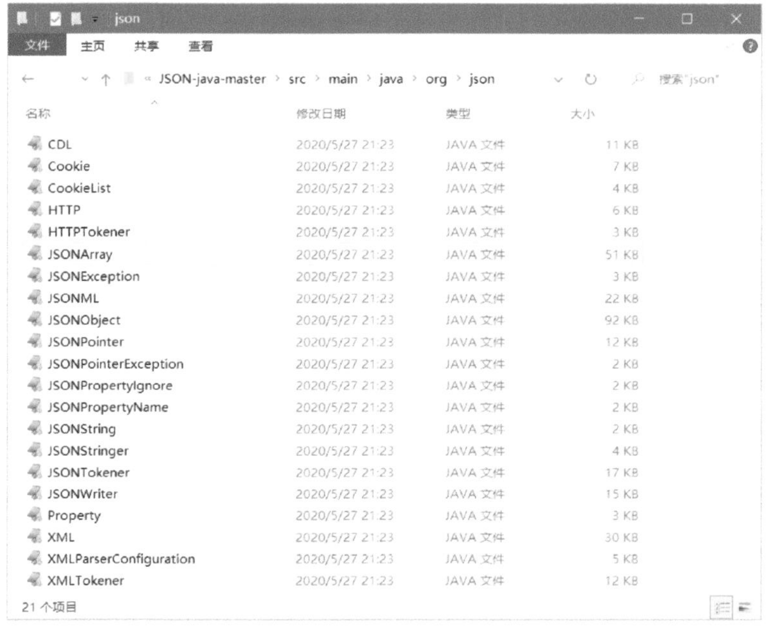

图 13-8 解压后的文件

java 目录下，org\json 是包。

将 JSON-java 库源代码文件添加到 IntelliJ IDEA 工程中，步骤如下。

需要将 JSON-java 库中 src\main\java 目录下的源代码（org 文件夹）复制到 IntelliJ IDEA 工程的 src 文件夹中，如图 13-9 所示。由于操作系统的资源管理器与 IntelliJ IDEA 工具之间可以互相复制粘贴，IntelliJ IDEA 中复制和粘贴操作的快捷键和快捷菜单与操作系统下完全一样。

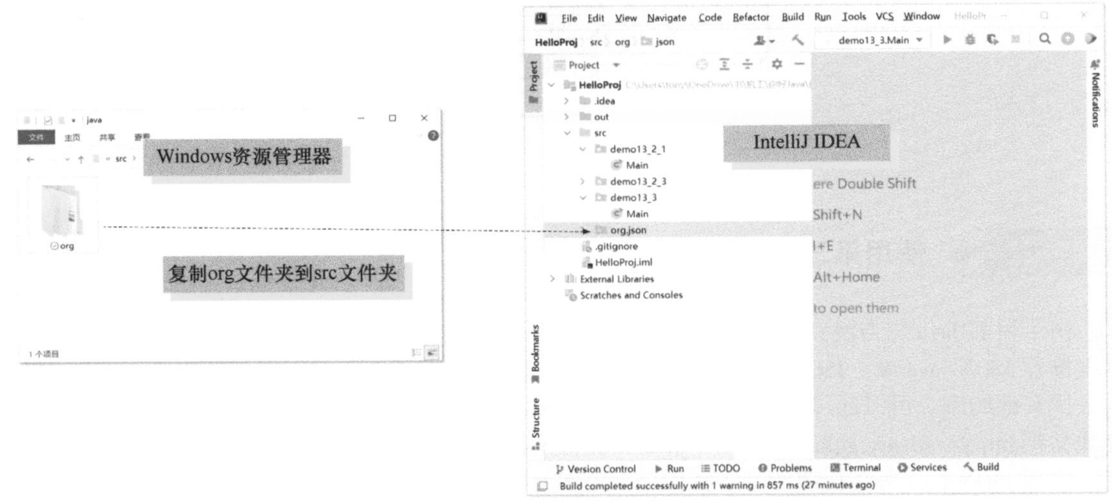

图 13-9　将 JSON-java 库源代码文件添加到 IntelliJ IDEA 工程

13.4.2　JSON 数据编码和解码

JSON 在进行数据交换时，它们存在的形式就是一个很长的字符串，这个字符串在网络中传输或者存储于磁盘等介质中。在传输和存储之前需要把 JSON 数据转换成为字符串，这个过程称为“编码”过程。接收方需要将接收到的字符串转换成为 JSON 数据，这个过程称为“解码”过程。编码和解码过程就像发电报时发送方把语言变成能够传输的符号，而接收时要将符号转换成为能够看懂的语言。

下面具体介绍一下 JSON 数据的编码和解码过程。

1）编码示例代码如下：

```
package demo13_4_2;

import org.json.JSONArray;
import org.json.JSONException;
import org.json.JSONObject;
```

```
//JSON 数据编码和解码
public class CodeExample{

  public static void main(String args[]) {
      // {"name": "tony", "age": 30, "a": [1, 3]}
      try {
          JSONObject jsonObject = new JSONObject(); //创建 JSONObject(JSON 对象)
          jsonObject.put("name", "tony");          //添加数据项到 jsonObject
          jsonObject.put("age", 30);               //添加数据项到 jsonObject

          JSONArray jsonArray = new JSONArray();    //创建 JSONArray
          jsonArray.put(1).put(3);       //向 JSON 数组中添加 1 和 3 两个元素
          jsonObject.put("a", jsonArray);          //将 JSON 数组添加到 JSON 对象中

          // 编码完成
          System.out.println(jsonObject.toString());//将 JSON 对象转换为字符串

      } catch (JSONException e) {
          e.printStackTrace();
      }
  }
}
```

运行上述示例，控制台输出结果：

```
{"a":[1,3],"name":"tony","age":30}
```

2）编码示例代码如下：

```
package demo13_4_2;

import org.json.JSONArray;
import org.json.JSONException;
import org.json.JSONObject;

public class DecodingExample {
  public static void main(String args[]) {
      // JSON 字符串
      String jsonString = "{\"name\":\"tony\", \"age\":30, \"a\":[1, 3]}";

      try {
          // 通过 JSON 字符串创建 JSON 对象
          JSONObject jsonObject = new JSONObject(jsonString);
          // 从 JSON 对象中按照名称取出 JSON 中对应的数据
          String name = jsonObject.getString("name");
          System.out.println("name : " + name);
```

```
            int age = jsonObject.getInt("age");
            System.out.println("age : " + age);
            // 取出一个 JSON 数组对象
            JSONArray jsonArray = jsonObject.getJSONArray("a");
            // 取出 JSON 数组第一个元素
            int n1 = jsonArray.getInt(0);
            System.out.println("数组 a 第一个元素 : " + n1);
            int n2 = jsonArray.getInt(1);
            System.out.println("数组 a 第二个元素 : " + n2);
        } catch (JSONException e) {
            e.printStackTrace();
        }
    }
}
```

运行上述示例，控制台输出结果：

```
name : tony
age : 30
数组 a 第一个元素 : 1
数组 a 第二个元素 : 3
```

13.5 总结与扩展

本章总结

本章介绍了 Java 中与网络相关的基础知识和访问互联网资源的类。了解网络基础对于在 Java 中进行网络编程和访问互联网资源非常重要。

首先，我们学习了网络基础，包括 TCP/IP、IP 地址、HTTP/HTTPS 协议、端口和 URL 的概念。这些概念是理解网络通信和资源访问的基础，有助于我们构建网络应用程序和进行网络数据交互。

接着，我们深入探讨了 Java 中访问互联网资源的相关类，主要包括 URL 类和 HttpURLConnection 类。通过 URL 类，我们可以创建 URL 对象来表示远程资源的地址，而 HttpURLConnection 类则允许我们与远程服务器建立连接，并发送 HTTP 请求获取数据。

在具体的访问过程中，我们学习了如何发送 GET 请求，获取服务器返回的数据，并进行处理和解析。我们还介绍了使用第三方 JSON 库来处理 JSON 格式的数据，这在现代网络应用中非常常见。

扩展学习

1）学习更多关于 TCP/IP 和 HTTP 的细节，了解网络通信的原理和机制。

2）探索 Java 中其他用于网络编程的类和框架，如 Socket 编程、Netty 等，拓展网络应用的开发能力。

3）研究网络安全和加密通信的相关知识，了解如何保障网络通信的安全性。

4）学习 RESTful API 的设计和使用，构建更灵活、可扩展的网络服务。

5）实践使用 Java 进行 Web 爬虫开发，掌握从网页中抓取和解析数据的技术。

13.6 同步练习

【练习 13-1】HTTP GET 请求和 JSON 数据解码。

访问"我的备忘录"Web 服务，通过 HTTP GET 请求查询所有备忘录数据，然后对返回的 JSON 数据进行解码，并打印到控制台。

访问所有备忘录数据的 URL 地址为 http://localhost:8080/NoteWebService/note.do。

【练习 13-2】下载图片。

访问"我的备忘录"Web 服务，通过 HTTP GET 请求从"我的备忘录"Web 服务下载图片。

访问图片的 URL 地址为 http://localhost:8080/NoteWebService/logo.png。

第 14 章 数据库编程的颠覆者——数据库编程

老师，听说数据库编程在软件开发中非常重要，什么是数据库编程呢？

数据库编程是使用编程语言（如 Java）来操作数据库的技术，包括连接数据库、执行 SQL 语句、获取结果等。

那为什么需要数据库编程呢？

大多数应用程序都需要持久化存储和管理数据，这就需要使用数据库。数据库编程为软件提供了数据存储和查询的功能。

我知道了！不过数据库看起来很复杂，我们需要学习哪些知识呢？

不用担心，Java 已经提供了很好的数据库访问机制 JDBC。我们主要需要学习 JDBC 的基本用法，如加载驱动、获取连接、执行语句、处理结果集等。

原来 Java 已经帮我们做了不少工作，这会简单很多！

是的，掌握了 JDBC 的基本知识，就可以进行数据库访问，实现增删改查等操作。这是每个 Java 程序员都应该掌握的重要能力。

学数据库编程肯定能让我的程序级别上一个台阶！我已经迫不及待了！

很好，让我们开始学习之旅，进入数据库编程的世界吧！

14.1 MySQL 数据库管理系统

MySQL 是流行的开源数据库管理系统，是 Oracle 旗下的数据库产品。目前 Oracle 提供了多

个 MySQL 版本，其中 MySQL Community Edition（社区版）是免费的，该版本比较适合中小企业，本书也对这个版本进行介绍。

社区版安装文件下载页面如图 14-1 所示，可以选择不同的平台版本，MySQL 可在 Windows、Linux 和 UNIX 等操作系统上安装和运行，读者根据情况选择不同平台的安装文件下载。

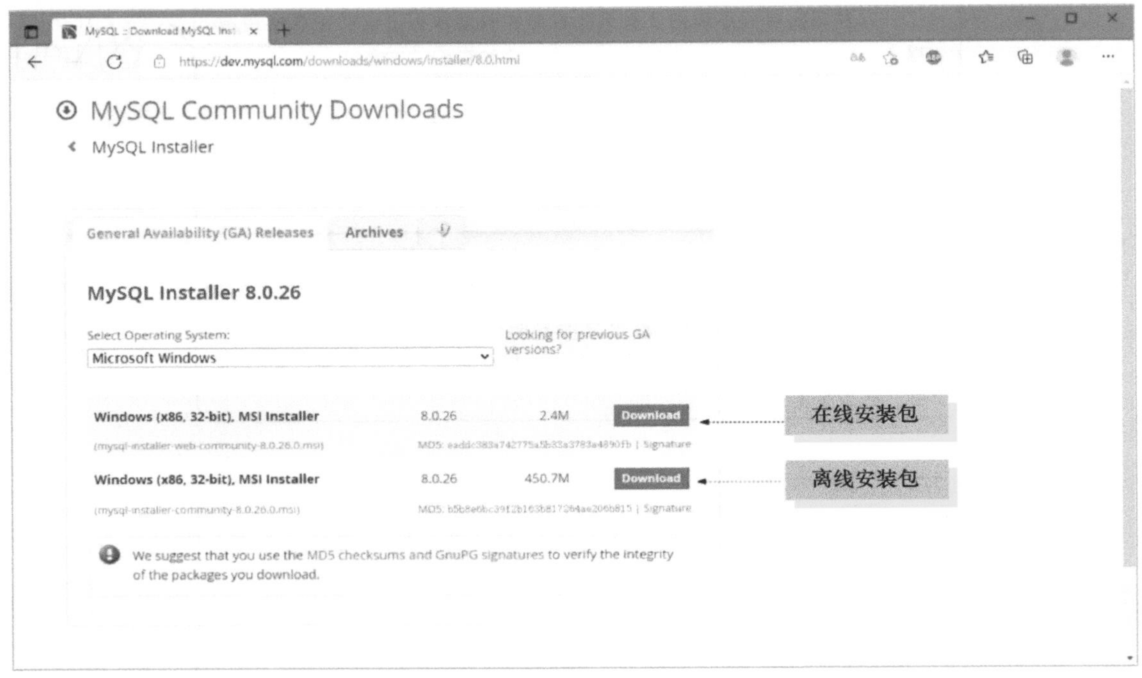

图 14-1　社区版安装文件下载页面

14.1.1　安装 MySQL 8 数据库

笔者计算机的操作系统是 64 位 Windows 10，笔者下载的离线安装包文件是 mysql-installer-community-8.0.28.0.msi，双击该文件就可以安装了。

MySQL 8 数据库的安装过程如下。

1. 选择安装类型

第一步是选择安装类型，如图 14-2 所示，此对话框可以让开发人员选择安装类型，如果是为了学习 Java 而使用数据库，则推荐选中 Server only，即只安装 MySQL 服务器，不安装其他的组件。

在图 14-2 所示的对话框中，单击 Next 按钮进入如图 14-3 所示对话框。

然后单击 Execute 按钮，开始执行安装。

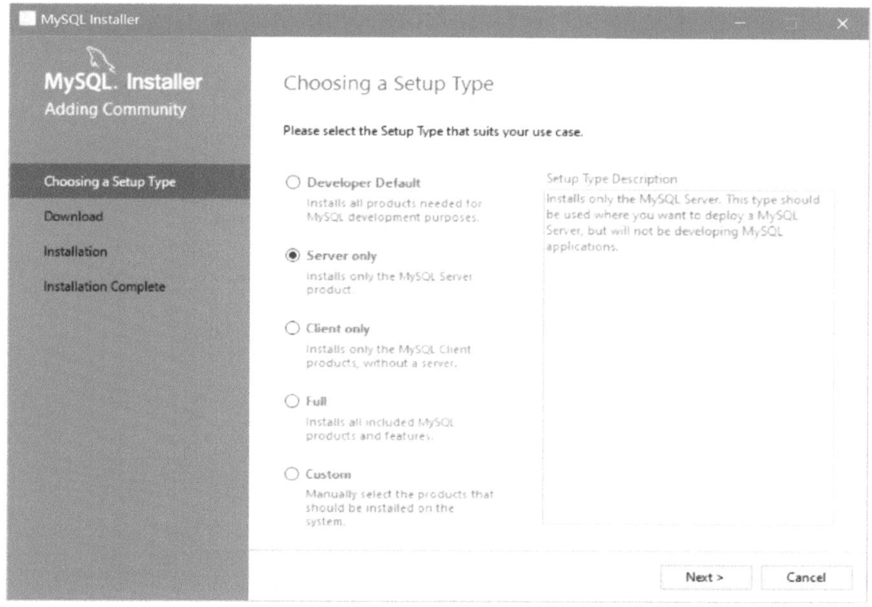

图 14-2　选择安装类型

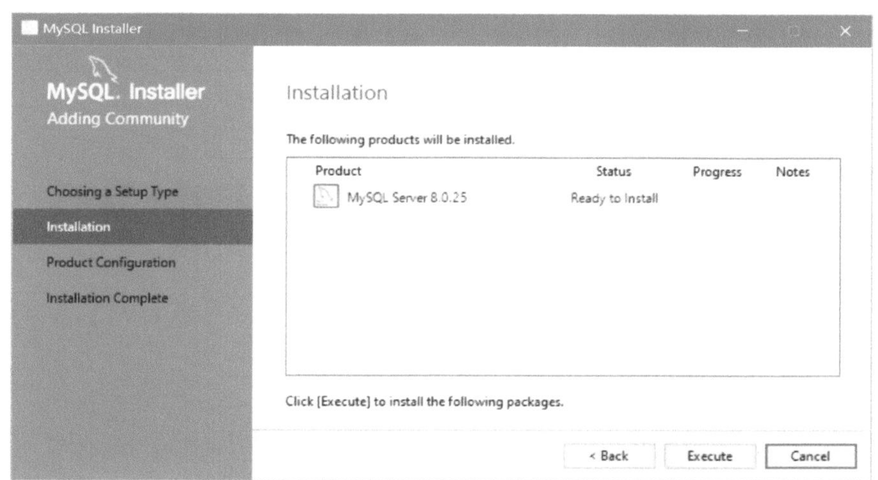

图 14-3　安装对话框

2. 配置安装

安装完成后，还需要进行必要的配置，其中重要的有两个步骤。

1）配置网络通信端口，如图 14-4 所示，默认通信端口是 3306，如果没有端口冲突，建议不修改。

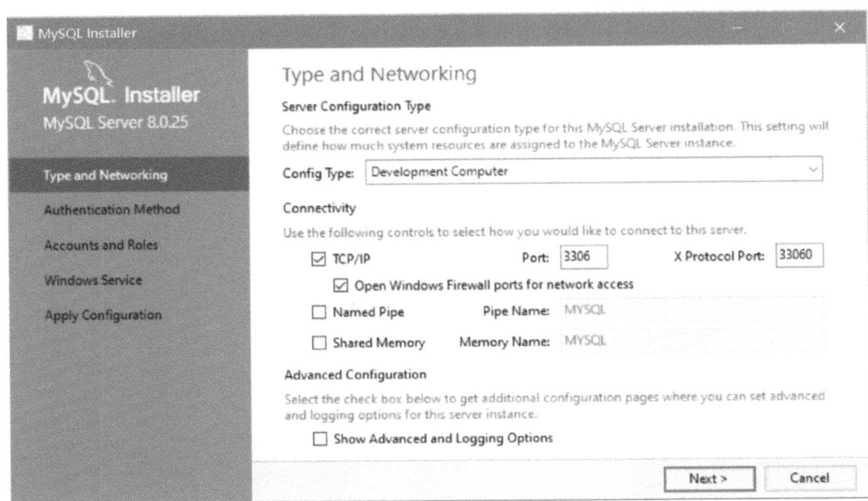

图 14-4　配置网络通信端口

2）设置密码，如图 14-5 所示，可以为 root 用户设置密码，也可以添加其他普通用户。

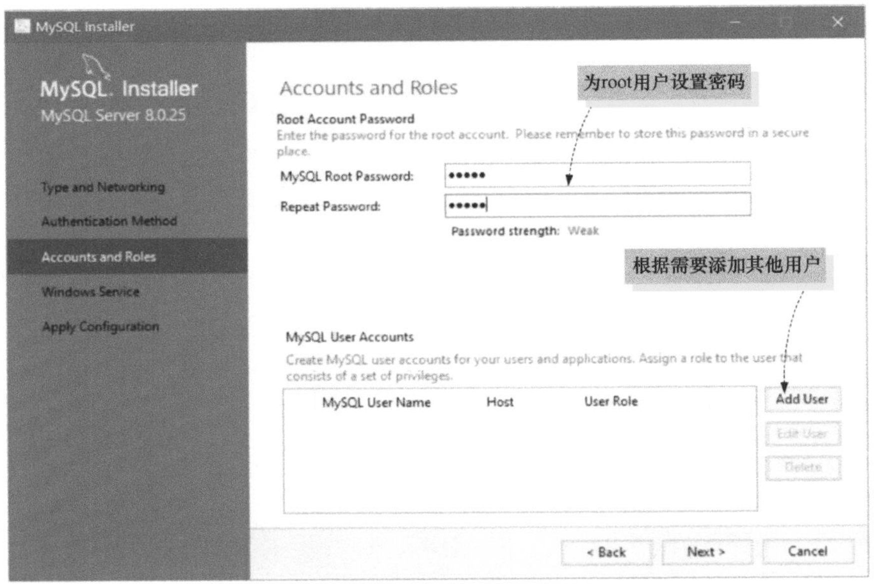

图 14-5　设置密码

3. 配置 Path 环境变量

为了使用方便，笔者推荐把 MySQL 安装路径添加到 Path 环境变量中，如图 14-6 所示，打开“环境变量”对话框。

图 14-6 “环境变量”对话框

双击 Path 环境变量，弹出“编辑环境变量”对话框，如图 14-7 所示，在此对话框中添加 MySQL 安装路径。

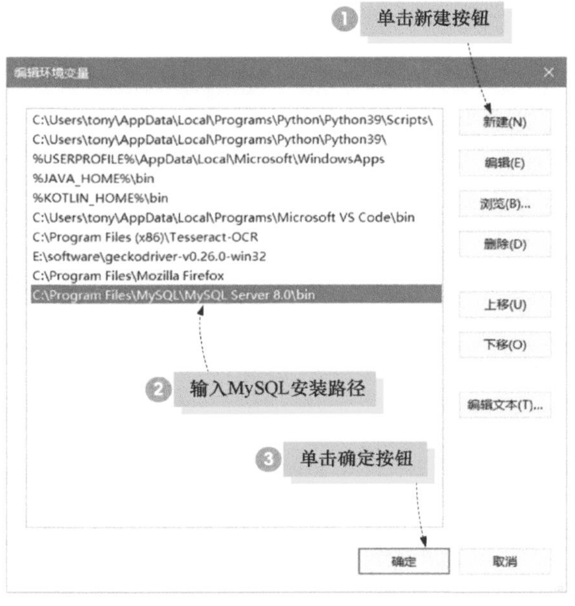

图 14-7 “编辑环境变量”对话框

14.1.2 客户端登录服务器

MySQL 服务器安装好后，就可以使用了。使用 MySQL 服务器的第一步是通过客户端登录服务器。登录服务器可以使用命令提示符窗口（MacOS 和 Linux 中叫终端窗口）或 GUI（图形用户界面）工具登录 MySQL 数据库，笔者推荐使用命令提示符窗口登录，下面介绍使用命令提示符窗口登录服务器的过程。

使用命令提示符窗口登录服务器的完整指令如下：

```
mysql -h 主机 IP 地址(主机名) -u 用户 -p
```

其中，-h、-u、-p 是参数，说明如下。

- -h：说明其后是要登录的服务器主机名或 IP 地址，可以是远程的服务器主机。注意-h 后面可以没有空格。如果是本机登录，则可以省略。
- -u：说明其后是登录服务器的用户，这个用户一定是数据库中存在的，并且具有登录服务器的权限。注意-u 后面可以没有空格。
- -p：说明其后是用户对应的密码，可以直接在-p 后面输入密码，也可以在按〈Enter〉键后再输入密码。

图 14-8 所示是使用 mysql 指令登录本机服务器。

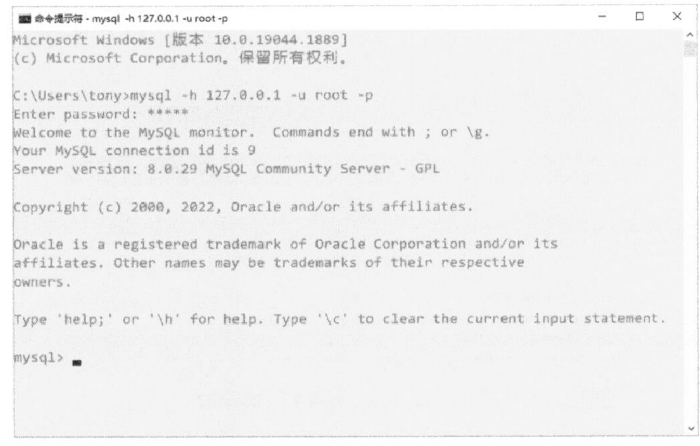

图 14-8　使用 mysql 指令登录服务器

14.1.3 常见的管理命令

通过命令行客户端管理 MySQL 数据库，需要了解一些常用的命令。

1. 查看帮助信息

第一个应该熟悉的就是 help 命令，help 命令能够列出 MySQL 其他命令的帮助信息。在命令行客户端中输入 help，不需要分号结尾，直接按〈Enter〉键，如图 14-9 所示。这里都是 MySQL 的管理命令，这些命令大部分不需要分号结尾。

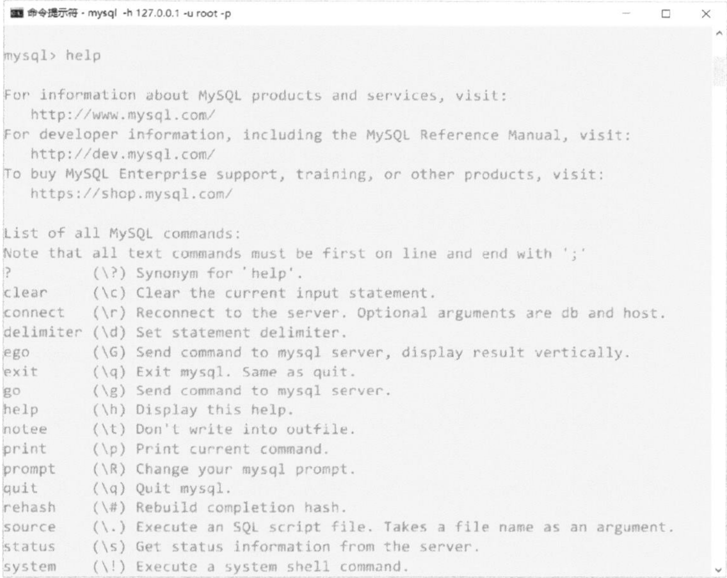

```
命令提示符 - mysql -h 127.0.0.1 -u root -p

mysql> help

For information about MySQL products and services, visit:
   http://www.mysql.com/
For developer information, including the MySQL Reference Manual, visit:
   http://dev.mysql.com/
To buy MySQL Enterprise support, training, or other products, visit:
   https://shop.mysql.com/

List of all MySQL commands:
Note that all text commands must be first on line and end with ';'
?         (\?) Synonym for 'help'.
clear     (\c) Clear the current input statement.
connect   (\r) Reconnect to the server. Optional arguments are db and host.
delimiter (\d) Set statement delimiter.
ego       (\G) Send command to mysql server, display result vertically.
exit      (\q) Exit mysql. Same as quit.
go        (\g) Send command to mysql server.
help      (\h) Display this help.
notee     (\t) Don't write into outfile.
print     (\p) Print current command.
prompt    (\R) Change your mysql prompt.
quit      (\q) Quit mysql.
rehash    (\#) Rebuild completion hash.
source    (\.) Execute an SQL script file. Takes a file name as an argument.
status    (\s) Get status information from the server.
system    (\!) Execute a system shell command.
```

图 14-9　查看帮助信息

2. 退出命令行客户端

从命令行客户端中退出，可以在命令行客户端使用 quit 或 exit 命令，如图 14-10 所示。这两个命令也不需要分号结尾。

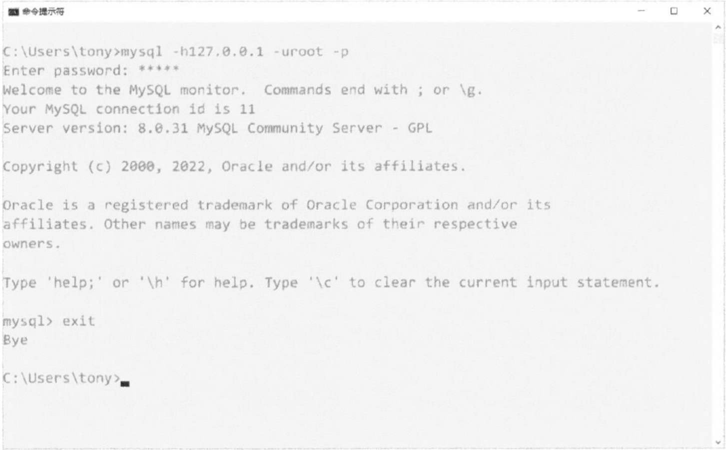

```
命令提示符

C:\Users\tony>mysql -h127.0.0.1 -uroot -p
Enter password: *****
Welcome to the MySQL monitor.  Commands end with ; or \g.
Your MySQL connection id is 11
Server version: 8.0.31 MySQL Community Server - GPL

Copyright (c) 2000, 2022, Oracle and/or its affiliates.

Oracle is a registered trademark of Oracle Corporation and/or its
affiliates. Other names may be trademarks of their respective
owners.

Type 'help;' or '\h' for help. Type '\c' to clear the current input statement.

mysql> exit
Bye

C:\Users\tony>
```

图 14-10　退出命令行客户端

3. 查看数据库

查看数据库的命令是“show databases;”，如图 14-11 所示，注意该命令以分号结尾。

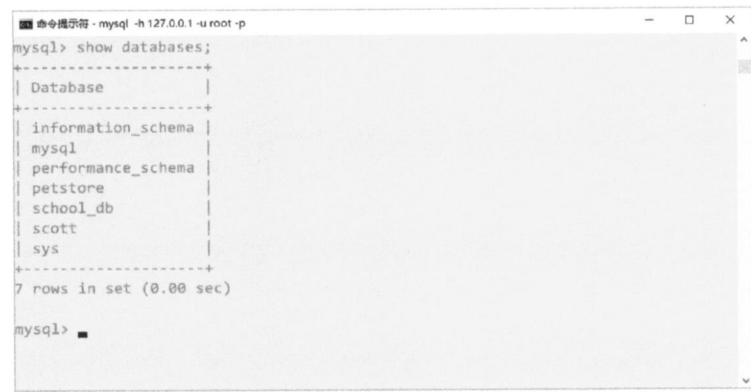

图 14-11　查看数据库

4. 创建数据库

创建数据库可以使用“create database testdb;”命令，如图 14-12 所示，testdb 是自定义数据库名，注意该命令以分号结尾。

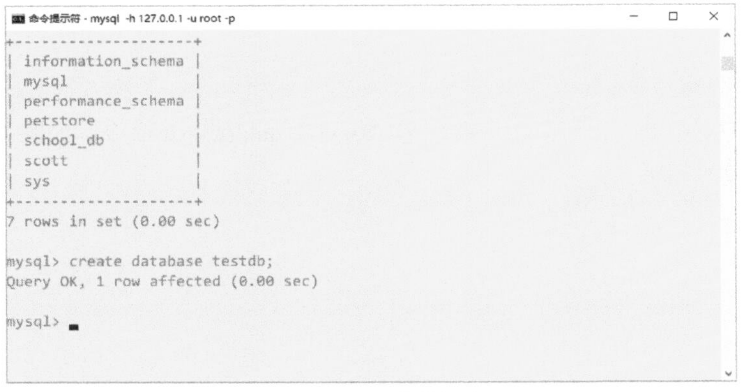

图 14-12　创建数据库

5. 删除数据库

删除数据库可以使用“drop database testdb;”命令，如图 14-13 所示，testdb 是数据库名，注意该命令以分号结尾。

6. 查看有多少个数据表

查看有多少个数据表的命令是“show tables;”，如图 14-14 所示，注意该命令以分号结尾。一个服务器中有很多数据库，应该先使用 use 选择数据库。

```
| information_schema |
| mysql              |
| performance_schema |
| petstore           |
| school_db          |
| scott              |
| sys                |
+--------------------+
7 rows in set (0.00 sec)

mysql> create database testdb;
Query OK, 1 row affected (0.00 sec)

mysql> drop database testdb;
Query OK, 0 rows affected (0.01 sec)

mysql>
```

图 14-13　删除数据库

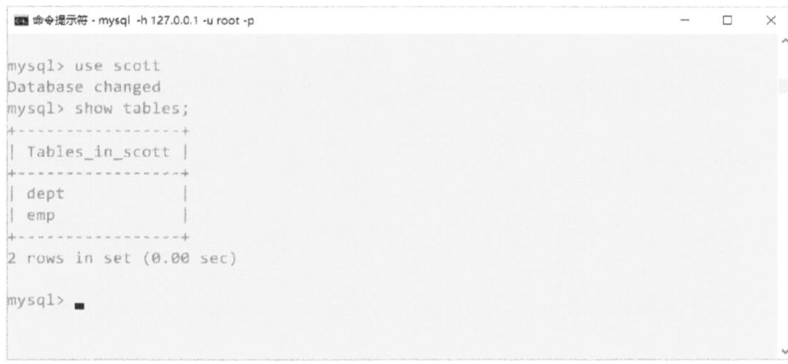

```
mysql> use scott
Database changed
mysql> show tables;
+-----------------+
| Tables_in_scott |
+-----------------+
| dept            |
| emp             |
+-----------------+
2 rows in set (0.00 sec)

mysql>
```

图 14-14　查看有多少个数据表

7. 查看表结构

知道了有哪些表后，还需要知道表结构，可以使用 desc 命令，如图 14-15 所示，注意该命令以分号结尾。

```
mysql> desc emp;
+----------+-------------+------+-----+---------+-------+
| Field    | Type        | Null | Key | Default | Extra |
+----------+-------------+------+-----+---------+-------+
| EMPNO    | int         | NO   | PRI | NULL    |       |
| ENAME    | varchar(10) | YES  |     | NULL    |       |
| JOB      | varchar(9)  | YES  |     | NULL    |       |
| MGR      | int         | YES  |     | NULL    |       |
| HIREDATE | char(10)    | YES  |     | NULL    |       |
| SAL      | float       | YES  |     | NULL    |       |
| comm     | float       | YES  |     | NULL    |       |
| DEPTNO   | int         | YES  | MUL | NULL    |       |
+----------+-------------+------+-----+---------+-------+
8 rows in set (0.00 sec)

mysql>
```

图 14-15　查看表结构

14.2 JDBC 技术

Java 中的数据库编程是通过 JDBC 实现的。JDBC 技术涉及三种不同的角色。

（1）Java 官方

Java 官方提供 JDBC 接口，如 Connection、Statement 和 ResultSet 等。

（2）数据库厂商

数据库厂商为了支持 Java 语言使用自己的数据库，他们根据上述 JDBC 接口提供了具体的实现类，这些具体实现类称为 JDBC Driver（JDBC 驱动程序），例如 Connection 是数据库连接接口。如何能够高效地连接数据库或许只有数据库厂商自己清楚，因此他们提供的 JDBC 驱动程序是最高效的。当然，针对某种数据库也可能有其他第三方 JDBC 驱动程序。

（3）开发人员

对于开发人员而言，JDBC 提供了一致的 API，开发人员不用关心实现接口的细节。

14.2.1 JDBC API

JDBC API 为 Java 开发者使用数据库提供了统一的编程接口，它由一组 Java 类和接口组成。这种类和接口来自于 java.sql 和 javax.sql 两个包。

- java.sql：这个包中的类和接口主要针对基本的数据库编程服务，如创建连接、执行语句、语句预编译和批处理查询等。同时也有一些高级的处理，如批处理更新、事务隔离和可滚动结果集等。
- javax.sql：它主要为数据库方面的高级操作提供接口和类，提供分布式事务、连接池和行集等。

14.2.2 加载驱动程序

在编程实现数据库连接时，JVM 必须先加载特定厂商提供的数据库驱动程序。使用 Class.forName()方法实现驱动程序加载，该方法在前面介绍过。

不同驱动程序的装载方法如下：

```
Class.forName("sun.jdbc.odbc.JdbcOdbcDriver");  //JDBC-ODBC 桥接,Java 自带
Class.forName("特定的 JDBC 驱动程序类名");          //数据库厂商提供
```

例如，加载 MySQL 驱动程序的代码如下：

```
Class.forName("com.mysql.cj.jdbc.Driver");
```

如果直接这样运行程序，则会抛出如下的 ClassNotFoundException 异常。

```
java.lang.ClassNotFoundException: com.mysql.cj.jdbc.Driver
```

这是因为程序无法找到 MySQL 驱动程序 com.mysql.cj.jdbc.Driver 类，这需要配置当前项目的类路径（Classpath），类路径通常会使用.jar 文件。所以，运行加载 MySQL 驱动程序代码前应该在类路径中包含 MySQL 驱动程序，它是包含.jar 文件的。

一般在发布 java 文件时，会把字节码文件（class 文件）打包成.jar 文件，.jar 文件是一种基于.zip 结构的压缩文件，与 mysql-8.0 数据配套的 MySQL 驱动程序 mysql-connector-java-8.0.20.jar 文件，读者可以本书配套代码中找到。

为了配置 IntelliJ IDEA 项目的类路径（Classpath），需要执行如下操作步骤。

1）首先将驱动程序文件 mysql-connector-java-8.0.20.jar，复制到 IntelliJ IDEA 项目的根目录下，如图 14-16 所示。

图 14-16　复制驱动程序文件

2）配置当前项目的类路径，在 IntelliJ IDEA 项目中右击驱动程序文件 mysql-connector-java-8.0.20.jar后，在弹出的快捷菜单中选择 Add as Library 命令，弹出如图 14-17 所示的库配置对话框，单击 OK 按钮就可以将.jar 文件添加到类路径了。

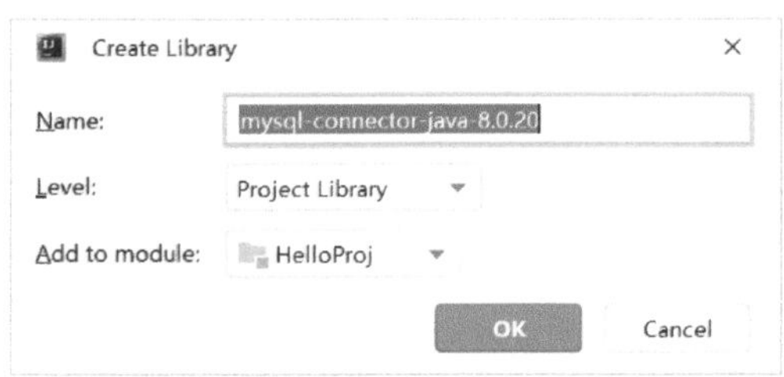

图 14-17　库配置对话框

将驱动程序.jar 文件添加到类路径中后，再运行上面的程序看看是否还有 ClassNotFound-Exception异常。

14.2.3 建立数据连接

驱动程序加载成功就可以进行数据库连接了。建立数据库连接可以通过调用 DriverManager 类的 getConnection( )方法实现。该方法有几个重载版本，如下所示。

- static Connection getConnection(String url)：尝试通过一个 URL 建立数据库连接，调用此方法时，DriverManager 会试图从已注册的驱动中选择恰当的驱动来建立连接。
- static Connection getConnection(String url, Properties info)：尝试通过一个 URL 建立数据库连接，一些连接参数（如 user 和 password）可以按照键值对的形式放置到 info 中，Properties是 Hashtable 的子类，它是一种 Map 结构。
- static Connection getConnection(String url, String user, String password)：尝试通过一个 URL 建立数据库连接，指定数据库用户名和密码。

上面的几个 getConnection( )方法都会抛出受检查的 SQLException 异常，注意处理这个异常。

JDBC 的 URL 和其他场合的 URL 类似，它的语法如下：

```
jdbc:<subprotocol>:<subname>
```

这里有三个部分，它们用冒号隔离。

- 协议：jdbc 表示协议，它是唯一的，JDBC 只有这一种协议。
- 子协议：主要用于识别数据库驱动程序，也就是说，不同的数据库驱动程序的子协议不同。
- 子名：它属于专门的驱动程序，不同的专有驱动程序可以采用不同的实现。

对于不同的数据库，厂商提供的驱动程序和连接的 URL 都不同，如表 14-1 所示。

表 14-1　驱动程序与连接 URL

驱动程序名	驱动程序类	URL
MS SQLServer	com.microsoft.jdbc.sqlserver.SQLServerDriver	jdbc:microsoft:sqlserver://[ip]:[port];user=[user];password=[password]
JDBC-ODBC	sun.jdbc.odbc.JdbcOdbcDriver	jdbc:odbc:[odbcsource]
Oracle thin Driver	oracle.jdbc.driver.OracleDriver	jdbc:oracle:thin:@[ip]:[port]:[sid]
MySQL	com.mysql.cj.jdbc.Driver	jdbc:mysql://ip/database

建立数据连接的示例代码如下：

```
package demo14_2_3;

import java.sql.Connection;
import java.sql.DriverManager;
import java.sql.SQLException;
```

```
//16.2.3 建立数据连接
public class Main {

  public static void main(String[] args) {
      try {
          Class.forName("com.mysql.cj.jdbc.Driver");
          System.out.println("驱动程序加载成功...");

      } catch (ClassNotFoundException e) {
          System.out.println("驱动程序加载失败...");
          // 退出
          return;
      }
      //
       String url = "jdbc:mysql://localhost:3306/school? serverTimezone = UTC&useUnicode =
true&characterEncoding=utf-8";
      String user = "root";
      String password = "12345";

      try (Connection conn = DriverManager.getConnection(url, user, password)) {
          System.out.println("数据库连接成功!");
      } catch (SQLException e) {
          e.printStackTrace();
      }

  }

}
```

上述代码中，url 是设置数据库连接的 URL，事实上，表 14-1 中的 URL 后面还可以跟很多参数，就是在 URL 后面加上“?”和参数，“?”之后的参数与 URL 的参数是类似的。本例中，参数 serverTimezone=UTC，这是设置服务器时区，UTC 是协调世界时间。注意：在目前的 MySQL 8 版本数据库中，serverTimezone=UTC 参数不可以省略，否则会发生运行时错误。

14.2.4 使用属性文件

老师，我在连接数据库时，把用户名和密码写在代码里面，这样安全性似乎不太好。有没有更好的办法？

你说得对，把用户名和密码明码写在代码中存在安全隐患。我们可以把这些配置放到 Properties 配置文件中，然后加载 Properties 文件来获取配置。

Properties 文件是做什么用的？为什么可以提高安全性呢？

Properties 文件可以存储键值对配置信息。我们可以在其中存放数据库用户名、密码等信息。这比直接写在代码中更安全，也更易维护。

原来是这么回事！我只需要读取 Properties 文件，就可以获取数据库配置信息了，对吧？

正是如此！我们将数据库连接信息抽取到 Properties 文件中，在代码中使用 Properties 对象加载即可。这样可以避免硬编码，也可以方便地修改配置。

太棒了！我会把老师你说的 Properties 文件的方法应用到我的数据库连接代码中，既安全又灵活。

Properties 文件是属性文件，如图 14-18 所示，属性文件是基于键值对的文本文件。Java 提供了一套 API 方便访问属性文件。由于属性文件是文本文件，方便通过记事本等文本编辑工具修改。属性文件与 Java 源代码文件一起管理，应该把它放到源代码目录（src）下。

使用属性文件的示例代码如下：

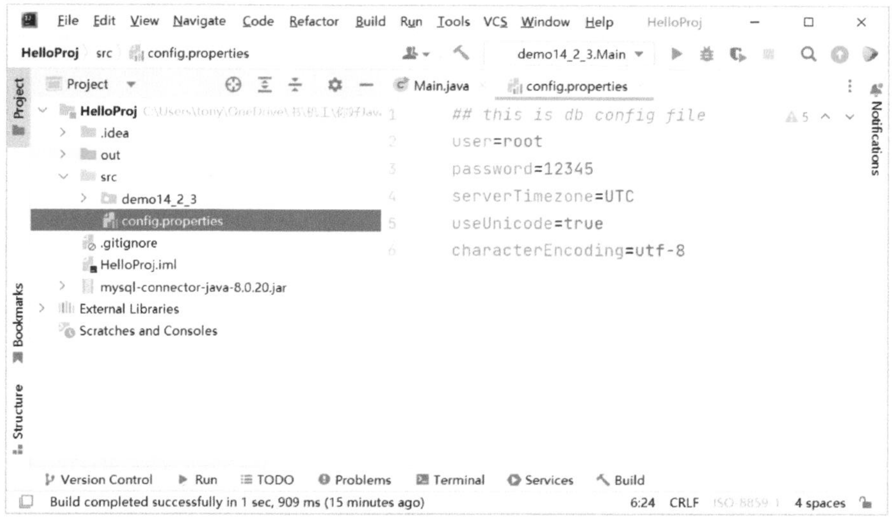

图 14-18　属性文件

```
package demo14_2_4;

import java.io.IOException;
import java.io.InputStream;
import java.sql.Connection;
import java.sql.DriverManager;
import java.sql.SQLException;
import java.util.Properties;

public class Main {

  public static void main(String args[]) {

      Properties info = new Properties();
①     InputStream input = Main.class.getClassLoader().getResourceAsStream("config.properties");
      try {
          info.load(input);
      } catch (IOException e) {
          // 退出
          return;
      }

      try {
          Class.forName("com.mysql.cj.jdbc.Driver");
          System.out.println("驱动程序加载成功...");
```

```
        } catch (ClassNotFoundException e) {
            System.out.println("驱动程序加载失败...");
            // 退出
            return;
        }
        //
        String url = "jdbc:mysql://localhost:3306/school";

②       try (Connection conn = DriverManager.getConnection(url, info)) {
            System.out.println("数据库连接成功!");
        } catch (SQLException e) {
            e.printStackTrace();
        }

    }

}
```

属性文件一般在 src 目录下，与源代码文件放置在一起，但是编译时，这些文件会被复制到字节码文件所在的目录中，这种目录称为资源目录，代码第①处通过 Java 反射机制获得运行时 config.properties 的文件输入流对象。

代码第②处使用 getConnection(String url,Properties info) 方法建立数据库连接，注意它的第 2 个参数属性文件。

不仅仅是用户名和密码，所有 URL“?”之后的参数都可以放到属性文件中。

14.2.5 三个重要接口

在 JDBC API 中最重要的三个接口为 Connection、Statement 和 ResultSet。

1. Connection 接口

java.sql.Connection 接口的实现对象代表与数据库的连接，也就是在 Java 程序和数据库之间建立连接。Connection 接口的常用方法如下。

- Statement createStatement()：创建一个语句对象，语句对象用来将 SQL 语句发送到数据库。
- PreparedStatement prepareStatement(String sql)：创建一个预编译的语句对象，用来将参数化的 SQL 语句发送到数据库，参数包含一个或者多个占位符“?”。
- CallableStatement prepareCall(String sql)：创建一个调用存储过程的语句对象，参数是调用

的存储过程，参数包含一个或者多个占位符“?”。

- close()：关闭到数据库的连接，连接使用完后必须关闭，否则连接会保持一段比较长的时间，直到超时。
- isClosed()：判断连接是否已经关闭。

2. Statement 接口

Statement 称为语句对象，它提供用于向数据库发出的 SQL 语句，并且给出访问结果。Connection接口提供了生成 Statement 的方法，一般情况下，通过 connection.createStatement()方法就可以得到 Statement 对象。

- java.sql.Statement：语句对象。
- java.sql.PreparedStatement：预编译的语句对象，继承自 java.sql.Statement。
- java.sql.CallableStatement：调用存储过程的语句对象，继承自 java.sql.PreparedStatement。

预编译 SQL 语句是在程序编译时一起进行编译，这样的语句在数据库中执行时不需要编译，直接执行 SQL 语句，所以速度很快。 在预编译 SQL 语句时会有一些程序执行时才能确定的参数，这些参数采用占位符“?”，直到运行时再用实际参数替换。

Statement 提供了许多方法，最常用的方法如下。

- executeQuery()：运行查询语句，返回 ResultSet 对象。
- executeUpdate()：运行更新操作，返回更新的行数。
- close()：关闭语句对象。
- isClosed()：判断语句对象是否已经关闭。

Statement 对象用于执行不带参数的简单 SQL 语句，它的典型使用如下：

```
Connection conn = DriverManager.getConnection("jdbc:odbc:accessdb", "admin", "admin");
Statement stmt = conn.createStatement();
ResultSet rst = stmt.executeQuery("select userid, name from user");
```

PreparedStatement 对象用于执行带参数的预编译 SQL 语句，它的典型使用如下：

```
Connection conn = DriverManager.getConnection("jdbc:odbc:accessdb", "admin", "admin");
PreparedStatement pstmt = conn.prepareStatement("insert into user values(?,?)");
pstmt.setInt(1,10);          //绑定第一个参数
pstmt.setString(2,"guan");     //绑定第二个参数
pstmt.executeUpdate();        //执行 SQL 语句
```

上述 SQL 语句"insert into user values (?,?)"在 Java 源程序编译时一起编译，两个占位符所代表的参数在运行时绑定。

绑定参数时需要注意两个问题：绑定参数顺序和绑定参数的类型。绑定参数索引是从 1 开始的，而不是从 0 开始的。根据绑定参数的类型，选择对应的 set 方法。

CallableStatement 对象用于执行对数据库已存储过程的调用，它的典型使用如下：

```
Connection conn = DriverManager.getConnection("jdbc:odbc:accessdb",  "admin",  "admin");
strSQL = "{call proc_userinfo(?,?)}";
java.sql.CallableStatement sqlStmt = conn.prepaleCall(strSQL);
sqlStmt.setString(1,"tony");
sqIStmt.setString(2,"tom");
//执行存储过程
int i = sqlStmt.exeCuteUpdate();
```

3. ResultSet 接口

在 Statement 执行 SQL 语句时，如果是 SELECT 语句，则会返回结果集，结果集通过接口 java.sql.ResultSet 描述，它提供了逐行访问结果集的方法，通过该方法能够访问结果集中不同字段的内容。

ResultSet 提供了检索不同类型字段的方法，最常用的方法介绍如下。

- close( )：关闭结果集对象。
- isClosed( )：判断结果集对象是否已经关闭。
- next( )：将结果集的光标从当前位置向后移一行。
- getString( )：从数据库中获取 CHAR 或 VARCHAR 等字符串类型的数据，返回值类型是 String。
- getFloat( )：从数据库中获取浮点类型的数据，返回值类型是 float。
- getDouble( )：从数据库中获取浮点类型的数据，返回值类型是 double。
- getDate( )：从数据库中获取日期类型的数据，返回值类型是 java.sql.Date。
- getBoolean( )：从数据库中获取布尔数据的类型，返回值类型是 boolean。
- getBlob( )：从数据库中获取 Blob（二进制大型对象）类型的数据，返回值类型是 Blob 类型。
- getClob( )：从数据库中获取 Clob（字符串大型对象）类型的数据，返回值类型是 Clob。

这些方法要求有列名或者列索引，如 getString( )方法的两种使用情况：

```
public String getString(int columnlndex) throws SQLException
public String getString(String columnName) throws SQLException
```

方法 get×××提供了获取当前行中某列值的途径，在每一行内，可按任何顺序获取列值。使用列索引有时会比较麻烦，这个顺序是 select 语句中的顺序：

```
select * from user
select userid, name from user
select name,userid from user
```

columnIndex 列索引是从 1 开始的，而不是从 0 开始的。这个顺序与 select 语句有关，如果 select 使用 * 返回所有字段，如 select * from user 语句，那么列索引是数据表中字段的顺序；如果 select 指定具体字段，如 select userid、name from user 或 select name,userid from user，那么列索引是 select 指定字段的顺序。

ResultSet 示例代码如下：

```
...
String url = "jdbc:mysql://localhost:3306/school";
try ( // 采用自动资源管理技术释放资源
  Connection conn = DriverManager.getConnection(url, info);
  Statement stmt = conn.createStatement();
  ResultSet rst = stmt.executeQuery("select name,userid from user")) {
      while (rst.next()) {
          System.out.println("name:%s  id:%d\n", rst.getString("name"), rst.getInt(2));
      }
  } catch (SQLException e) {
      e.printStackTrace();
  }
...
```

从上述代码可见，Connection 对象、Statement 对象和 ResultSet 对象的释放采用自动资源管理。

在遍历结果集时使用了 rst.next( ) 方法，next( ) 方法用于将结果集光标从当前位置向后移一行，结果集光标最初位于第一行之前；第一次调用 next 方法使第一行成为当前行；第二次调用使第二行成为当前行，依此类推。如果新的当前行有效，则返回 true；如果不存在下一行，则返回 false。

14.2.6 数据库编程的一般过程

在讲解案例之前，有必要先介绍一下通过 JDBC 进行数据库编程的一般过程，这个过程分为两大类：查询数据和修改数据。

1. 查询数据

查询数据就是通过 Select 语句查询数据库，它的流程如图 14-19 所示，这个流程有 7 个步骤。

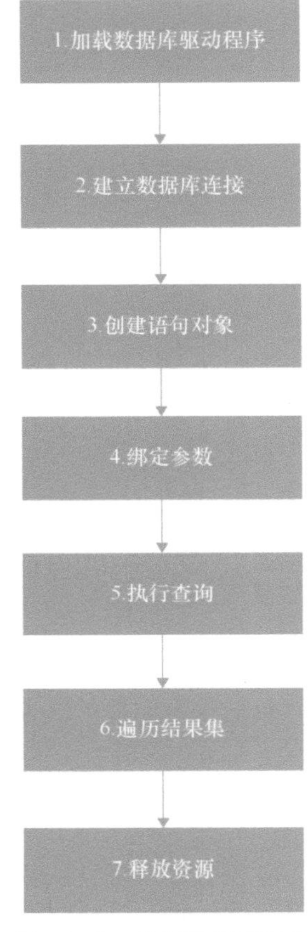

图 14-19　查询数据库过程

2. 修改数据

修改数据就是通过 Insert、Update 和 Delete 等语句修改数据，它的流程如图 14-20 所示，修改数据与查询数据流程类似也有 7 个步骤。但是在修改数据时，如果执行 SQL 操作成功，需要提交数据库事务，如果失败，则需要回滚数据库事务。另外，修改数据时不会返回结果集，也就不能从结果集中提取数据了。

数据库事物通常包含多个对数据库的读/写操作，这些操作是有序的。若事务被提交给了数据库管理系统，则数据库管理系统需要确保该事务中的所有操作都成功完成，结果被永久保存在数据库中。如果事务中有的操作没有成功完成，则事务中的所有操作都需要被回滚，回到事务执行前的状态。

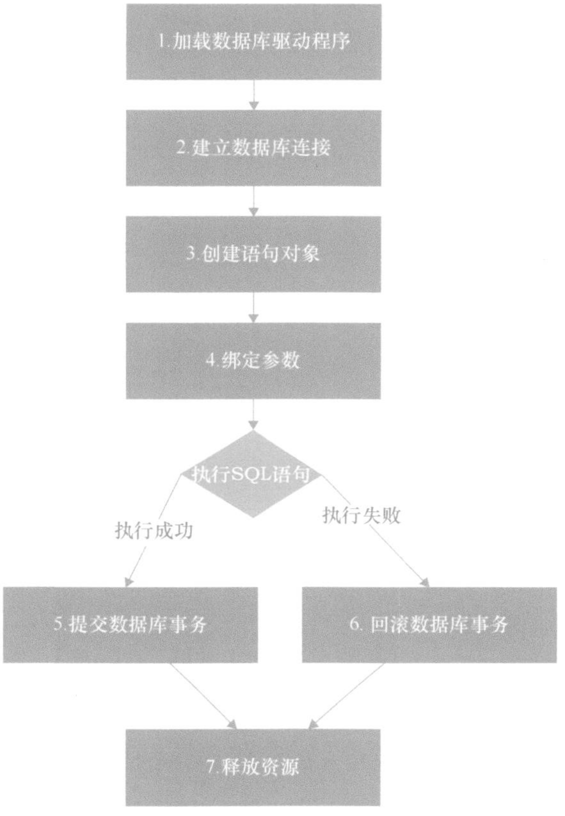

图 14-20　修改数据库过程

14.3 训练营：学生表 CRUD 操作

背景描述：

小东作为一名 Java 开发者，为了练习数据库操作，决定编写一个 Java 程序来完成对 MySQL 数据库学生表的 CRUD 操作。

具体来说，小东的程序需要完成以下任务：

1）连接到 MySQL 数据库，创建一个名为 student 的表，包含字段：学号、姓名、年龄、性别、分数和班级。

2）向这个表插入 2~3 条测试数据。

3）编写查询语句，检索表中的所有学生信息。

4）编写更新语句，修改其中一位学生的分数字段。

5）编写删除语句，删除其中一条学生数据。

通过这些数据库操作的练习，小东想熟悉 SQL 语句的写法，掌握如何用 Java 程序操作 MySQL 数据库完成 CRUD 操作。这可以帮助他在未来的 Java 项目中需要进行复杂数据库交互时借鉴经验，并应用所学知识。

CRUD 操作是指数据库的 4 种基本操作，具体说明如下。

- C - Create（创建）：CREATE 操作指通过 SQL 的 INSERT 语句向数据库插入新的数据行。
- R - Read（读取）：READ 操作指使用 SELECT 语句来读取数据库中的数据。
- U - Update（更新）：UPDATE 操作通过 UPDATE 语句来更新数据库中的已有数据。
- D - Delete（删除）：DELETE 操作使用 DELETE 语句来删除数据库中的数据行。

14.3.1 创建学生表

首先需要在 MySQL 数据库中创建 school 数据库，然后在 school 数据库中创建学生表 student，表结构如表 14-2 所示。

表 14-2　学生表结构

字 段 名	类　　型	是否可以为 Null	主　　键	说　　明
id	INT	否	是	学号
name	VARCHAR(10)	否	否	姓名
age	INT	是	否	年龄
gender	CHAR(2)	是	否	性别
score	FLOAT	是	否	分数
class	VARCHAR(10)	是	否	班级

创建学生表的数据库脚本文件 createdb.sql 内容如下：

```
--创建 school 数据库
CREATE DATABASE school;
-- 选择 school 数据库

use school;
-- 创建学生表
CREATE TABLE student (
  id INT PRIMARY KEY,
  name VARCHAR(10),
```

```
  age INT,
  gender CHAR(2),
  score FLOAT,
  class VARCHAR(10)
);
-- 插入测试数据
INSERT INTO student (id, name, age, gender, score, class)
VALUES
  (101,'张三',18,'男',89,'一年级1班'),
  (102,'李四',19,'男',93,'二年级2班'),
  (103,'王五',17,'男',81,'一年级1班'),
  (104,'赵六',18,'女',95,'二年级2班'),
  (105,'钱七',16,'女',87,'一年级1班');
```

14.3.2 插入学生数据

为了减少代码冗余，可以将连接和关闭数据库的代码封装到一个数据库辅助类中，将这个类命名为 DBHelp，具体代码如下：

```
package demo14_3_2;
import java.io.IOException;
import java.io.InputStream;
import java.sql.Connection;
import java.sql.DriverManager;
import java.sql.SQLException;
import java.util.Properties;
//数据库辅助类
public class DBHelp {
  /**
   * 建立数据库连接方法
   *
   * @ return 数据库连接对象
   */
①  public static Connection getConnection() {
      // 创建一个 Properties 对象
      Properties info = new Properties();
```

```
        // 获得 config.properties 属性文件输入流对象
        InputStream input
                = DBHelp.class.getClassLoader().getResourceAsStream("config.properties");
        try {
            // 从流中加载信息到 Properties 对象中
            info.load(input);
        } catch (IOException e) {
            // 退出
            return null;
        }

        try {
            Class.forName("com.mysql.cj.jdbc.Driver");
            System.out.println("驱动程序加载成功...");

        } catch (ClassNotFoundException e) {
            System.out.println("驱动程序加载失败...");
            // 退出
            return null;
        }
        // URL 字符串
        String url = "jdbc:mysql://localhost:3306/school";
        try {
②          Connection conn = DriverManager.getConnection(url, info);
            System.out.println("数据库连接成功!");
            return conn;
        } catch (SQLException e) {
            throw new RuntimeException(e);
        }
    }

    /**
     * 关闭数据库连接
     *
     * @param connection,要关闭的数据连接对象
     */
③   public static void colseConnection(Connection connection) {
        if (connection != null) {
            try {
                connection.close();
            } catch (SQLException e) {
```

```
                e.printStackTrace();
            }
        }
    }
}
```

上述代码第①处声明创建数据库连接方法，该方法是类方法，这样使用起来比较方便，对内存的占用也比较少，该方法返回值是 Connection 对象。

代码第②处创建数据库连接对象，注意这里不必使用自动资源管理技术，因为这个连接对象是传递给调用者，什么时候关闭由调用者负责，否则会导致 ConnectionIsClosedException 异常。

代码第③处声明关闭数据库连续对象。

插入数据的相关代码如下：

```
...
    //数据插入操作
public static int insertData() {

    //创建数据库连接
    Connection conn = DBHelp.getConnection();
    if (conn == null) {
        return 0;
    }
    // 准备 SQL 语句
①   var sql = "INSERT INTO student (id, name, age, gender, score, class) VALUES (?, ?, ?, ?, ?, ?)";
    // 创建语句对象
    try {
②       PreparedStatement pstmt = conn.prepareStatement(sql);
        // 绑定参数
③       pstmt.setInt(1, 1001);
        pstmt.setString(2, "刘备");
        pstmt.setInt(3, 18);
        pstmt.setString(4, "男");
        pstmt.setInt(5, 89);
④       pstmt.setString(6, "一年级一班");

        // 执行 SQL 语句
⑤       int affectedRows = pstmt.executeUpdate();
        // 提交数据库事务,如果设置了数据库自动提交,如下语句可以省略
⑥       // conn.commit();
        // 返回成功插入的数据数
```

```
        System.out.println("插入数据成功。");
        return affectedRows;
    } catch (SQLException e) {
        // 回滚数据库事务，如果是设置了数据库自动提交如下语句可以省略
⑦       //  conn.rollback();
        System.out.println("插入数据失败!");
        e.printStackTrace();
    } finally {
        // 释放资源
⑧       DBHelp.colseConnection(conn);
    }
    return 0;
}
...
```

上述代码解释如下：

代码第①处定义了一个 SQL 插入语句，该语句将数据插入到名为 student 的表中的各个字段。该语句使用参数占位符（?）来表示待插入的具体值，这些值将在稍后绑定到 PreparedStatement 中。

代码第②处创建了一个 PreparedStatement 对象，用于执行预编译的 SQL 语句。PreparedStatement 是 Statement 的子接口，可以使用占位符（?）来安全地处理参数。

代码第③~④处之间是对 PreparedStatement 对象中的参数占位符进行绑定的操作。例如，pstmt.setInt(1,1001) 将第一个参数占位符绑定到值 1001，pstmt.setString(2,"刘备") 将第二个参数占位符绑定到字符串"刘备"，依此类推。

代码第⑤处执行 SQL 语句，将数据插入到数据库中。执行成功后，该方法会返回受影响的行数，也就是成功插入的数据行数。

代码第⑥处代码行被注释掉了，提醒可能需要手动提交数据库事务的情况。在 JDBC 中，默认情况下，数据库连接的自动提交是开启的，也就是说，每次执行 SQL 语句后会自动将数据提交到数据库。如果手动设置了不自动提交，可以在此处添加 conn.commit()来手动提交事务。

代码第⑦处代码行被注释掉了，提醒可能需要手动回滚数据库事务的情况。在 JDBC 中，当发生错误时，默认情况下会自动回滚事务，不需要手动回滚。如果手动设置了不自动回滚，可以在此处添加 conn.rollback()来手动回滚事务。

代码第⑧处代码是释放资源的操作。在执行完 SQL 操作后，需要关闭数据库连接，以释放资源和避免连接泄漏。DBHelp.closeConnection(conn) 方法用于关闭连接。

14.3.3 更新学生数据

更新数据与插入数据类似，区别只是 SQL 语句不同。更新数据相关代码如下：

```
//数据更新操作
public static int updateData(int id, float score) {

  //创建数据库连接
  Connection conn = DBHelp.getConnection();
  if (conn == null) {
      return 0;
  }
  // 准备 SQL 语句
  var sql = "UPDATE student SET score = ? WHERE id = ?";
  // 创建语句对象
  try {
      PreparedStatement pstmt = conn.prepareStatement(sql);
      // 绑定参数
      pstmt.setFloat(1, score);
      pstmt.setInt(2, id);

      // 执行 SQL 语句
      int affectedRows = pstmt.executeUpdate();
      // 提交数据库事务,如果设置了数据库自动提交,如下语句可以省略
      // conn.commit();
      // 返回成功插入的数据行数
      System.out.println("更新数据成功。");
      return affectedRows;
  } catch (SQLException e) {
      // 回滚数据库事务,如果设置了数据库自动提交,如下语句可以省略
      //  conn.rollback();
      System.out.println("更新数据失败!");
      e.printStackTrace();
  } finally {
      // 释放资源
      DBHelp.colseConnection(conn);
  }
  return 0;
}
...
//测试更新数据
updateData(1001, 132);
```

如果上述代码成功执行，则会更新 1001 学生的分数为 132，并在控制台打印出“更新数据成功。”的消息。如果出现错误，将打印出“更新数据失败!”并显示相关的错误信息。

14.3.4 删除学生数据

删除数据也与插入数据类似，只是 SQL 语句不同。删除数据相关代码如下：

```
//数据删除操作
public static int deleteData(int id) {

  //创建数据库连接
  Connection conn = DBHelp.getConnection();
  if (conn == null) {
      return 0;
  }
  // 准备 SQL 语句
  var sql = "DELETE FROM student WHERE id = ?";
  // 创建语句对象
  try {
      PreparedStatement pstmt = conn.prepareStatement(sql);
      // 绑定参数
      pstmt.setInt(1, id);

      // 执行 SQL 语句
      int affectedRows = pstmt.executeUpdate();
      // 提交数据库事务,如果设置了数据库自动提交,如下语句可以省略
      // conn.commit();
      // 返回成功删除的数据行数
      System.out.println("删除数据成功。");
      return affectedRows;
  } catch (SQLException e) {
      // 回滚数据库事务,如果设置了数据库自动提交,如下语句可以省略
      //  conn.rollback();
      System.out.println("删除数据失败!");
      e.printStackTrace();
  } finally {
      // 释放资源
      DBHelp.colseConnection(conn);
  }
  return 0;
}
...
//测试删除数据
deleteData(1001);
```

上述代码如果代码成功执行，则删除学号为 1001 的学生数据，并在控制台打印出“删除数据成功。”的消息。如果出现错误，将打印出“删除数据失败!”并显示相关的错误信息。

14.3.5 查询所有学生数据

数据查询与数据插入、删除和更新有所不同，查询使用的 executeQuery( ) 方法，该方法返回的是结果集 ResultSet 对象，然后还需要遍历结果集。查询所有数据相关代码如下：

```
    //查询所有学生数据
    public static void findAll() {
      //创建数据库连接
      Connection conn = DBHelp.getConnection();
      if (conn == null) {
          return;
      }
      // 准备 SQL 语句
①    var sql = "SELECT id, name, age, gender, score, class FROM student";
      // 创建语句对象
      try {
②        PreparedStatement pstmt = conn.prepareStatement(sql);
          // 执行 SQL 语句
③        ResultSet rs = pstmt.executeQuery();
          // 遍历结果集
④        while (rs.next()) {
              System.out.printf("学号:%d,姓名:%s,年龄:%d,性别:%s,分数:%.2f,班级:%s。%n",
⑤                     rs.getInt(1),
                      rs.getString(2),
                      rs.getInt(3),
                      rs.getString(4),
                      rs.getFloat(5),
⑥                     rs.getString(6));
          }

      } catch (SQLException e) {
          System.out.println("查询数据失败!");
          e.printStackTrace();
      } finally {
          // 释放资源
          DBHelp.colseConnection(conn);
      }
    ...
```

```
//测试查询所有数据
findAll();
```

上述代码如果成功执行，在控制台输出结果如下：

```
驱动程序加载成功...
数据库连接成功!
学号:101,姓名:张三,年龄:18,性别:男,分数:89.00,班级:一年级1班。
学号:102,姓名:李四,年龄:19,性别:男,分数:93.00,班级:二年级2班。
学号:103,姓名:王五,年龄:17,性别:男,分数:81.00,班级:一年级1班。
学号:104,姓名:赵六,年龄:18,性别:女,分数:95.00,班级:二年级2班。
学号:105,姓名:钱七,年龄:16,性别:女,分数:87.00,班级:一年级1班。
```

代码解释如下：

代码第①处定义了一个 SQL 查询语句，用于从名为 student 的表中选择所有学生的数据。

代码第②处创建了一个 PreparedStatement 对象，用于执行预编译的 SQL 查询语句。

代码第③处执行 SQL 查询语句，将结果集保存在 ResultSet 对象中。ResultSet是一个用于保存查询结果的对象，它包含了所有符合查询条件的记录。

代码第④处是一个 while 循环，用于遍历结果集中的每一行数据。

代码第⑤~⑥处之间是在循环中，从 ResultSet 对象中获取当前行各个列的数据，并输出到控制台。在这里，通过 ResultSet 的 getInt( )、getString( ) 等方法，可以根据列的索引或列名获取相应的数据。例如，rs.getInt(1) 获取当前行第一列（即 id 列）的整数值。

在循环过程中，rs.next( ) 方法每次被调用，ResultSet 的光标就会向下移动一行，直到遍历完所有的结果行为止。

System.out.printf( ) 方法中用到了多个格式化控制符，它们的含义如下。

- %s：这是字符串类型的格式化控制符。它用于输出字符串类型的数据。
- %d：这是整数类型的格式化控制符。它用于输出整数类型的数据。
- %.2f：这是浮点数类型的格式化控制符。它用于输出浮点数类型的数据，并且在这个例子中被指定为保留两位小数。在这里，%.2f 用于输出分数这个浮点数类型的数据，并限定只显示两位小数。
- %n：这是一个特殊的格式化控制符，用于在输出中插入平台特定的换行符。在不同的操作系统中，换行符的表示方式可能不同，%n 会根据所运行的平台自动选择正确的换行符。

14.3.6 按照学生编号查询数据

按照学生编号查询数据的相关代码如下：

```
public static void findById(int id) {

    //创建数据库连接
    Connection conn = DBHelp.getConnection();
    if (conn == null) {
        return;
    }
    // 准备 SQL 语句
    var sql = "SELECT id, name, age, gender, score, class FROM student WHERE id=?";
    // 创建语句对象
    try {
        PreparedStatement pstmt = conn.prepareStatement(sql);
        // 绑定参数
        pstmt.setInt(1, id); // 绑定主键参数
        // 执行 SQL 语句
        ResultSet rs = pstmt.executeQuery();

        // 遍历结果集
        if (rs.next()) {
            System.out.printf("学号:%d,姓名:%s,年龄:%d,性别:%s,分数:%.2f,班级:%s。%n",
                    rs.getInt(1),
                    rs.getString(2),
                    rs.getInt(3),
                    rs.getString(4),
                    rs.getFloat(5),
                    rs.getString(6));
        }
    } catch (SQLException e) {
        System.out.println("查询数据失败!");
        e.printStackTrace();
    } finally {
        // 释放资源
        DBHelp.colseConnection(conn);
    }
  }
}
...
//测试按照主键查询数据
findById(102);
```

上述代码如果成功执行，在控制台输出结果如下：

```
驱动程序加载成功...
数据库连接成功!
学号:102,姓名:李四,年龄:19,性别:男,分数:93.00,班级:二年级2班。
```

14.4 总结与扩展

本章总结

本章介绍了 MySQL 数据库管理系统以及在 Java 中使用 JDBC 技术进行数据库编程的基本知识。通过学习本章内容，您应该对 MySQL 数据库的安装和基本管理有一定了解，并掌握了在 Java 程序中使用 JDBC 进行数据库操作的步骤。

首先，我们学习了 MySQL 数据库管理系统，包括如何安装 MySQL 8 数据库、客户端登录服务器以及常见的管理命令。这些知识对于正确配置和管理 MySQL 数据库服务器至关重要。

接着，我们深入探讨了 JDBC 技术，介绍了 JDBC API 的概念，包括加载驱动程序、建立数据连接和使用属性文件等。这些步骤是使用 JDBC 与数据库进行交互的基本流程。

然后，我们学习了 JDBC 中的三个重要接口：Connection、Statement 和 ResultSet。通过这些接口，我们可以执行 SQL 语句，以及处理数据库查询结果。

在数据库编程的一般过程中，我们了解了如何创建学生表，并学会了插入、更新、删除和查询学生数据的操作。

扩展学习

1）学习数据库设计原理和范式理论，了解如何设计高效的数据库结构。

2）探索使用数据库连接池优化数据库访问性能，避免频繁创建和销毁数据库连接。

3）学习数据库事务处理和并发控制，确保多个用户对数据库的访问不会产生冲突和数据丢失。

4）研究 JDBC 的批量处理和存储过程调用，提高数据操作的效率。

5）实践使用 JDBC 与不同类型的数据库进行交互，如 Oracle、SQL Server 等，了解它们的差异和特性。

14.5 同步练习

【练习 14-1】在 MySQL 数据库中创建 employees（雇员）数据表，用于存储雇员信息。

表结构可以包含字段：id（自增主键）、name（姓名）、age（年龄）、gender（性别）、department（部门）、salary（工资）等。

【练习 14-2】编写 Java 程序插入几条雇员数据到 employees 表中。

【练习 14-3】编写 Java 程序更新其中一个雇员的信息，例如将工资提高或调整部门。

【练习 14-4】删除一个雇员的信息。

【练习 14-5】查询并显示所有雇员的信息。

【练习 14-6】根据雇员编号查询并显示特定雇员的信息。

第 15 章 跑得快，还要跑得稳——多线程编程

老师，什么是多线程编程呢？为什么需要使用多线程呢？

多线程编程是让程序可以同时执行多个任务的技术。使用多线程可以提高程序效率，充分利用 CPU。

那什么时候需要使用多线程呢？

举例来说，如果程序需要同时处理用户输入、显示动画、访问网络等任务时，可以使用多线程来实现，这样这些任务可以并发运行，相互不干扰。

听起来很强大！不过我还不太明白线程之间是如何协作的。

你的疑问很好！线程之间需要协调和通信，避免冲突。我们会学习同步、互斥锁等概念，来实现线程安全。

原来线程之间也需要按照一定规则协作，我需要好好学习线程间协调机制。

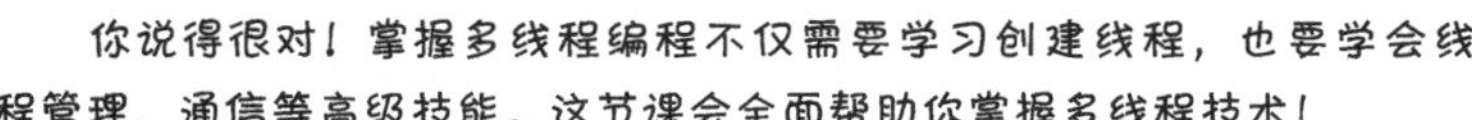

太棒了！我已经迫不及待了，让我们开始多线程编程的学习之旅吧！

15.1 创建线程

Java 中的线程类是 Thread，如图 15-1 所示，Thread 类实现了 Runnable 接口，Thread 类和 Runnable 接口都是 Java 标准版提供的。线程要执行的程序代码是在 run( ) 方法中编写的，run( ) 方法是线程执行的逻辑入口，run( ) 方法称为线程的运行方法。

在 Java 中，每一个线程都有一个 run( ) 方法。当线程被启动时，虚拟机会调用该线程的 run( ) 方法来执行该线程。

run( ) 方法的具体执行逻辑需要由程序员自己实现，用于定义线程的任务内容。

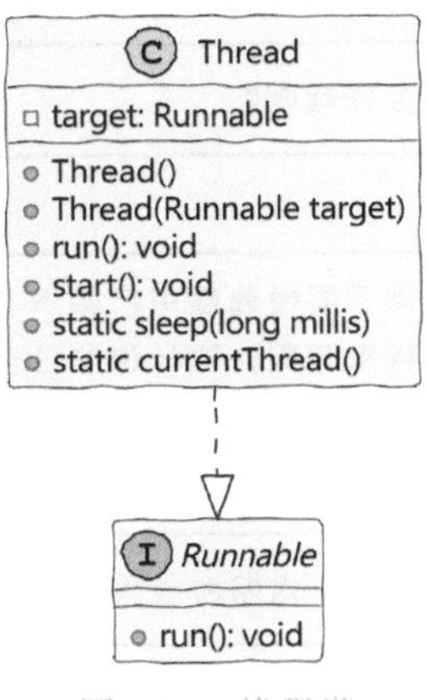

图 15-1　线程类

创建线程对象有两种方法：

1）继承 Thread 类，重写 run( )方法。

2）实现 Runnable 接口，实现 run( )方法。

15.1.1 继承 Thread 类

编写自己的线程类 MyThread，如图 15-2 所示的 MyThread 线程类继承 Thread 类，重写 run( )方法。

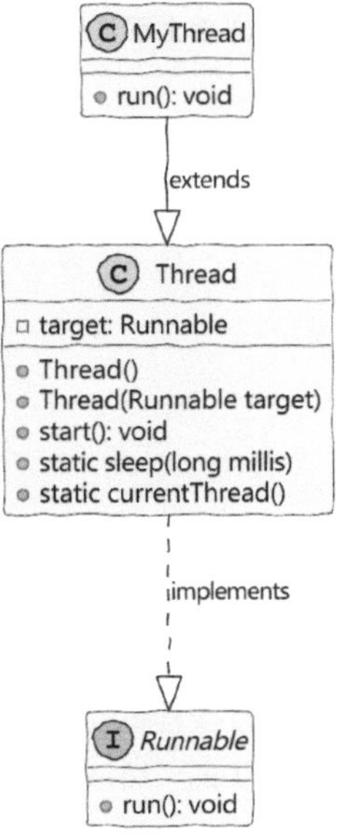

图 15-2　MyThread 线程类

通过继承 Thread 类实现自定义线程类 MyThread，代码如下：

```
package demo15_1_1;

① class MyThread extends Thread {
    @ Override
②   public void run() {
        // 在这里编写线程要执行的任务代码
        for (int i = 1; i <= 5; i++) {
            System.out.println("线程执行中,当前值为:" + i);
            try {
                // 线程休眠一秒
③               Thread.sleep(1000);
            } catch (InterruptedException e) {
                e.printStackTrace();
            }
        }
    }
}

public class Main {
    public static void main(String[] args) {
④       MyThread thread = new MyThread();
⑤       thread.start(); // 启动线程
    }
}
```

上述代码运行结果如下：

```
线程执行中,当前值为:1
线程执行中,当前值为:2
线程执行中,当前值为:3
线程执行中,当前值为:4
线程执行中,当前值为:5
```

代码解释如下：

代码第①处定义了一个名为 MyThread 的类，它继承 Thread 类。这意味着 MyThread 类是 Thread 类的子类，可以重写 Thread 类的方法以实现自定义的线程行为。

代码第②处重写 run( )方法，该方法是 Thread 类中用于定义线程执行的任务的方法。在这个例子中，run( ) 方法中编写了线程要执行的任务代码。这段代码使用了一个 for 循环，将数字从 1 打印到 5，并在每两次循环之间使用 Thread.sleep(1000) 方法使线程暂停 1s。

代码第③处调用 Thread.sleep(1000) 方法，它使线程休眠（暂停执行）1s。这是为了在每次打印数字之后等待一段时间，模拟较慢的任务执行。Thread.sleep( ) 方法可能会抛出 InterruptedException 异常，所以在代码中使用了 try-catch 块来处理异常情况。

代码第④处在 main 方法中创建了一个名为 thread 的 MyThread 对象，即一个线程对象。这个对象将用于启动一个新的线程。

代码第⑤处调用 thread.start( )方法，启动了一个新线程。一旦线程启动，它将执行 MyThread 类中重写的 run( ) 方法，即打印数字 1 到 5，并在每两次打印之间暂停 1s。

15.1.2 实现 Runnable 接口

实现 Runnable 接口的类所创建的对象，就是线程执行对象，线程执行对象并不是线程，它需要传递给一个线程才能被启动。在 Thread 类中有两种构造方法与线程执行对象有关。

- Thread(Runnable target,String name)：target 是线程执行对象，实现 Runnable 接口。name 为线程名字。
- Thread(Runnable target)：target 是线程执行对象，实现 Runnable 接口。线程名字是由 JVM 分配的。

实现 Runnable 接口的线程执行对象 Runner，代码如下：

```
package demo15_1_2;

① class Runner implements Runnable {

    @ Override
②   public void run() {
        // 在这里编写线程要执行的任务代码
        for (int i = 1; i <= 5; i++) {
            System.out.println("线程执行中,当前值为:" + i);
            try {
                // 线程休眠一秒
                Thread.sleep(1000);
            } catch (InterruptedException e) {
                e.printStackTrace();
            }
        }
    }
}

public class Main {
    public static void main(String[] args) {
③       Runner runner = new Runner(); // 创建一个 Runner 对象,表示线程要执行的任务
```

```
④         Thread thread = new Thread(runner); // 将 Runner 对象传递给 Thread 的构造方法,创建一个
Thread 对象
⑤         thread.start(); // 启动线程
      }
    }
```

上述代码运行结果如下：

```
线程执行中,当前值为:1
线程执行中,当前值为:2
线程执行中,当前值为:3
线程执行中,当前值为:4
线程执行中,当前值为:5
```

代码解释如下：

代码第①处定义了一个名为 Runner 的类，它实现了 Runnable 接口。这意味着 Runner 是 Runnable 接口的实现类，它将重写 Runnable 接口中的 run( ) 方法，该方法用于定义线程要执行的任务代码块。

代码第②处重写 run( ) 方法，该方法是 Runnable 接口中定义的方法，用于定义线程要执行的具体任务。在这个例子中，run( ) 方法中编写了线程要执行的任务代码。这段代码使用了一个 for 循环，将数字从 1 打印到 5，并在每两次循环之间使用 Thread.sleep(1000) 方法使线程暂停 1s。

代码第③处在 main 方法中创建了一个名为 runner 的 Runner 对象。Runner 对象表示线程要执行的任务，它是实现了 Runnable 接口的一个类的实例。

代码第④处使用 Runner 对象作为参数传递给 Thread 类的构造方法，创建了一个名为 thread 的 Thread 对象。通过将 Runner 对象传递给 Thread 的构造方法，将任务代码块与线程对象关联起来，告诉线程要执行的任务是 Runner 类中重写的 run( ) 方法。

代码第⑤处调用 thread.start( ) 方法，启动了一个新的线程。一旦线程启动，它将执行与 Runner 类中重写的 run( ) 方法关联的任务代码块，即打印数字 1 到 5，并在每两次打印之间暂停 1s。

15.1.3 使用匿名内部类实现线程执行对象

老师，我学习了用 Runnable 接口来实现线程执行对象，需要定义一个类实现 Runnable 接口，然后创建实例对象，感觉有点麻烦。有更简单的方法吗？

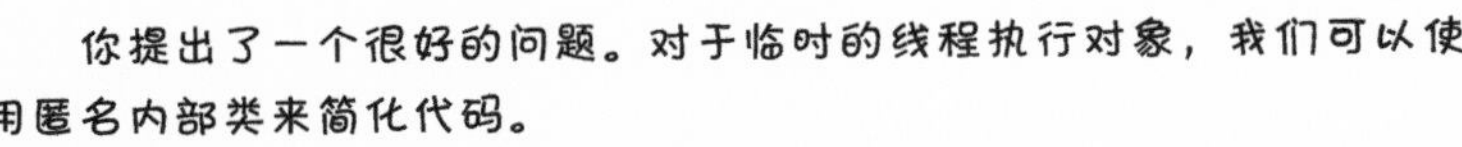

示例代码如下：

```
package demo15_1_3;

public class Main {
  public static void main(String[] args) {
      // 使用匿名内部类实现线程执行对象
①     Runnable runner = new Runnable() {
          @ Override
          public void run() {
              // 在这里编写线程要执行的任务代码
              for (int i = 1; i <= 5; i++) {
                  System.out.println("线程执行中,当前值为:" + i);
                  try {
                      // 线程休眠一秒
                      Thread.sleep(1000);
                  } catch (InterruptedException e) {
                      e.printStackTrace();
                  }
              }
          }
      };

      Thread thread = new Thread(runner); // 将匿名内部类对象传递给 Thread 的构造方法,创建一个
Thread 对象
      thread.start(); // 启动线程
  }
}
```

上述代码运行结果如下：

```
线程执行中,当前值为:1
线程执行中,当前值为:2
线程执行中,当前值为:3
线程执行中,当前值为:4
线程执行中,当前值为:5
```

代码解释如下：

上面的代码第①处使用匿名内部类实现 Runnable 接口，并在其中重写 run( ) 方法，定义了线程要执行的任务。然后，创建了线程对象并启动它，线程在执行时将打印一条消息，并每隔一秒打印一次，直到执行完成。

15.1.4 使用 Lambda 表达式实现线程执行对象

老师，我已经学会用匿名内部类来实现线程了，是不是还有更简单的方法呢？

很好，你问到了关键点！在 Java 8 中，我们可以用 Lambda 表达式来更方便地实现线程执行对象。

示例代码如下：

```
package demo15_1_4;

public class Main {
  public static void main(String[] args) {
      // 使用 Lambda 表达式实现线程执行对象
①     Runnable runner = () -> {
          // 在这里编写线程要执行的任务代码
          for (int i = 1; i <= 5; i++) {
              System.out.println("线程执行中,当前值为:" + i);
              try {
                  // 线程休眠一秒
                  Thread.sleep(1000);
              } catch (InterruptedException e) {
                  e.printStackTrace();
              }
          }
      };

      Thread thread = new Thread(runner); // 将 Lambda 表达式实现的线程执行对象传递给 Thread 的
构造方法,创建一个 Thread 对象
      thread.start(); // 启动线程
  }
}
```

上述代码运行结果如下：

```
线程执行中，当前值为：1
线程执行中，当前值为：2
线程执行中，当前值为：3
线程执行中，当前值为：4
线程执行中，当前值为：5
```

代码解释如下：

上面的代码①处使用 Lambda 表达式代替了原先的匿名内部类，并在其中实现了 run( ) 方法的逻辑。然后，创建了线程对象并启动它，线程在执行时将打印一条消息，并每隔一秒打印一次，直到执行完成。

15.1.5 训练营 1：创建线程

本训练营旨在帮助初学者逐步掌握编程的知识和技能，并通过实际练习来巩固所学内容。

本训练营的任务是创建一个简单的线程，并在其中执行一个任务。在 Java 中，有两种方式可以创建线程：

1）通过继承 Thread 类，重写 run( ) 方法，并在 run( ) 方法中定义线程要执行的任务。

2）通过实现 Runnable 接口，重写 run( ) 方法，并在 run( ) 方法中定义线程要执行的任务。

训练营要求：

使用两种方法创建两个线程，一个线程打印 1 到 52 的数字，另一个线程打印 A 到 Z 的字母，要求交替打印。

参考代码如下：

```
package demo15_1_5;

// 打印数字的执行对象
class Runner extends Thread {
  @ Override
  public void run() {

      for (int i = 1; i <= 52; i++) {
          System.out.println(Thread.currentThread().getName()); // 打印当前线程名
          System.out.println(i + " ");
          try {
              // 线程休眠一秒
              Thread.sleep(1000);
          } catch (InterruptedException e) {
              e.printStackTrace();
```

```
            }
        }
    }
}

// 打印字母的线程类
class PrintCharThread implements Runnable {
    @ Override
    public void run() {
        for (char c = 'A'; c <= 'Z'; c++) {
            System.out.println(Thread.currentThread().getName()); // 打印当前线程名
            System.out.println(c + " ");
            try {
                // 线程休眠一秒
                Thread.sleep(1000);
            } catch (InterruptedException e) {
                e.printStackTrace();
            }
        }
    }
}

public class Main {
    public static void main(String[] args) {
        PrintNumberThread numberThread = new PrintNumberThread();
        Runner runner = new Runner();

        Thread CharThread = new Thread(runner);
        CharThread.start();
        numberThread.start();
    }
}
```

上述代码运行结果如下：

```
Thread-0
Thread-1
A
1
Thread-0
```

```
Thread-1
2
B
...
50
Thread-0
51
Thread-0
52
```

15.2 线程的状态

在线程的生命周期中，线程会有几种状态。如图 15-3 所示，线程有 5 种状态。下面分别介绍。

1. 新建状态

新建状态（new）是通过 new 等方式创建线程对象，它仅仅是一个空的线程对象。

2. 就绪状态

当主线程调用新建线程的 start( )方法后，它就进入就绪状态（runnable）。此时的线程尚未真正开始执行 run( )方法，它必须等待 CPU 的调度。

3. 运行状态

CPU 调度就绪状态的线程，线程进入运行状态（running），处于运行状态的线程独占 CPU，执行 run( )方法。

4. 阻塞状态

因为某种原因，运行状态的线程会进入不可运行状态，即阻塞状态（blocked），处于阻塞状态的线程 JVM 系统不能执行，即使 CPU 空闲，也不能执行该线程。如下几个原因会导致线程进入阻塞状态：

- 当前线程调用 sleep( )方法，进入休眠状态。
- 被其他线程调用了 join( )方法，等待其他线程结束。
- 发出 I/O 请求，等待 I/O 操作完成期间。
- 当前线程调用 wait( )方法。

处于阻塞状态时可以重新回到就绪状态，如休眠结束、其他线程加入、I/O 操作完成、调用 notify 或 notifyAll 唤醒 wait 线程。

5. 死亡状态

线程退出 run( )方法后，就会进入死亡状态（dead）。线程进入死亡状态有可能是正常执行完成 run( )方法后进入，也有可能是由于发生异常而进入的。

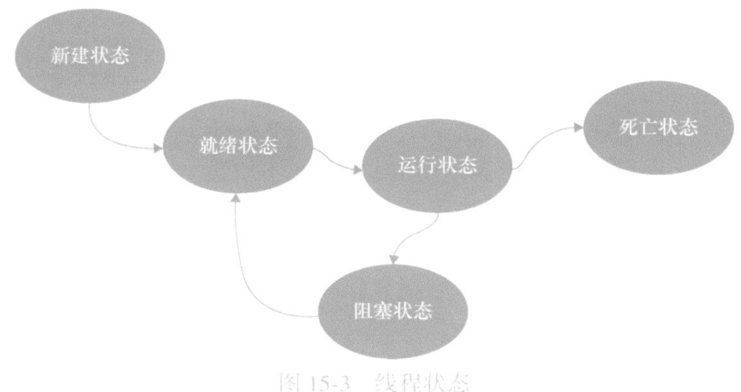

图 15-3　线程状态

15.3 训练营 2：线程循环与线程停止

在本训练营中，我们将学习线程循环和线程停止的相关知识。

15.3.1 线程循环

线程循环在多线程编程中是一种常见的需求，它通常用于以下情况。

- 后台任务的持续执行：线程循环常用于执行后台任务，如定时任务、轮询任务等。线程可以在循环中执行这些任务，以便持续地完成某种操作或监控。
- 实时数据处理：在实时数据处理场景下，线程可能需要循环地接收、处理和发送数据，以保持数据的实时性。
- 服务器端应用：在服务器端应用中，线程循环可以用于处理客户端的请求，使服务器能够同时处理多个客户端的请求。
- 监听事件：线程循环可以用于监听外部事件的发生，如网络数据到达、文件变化等，以便及时做出相应的处理。
- 资源管理：线程循环可用于管理共享资源，比如线程池中的线程可以循环地获取任务并执行。

15.3.2 停止线程

在 Java 中，停止线程有多种方法，但是需要注意使用安全和可靠的方式，避免产生线程安全问题或资源泄漏。以下是一些常用的停止线程的方法。

- 设置标志位：使用一个标志位来控制线程的执行，当标志位为 true 时，线程继续执行任务；当标志位为 false 时，线程退出循环并终止执行。这种方式可以让线程在合适的时机自然地停止，特别是在线程循环过程中推荐使用这种方法退出循环终止线程。

- 使用 interrupt( )方法：interrupt( )方法用于请求线程中断，即设置线程的中断标志。在线程的 run( )方法中，可以使用 isInterrupted( )方法检查中断标志，并在合适的时机退出循环，终止线程的执行。
- 使用 stop( )方法（不推荐）：stop( )方法可以强制终止线程的执行，但不推荐使用它，因为它可能导致线程资源无法正确释放和线程状态不一致。

本训练营推荐采用设置标志位退出线程循环终止线程。

训练营参考代码如下：

```
    package demo15_3_2;

    import java.util.Scanner;

    public class Main {
      public static void main(String[ ] args) throws InterruptedException {
①         MyThread myThread = new MyThread();
          myThread.start();
          // 延迟一段时间,以确保线程有足够的时间开始执行
          Thread.sleep(100);
          // 请求线程终止
          System.out.println("输入 exit 终止线程:");
          Scanner scanner = new Scanner(System.in);
②         String input = scanner.nextLine();
③         if (input.equalsIgnoreCase("exit")) {
④             myThread.stopThread();
          }

          // 等待线程执行结束
          myThread.join();
          scanner.close();
          System.out.println("主线程执行结束。");
      }
    }

⑤   class MyThread extends Thread {
⑥     private boolean keepRunning = true;
⑦     public void stopThread() {
⑧         keepRunning = false;
      }
      @ Override
⑨     public void run() {
⑩         while (keepRunning) {
```

```
            // 线程要执行的循环任务
            System.out.println("线程执行中...");
            try {
                Thread.sleep(1000);
            } catch (InterruptedException e) {
                // 处理 InterruptedException 异常
                System.out.println("线程被中断,准备终止...");
                break;
            }
        }
        System.out.println("线程执行结束。");
    }
}
```

上述代码运行过程如图 15-4 所示，在用户输入 exit 后，主线程会请求 MyThread 线程终止，并等待其执行结束，然后输出“主线程执行结束。”的信息。这种方式保证了线程的安全终止，避免了直接强制终止线程可能带来的问题。

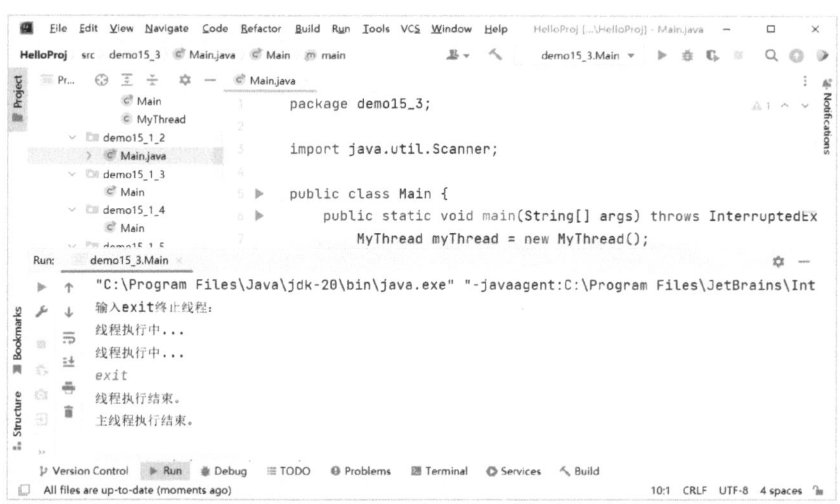

图 15-4　程序执行过程

解释代码如下：

代码第①处创建一个 MyThread 对象，即自定义的线程类对象。

代码第②处通过 Scanner 类获取用户在控制台输入的字符串。

代码第③处检查用户输入的字符串是否为 exit，不区分大小写。

代码第④处，如果用户输入为 exit，则调用 stopThread( ) 方法请求终止 MyThread 线程。

代码第⑤处定义了一个继承自 Thread 类的自定义线程类 MyThread。

代码第⑥处定义了一个布尔型变量 keepRunning，用于控制线程的终止。

代码第⑦处定义了一个公共方法 stopThread( )，用于设置 keepRunning 标志位为 false，请求终止线程。

代码第⑧处在 stopThread( )方法中，将 keepRunning 标志位设置为 false，通知线程终止。

代码第⑨处重写 run( )方法。

代码第⑩处使用 while 循环来执行线程的任务，循环的条件是 keepRunning 为 true，因此只要 keepRunning 为 true，线程就会一直执行任务。

15.4 线程管理

线程管理是比较头痛的事情，这是学习线程的难点。

15.4.1 线程休眠

假设一台计算机只有一颗 CPU，在某个时刻只能有一个线程在运行，让当前线程休眠，其他线程才有机会运行。线程休眠是通过 sleep( )方法实现的，它有两个版本。

- static void sleep(long millis)：在指定的毫秒数内让当前正在执行的线程休眠。
- static void sleep(long millis,int nanos)：在指定的毫秒数加指定的纳秒数内让当前正在执行的线程休眠。

线程休眠的示例代码如下：

```
    package demo15_4_1;

    public class Main {
      public static void main(String args[]) {
          // 创建线程对象
①         Thread t1 = new Thread(new Runnable() {
              @ Override
②             public void run() {
                  String threadName = Thread.currentThread().getName();
                  System.out.printf("%s 线程开始执行。%n", threadName);
                  go();
                  System.out.printf("%s 线程执行结束。%n", threadName);
              }
          }, "My Thread1");
          // 启动线程
          t1.start();
```

```
        // 创建线程对象
③       Thread t2 = new Thread(new Runnable() {
            @ Override
            public void run() {
                String threadName = Thread.currentThread().getName();
                System.out.printf("%s 线程开始执行。%n", threadName);
                go();
                System.out.printf("%s 线程执行结束。%n", threadName);
            }
        }, "My Thread2");
        // 启动线程
        t2.start();
    }

    // 线程处理方法
④   private static void go() {
        String threadName = Thread.currentThread().getName();

⑤       for (int i = 1; i <= 5; i++) {
            System.out.printf("%s 线程执行中...(第 %d 次)%n", threadName, i);
            try {
                // 线程休眠一段随机的时间(100 毫秒到 1000 毫秒之间)
⑥               Thread.sleep((long) (Math.random() * 900 + 100));
            } catch (InterruptedException e) {
                throw new RuntimeException(e);
            }
        }
    }
}
```

上述代码运行结果如下：

```
My Thread1 线程开始执行。
My Thread1 线程执行中...(第 1 次)
My Thread2 线程开始执行。
My Thread2 线程执行中...(第 1 次)
My Thread1 线程执行中...(第 2 次)
My Thread2 线程执行中...(第 2 次)
My Thread1 线程执行中...(第 3 次)
My Thread1 线程执行中...(第 4 次)
My Thread2 线程执行中...(第 3 次)
My Thread1 线程执行中...(第 5 次)
```

```
My Thread2 线程执行中...(第 4 次)
My Thread2 线程执行中...(第 5 次)
My Thread1 线程执行结束。
My Thread2 线程执行结束。
```

代码解释如下：

代码第①处创建线程对象 t1，并实现 Runnable 接口。

代码第②处的 run( ) 方法是线程执行的入口点，其中包含线程要执行的具体任务。

代码第③处创建另一个线程对象 t2，并实现 Runnable 接口。

代码第④处定义的 go( ) 方法是线程的具体处理方法，定义了线程要执行的任务。

代码第⑤处的 for 循环表示线程将要执行的任务循环 5 次。

代码第⑥处线程通过 Thread.sleep( ) 方法进入阻塞状态，暂停执行一段随机时间（100ms 到 1000ms 之间），模拟线程的执行过程。

15.4.2 等待线程结束

老师，我写了两个线程，一个线程需要使用另一个线程的结果，所以需要等待另一个线程完成之后才能继续执行。该如何实现这个依赖关系呢？

你提出了一个多线程依赖关系的很好案例。在 Java 中可以使用 join( ) 方法来实现一个线程等待另一个线程完成。

join( ) 方法是怎么工作的呢？可以详细解释一下吗？

join( ) 方法的作用是让调用这个方法的线程陷入等待状态，直到目标线程运行结束，这个等待线程才会恢复活动。

请给我一个简单的例子来解释一下，我还不太明白。

假设我们有两个线程 t1 和 t2，我们在 t1 线程中调用 t2.join( )，那么 t1 线程就会进入等待状态，只有当 t2 线程全部执行完成后，t1 才会从等待中恢复，继续执行后面的代码。

原来是这样！调用 join( )会让线程停止执行，等待目标线程完成后再继续运行。明白 join( )的用法了，谢谢老师！

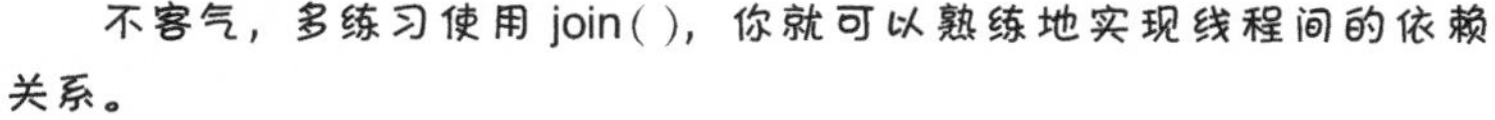

不客气，多练习使用 join( )，你就可以熟练地实现线程间的依赖关系。

Thread 类提供了多个版本的 join( )，其定义如下。

- void join( )：等待该线程结束。
- void join(long millis)：等待该线程结束的时间最长为 millis 毫秒，如果为 0，则意味着要一直等下去。
- void join(long millis, int nanos)：等待该线程结束的时间最长为 millis 毫秒加 nanos 纳秒。

使用 join( )方法的示例代码如下：

```
package demo15_4_2;

public class Main {

  //共享变量
①  static int value = 100;

  public static void main(String args[]) throws InterruptedException {
      System.out.println("主线程 开始...");

      // 创建线程对象
      Thread t1 = new Thread(() -> {
          String ThreadName = Thread.currentThread().getName();
          for (int i = 0; i < 5; i++) {
              System.out.printf("%s 线程执行中...%n", ThreadName);

              try {
                  // 修改共享变量 value
②                 value++;
                  // 线程休眠 1 秒
                  Thread.sleep(1000);
              } catch (InterruptedException e) {
                  throw new RuntimeException(e);
              }
              System.out.printf("%s 线程执行结束。%n", ThreadName);
          }

      }, "My Thread1");
      // 启动线程
```

```
        t1.start();

        // 主线程被阻塞,等待 t1 线程结束
        System.out.println("主线程被阻塞,等待 t1 线程结束...");
③       t1.join();
④       System.out.println("value = " + value); // 打印共享变量
        System.out.println("主线程 继续执行...");
    }
}
```

这个示例中的代码展示了如何使用共享变量在线程之间传递信息。主线程在等待 t1 线程执行完毕后，再继续执行，并输出 t1 线程修改后的共享变量 value 的值。

上述代码运行结果如下：

```
主线程 开始...
主线程被阻塞,等待 t1 线程结束...
My Thread1 线程执行中...
My Thread1 线程执行结束。
My Thread1 线程执行中...
My Thread1 线程执行结束。
My Thread1 线程执行中...
My Thread1 线程执行结束。
My Thread1 线程执行中...
My Thread1 线程执行结束。
My Thread1 线程执行中...
My Thread1 线程执行结束。
value = 105
主线程 继续执行...
```

代码解释如下：

代码第①处是一个共享变量 value，在主线程和线程 t1 之间共享。

代码第②处在 t1 线程中，通过对共享变量 value 进行自增操作来模拟对共享资源的修改。

代码第③处在主线程中调用 t1.join( ) 方法，使主线程等待 t1 线程执行结束。这样主线程将被阻塞，直到 t1 线程执行完毕才会继续执行。

代码第④处在主线程被唤醒后，打印共享变量 value 的值。因为 t1 线程对共享变量进行了自增操作，所以主线程看到的 value 值将反映这次自增操作。

Java 程序至少会有一个线程，即主线程，程序启动后由 JVM 创建主线程，程序结束时由 JVM 停止主线程。

15.5 线程同步

老师，15.4.2 节的示例我感觉有问题！

什么问题呢？说来让我听听。

就是如果多个线程访问同一个变量，那么读取和写入的时候可能会不协调，导致数据结果是错误的。

你发现了一个非常关键的多线程编程问题！的确，多个线程访问共享的数据可能会导致数据错乱。

为什么会出现这个问题呢？我很纳闷。

这是因为线程的执行顺序是不确定的。如果一个线程正在写入数据，另一个线程却同时读取了旧的数据，这就导致了数据不一致。

那么有什么方法可以避免这个问题呢？

在 Java 中，我们可以使用线程同步来解决这个问题。线程同步可以保证同一时间只有一个线程访问资源。

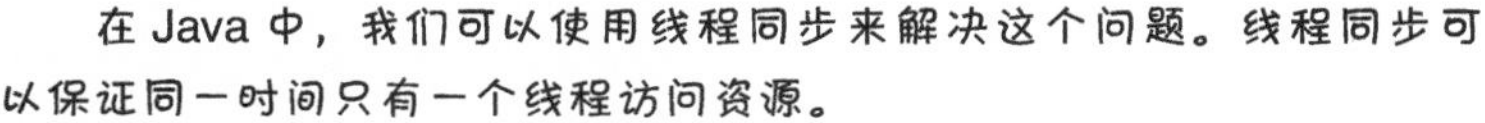

请详细解释一下 Java 的线程同步机制，这可以帮我避免编程的时候出现线程安全问题。

15.5.1 线程不安全问题

为了介绍线程同步机制，我们先看一个线程不安全问题的示例，代码如下：

```
package demo15_5_1;
//定义计数器类
class Counter {
  private long count = 0; // 使用 long 类型
  public void increment() {
      count++;
  }
  public long getCount() {
      return count;
  }
}
public class UnsafeCounterExample {
  public static void main(String[] args) throws InterruptedException {
      Counter counter = new Counter();
      Thread[] threads = new Thread[100];
      for (int i = 0; i < threads.length; i++) {
          threads[i] = new Thread(() -> {
              for (int j = 0; j < 100000; j++) {
                  counter.increment();
              }
          });
          threads[i].start();
      }
      for (Thread t : threads) {
          t.join();
      }
      System.out.println(counter.getCount());
  }
}
```

程序运行结果：

```
7958536
```

上述代码运行过程中创建了 100 个线程，每个线程调用计数器的 increment( ) 方法调用 100 000 次，我们期望计数器的结果是 10 000 000，但是每次运行的结果都有所不同。

这段代码存在线程安全问题，因为多个线程同时对计数器进行递增操作，导致结果不是预期的。

15.5.2 同步方法

为了防止多线程访问相同资源时会导致数据的不一致性，Java 提供了“互斥”机制，可以为这些资源对象加上一把“互斥锁”，在任一时刻只能由一个线程访问，即使该线程出现阻塞，该对象的被锁定状态也不会解除，其他线程仍不能访问该对象，这就是线程同步。线程同步是保证线程安全的重要手段，但是线程同步客观上会导致性能下降。

可以通过两种方式实现线程同步：同步方法；同步代码块。

同步方法是使用 synchronized 关键字修饰方法，方法所在的对象被锁定，修改 15.5.1 节示例，代码如下：

```
package demo15_5_2;

//定义计数器类
class Counter {

  private long count = 0; // 使用 long 类型
①  public synchronized void increment() {
      count++;
  }
②  public synchronized long getCount() {
      return count;
  }

}

public class SafeCounterExample {

  public static void main(String[] args) throws InterruptedException {
      Counter counter = new Counter();

      Thread[] threads = new Thread[100];
      for (int i = 0; i < threads.length; i++) {
          threads[i] = new Thread(() -> {
              for (int j = 0; j < 100000; j++) {
                  counter.increment();
              }
```

```
            });
            threads[i].start();
        }
        for (Thread t : threads) {
            t.join();
        }

        System.out.println(counter.getCount());
    }

}
```

程序运行结果：

```
10000000
```

上述代码第①处和第②处的 synchronized 声明方法是同步方法。

15.5.3 同步代码块

同步代码块是通过 synchronized 语句实现的，修改 15.5.1 节示例，代码如下：

```
package demo15_5_3;

//定义计数器类
class Counter {
  private long count = 0; // 使用 long 类型

  public void increment() {
①      synchronized (this) { // 使用同步代码块,锁定当前对象
            count++;
        }
    }

  public long getCount() {
②      synchronized (this) { // 使用同步代码块,锁定当前对象
            return count;
        }
    }
}

public class SafeCounterExample {

  public static void main(String[] args) throws InterruptedException {
      Counter counter = new Counter();
```

```
        Thread[] threads = new Thread[100];
        for (int i = 0; i < threads.length; i++) {
            threads[i] = new Thread(() -> {
                for (int j = 0; j < 100000; j++) {
                    counter.increment();
                }
            });
            threads[i].start();
        }

        for (Thread t : threads) {
            t.join();
        }
        System.out.println(counter.getCount());
    }
}
```

程序运行输出结果：

```
10000000
```

上述代码第①处和第②处使用 synchronized(this) 来锁定当前对象，从而确保在同一时间只有一个线程可以进入同步代码块执行递增和获取计数器值的操作。

15.5.4 训练营 3：熟悉线程同步

通过本训练营，同学们将会学习并熟悉使用同步技术实现线程安全。线程安全是多线程编程中非常重要的概念，通过合适的同步技术，确保多个线程在访问共享资源时不会产生竞态条件和数据错乱，从而保证程序的正确性和稳定性。

通过不断练习和学习，同学们将提高对线程安全的理解和应用能力，为编写高效、稳定的多线程程序奠定坚实的基础。

训练营要求：

设计一个线程安全的售票程序，需要考虑多个线程同时访问共享资源（即车票数量）的情况。为了实现线程安全，我们可以使用 synchronized 关键字来保护共享资源，以确保在同一时刻只有一个线程能够进行售票操作。

训练营参考代码如下：

```
package demo15_5_4;

public class TicketSellingSystem {
  public static void main(String[] args) {
```

```
①       TicketCounter ticketCounter = new TicketCounter(100); // 总共有 100 张车票
②       Thread[] threads = new Thread[100];
        for (int i = 0; i < threads.length; i++) {
            threads[i] = new Thread(() -> {
③               for (int j = 0; j < 200; j++) { // 每一个线程尝试销售 200 张票
                ticketCounter.sellTicket();
                }
            });
            threads[i].start();
        }

        for (Thread t : threads) {
            try {
                t.join();
            } catch (InterruptedException e) {
                e.printStackTrace();
            }
        }
        System.out.println("剩余票数: " + ticketCounter.getTicketCount());
    }
}

④ class TicketCounter {
    private int ticketCount;

    public TicketCounter(int ticketCount) {
        this.ticketCount = ticketCount;
    }

⑤   public synchronized void sellTicket() {
        if (ticketCount > 0) {
            System.out.println(Thread.currentThread().getName() + " 售出一张票,剩余票数: " + -
-ticketCount);
        } else {
            System.out.println(Thread.currentThread().getName() + " 车票已售罄!");
        }
    }

    public int getTicketCount() {
        return ticketCount;
    }
}
```

程序运行结果：

```
Thread-0 售出一张票,剩余票数: 99
Thread-0 售出一张票,剩余票数: 98
Thread-0 售出一张票,剩余票数: 97
Thread-0 售出一张票,剩余票数: 96
...
Thread-97 售出一张票,剩余票数: 1
Thread-97 售出一张票,剩余票数: 0
Thread-97 车票已售罄!
Thread-97 车票已售罄!
Thread-97 车票已售罄!
Thread-97 车票已售罄!
Thread-97 车票已售罄!
...
Thread-36 车票已售罄!
Thread-36 车票已售罄!
Thread-36 车票已售罄!
剩余票数: 0
```

代码解释如下：

代码第①处创建了一个 TicketCounter 对象，表示总共有 100 张车票可售。

代码第②处创建了一个包含 100 个元素的线程数组 threads，每个元素是一个线程对象。

代码第③处在循环中为每个线程对象创建一个线程，并且每个线程尝试销售 200 张车票。通过调用 ticketCounter.sellTicket( ) 方法来进行售票操作。

代码第④处定义了 TicketCounter 类，用于管理车票的售卖。

代码第⑤处定义了 sellTicket( ) 方法，使用 synchronized 关键字进行同步，保证了在同一时刻只有一个线程能够进入该方法，避免了多个线程同时售卖同一张车票的问题。

在整个程序中，由于使用了 synchronized 关键字对 sellTicket( ) 方法进行了同步，因此所有线程共享同一个售票窗口，每次只有一个线程能够进入该窗口进行售票操作。这样就保证了每张车票只会被售出一次，避免了重复售卖和不一致性问题。最终输出的剩余票数应该为 0。

15.6 总结与扩展

本章总结

本章深入讨论了 Java 中多线程的创建、管理和同步。通过学习本章内容，我们应该掌握了创建线程的不同方法，了解了线程的状态及如何管理线程。同时，我们还学习了线程同步的重要性以及如何避免线程不安全问题。

首先，我们介绍了创建线程的多种方式，包括继承 Thread 类、实现 Runnable 接口、使用匿名内部类和 Lambda 表达式实现线程执行对象。每种方式都有其适用的场景，我们可以根据具体情况选择最合适的创建方式。

其次，我们详细讨论了线程的状态，包括新建、就绪、运行、阻塞和死亡等状态。了解线程状态有助于我们更好地理解线程的执行过程和调度机制。

然后，我们学习了线程的循环和如何停止线程。正确地控制线程的执行状态对于避免死循环和线程资源浪费至关重要。

接着，我们探讨了线程管理的一些技术，包括线程休眠和等待线程结束。这些技术有助于有效地管理线程的执行顺序，解决资源占用问题。

最后，我们着重讨论了线程同步的问题。学习了线程不安全问题，并通过同步方法和同步代码块来解决线程同步问题，确保多线程环境下数据的正确性和一致性。

扩展学习

1）研究 Java 中的线程池技术，了解如何使用线程池来管理和复用线程，提高程序性能。

2）学习使用 Java 中的 Lock 和 Condition 接口来实现更灵活和高效的线程同步机制。

3）探索使用 Java 中的并发集合类，如 ConcurrentHashMap 和 ConcurrentLinkedQueue，以支持多线程环境下的高效数据操作。

4）学习使用 Java 中的线程间通信技术，如 wait()、notify() 和 notifyAll() 方法，实现线程之间的协作和同步。

15.7 同步练习

【练习】为加深对线程同步的理解，并通过一个实际场景来练习如何使用同步技术保证线程安全。

假设有一个账户类 Account，代表银行账户，其中包含一个余额 balance 字段，我们将编写多个线程来模拟账户的存款和取款操作，同时需要确保账户的余额始终保持正确和安全。